登封“天地之中”历史建筑群现状调查系列丛书

观星台

郑州嵩山文明研究院
郑州大学　编著

U0376352

中国建筑工业出版社

图书在版编目（CIP）数据

观星台/郑州嵩山文明研究院，郑州大学编著．—北京：中国建筑工业出版社，2023.10
（登封“天地之中”历史建筑群现状调查系列丛书）
ISBN 978-7-112-28912-7

Ⅰ.①观…　Ⅱ.①郑…②郑…　Ⅲ.①天文观测—古建筑—保护—登封　Ⅳ.①TU-098.3

中国国家版本馆 CIP 数据核字（2023）第 126090 号

责任编辑：李笑然　梁瀛元　刘瑞霞
责任校对：赵　力

登封“天地之中”历史建筑群现状调查系列丛书
观星台
郑州嵩山文明研究院
郑州大学　编著

*

中国建筑工业出版社出版、发行（北京海淀三里河路 9 号）
各地新华书店、建筑书店经销
北京龙达新润科技有限公司制版
建工社（河北）印刷有限公司印刷

*

开本：787 毫米×1092 毫米　1/16　印张：15½　字数：343 千字
2024 年 6 月第一版　2024 年 6 月第一次印刷
定价：**148.00** 元
ISBN 978-7-112-28912-7
（41633）

登封“天地之中”历史建筑群现状调查系列丛书

编写委员会

主　任： 任　伟

副主任： 王文华　吕红医

成　员：（按姓氏笔画排序）

王　茜　白明辉　李　瑞　李建东　肖金亮

张　颖　张建华　张贺君　张雪珍

《观星台》编写组

主　　编： 李　瑞　肖金亮

编写成员：（按姓氏笔画排序）

王　茜　白明辉　许　丽　宋文佳　张　颖

张晓燕　林玉军

序　言

世界文化遗产登封“天地之中”历史建筑群是中国数千年来关于“中”这一宇宙观的实证与代表。早在原始洪荒时期，中华先民已在此生活，是中华文明形成的重要区域。自周公在此区域测定地中，历代封建王朝均将此视为天地之中。自商周而至唐宋，这里均属于当时的政治中心，不论是趋近政治中心以利传教的各大宗教，还是跟进政治中心的科技、文化、政治力量，均向“中”而行，形成了一大片融合了中国古代科技、文化、政治、宗教精华的文化景观。

列入《世界遗产名录》的“天地之中”历史建筑群共8处11项，包括庙、阙、寺、塔、台和书院等建筑形式，年代包括汉、魏、唐、宋、金、元、明、清，类型包括礼制、宗教、科技和教育建筑，代表了中华文化两千年来的精华，深刻影响了同类型古建筑的演变与发展，拥有多个中国古建史上的最早或唯一，是世界建筑史的经典之作，是古老中华民族的伟大与骄傲。

由于这里所处的中心地位，至迟在周代就已被命名为中岳（《周礼》），很早就被帝王选中作为礼制活动场所。秦筑太室山神祠，汉武帝于元封元年（公元前110年）登太室山以通神仙，以300户为太室祠供奉。保留至今的东汉太室阙、少室阙、启母阙，以及由太室祠延续演变而来的中岳庙，正是礼制封禅文化兴盛的证明。这三组汉阙为现存仅有的汉代国家级祭祀山神的庙阙，我国其他地区所存汉阙则为个人墓地的墓阙。

中国佛教的发展特点是始终依托政治力量。佛教在嵩山的发展，正因为嵩山是紧邻政治中心洛、汴两京的近畿名山，区位优势巨大。“天地之中”历史建筑群中的佛教建筑包括嵩岳寺塔、净藏禅师塔、会善寺大殿、少林寺初祖庵大殿、塔林，以及数十处佛寺塔刹遗迹。中国现存的宗教建筑众多，但像“天地之中”历史建筑群这样能够全面体现中国佛教建筑史者并不多见。其中，嵩岳寺塔不但是我国现存最早的古塔，也是现存最早的砖塔，更是现存唯一一座平面十二边形的古塔。如果站在世界建筑发展史的角度来观察这个建筑，在建筑技术方面尤其值得称赞。初祖庵大殿更是中国唯一的一座建造年代与《营造法式》颁布年代相近、制度符合较多又距离当时的首都不远的北宋木构建筑，该殿忠实地表现出了北宋建筑艺术风格和技术特征，在世界古代建筑史中占据重要地位。

阳城之地自古就被视为大地的中心，相传周代即已在阳城开展天文观测活动，故唐代在其址竖立石表名之曰“周公测景台”。元代至元十三年（1276年）又在这里修建了兼作天文仪器的建筑——观星台，这是中国现存最古老、最杰出的天文建筑。许衡、郭守敬等编订的《授时历》中一回归年比现在采用的阳历仅差0.0003日，相当于26秒，比16世纪末产生于欧洲的格列高利历早了300多年；观星台既是《授时历》编订中使用的天文台之一，也是唯一存世的原物。观星台整座高台所用砖料坚固，砌筑十分精准，反映了13世纪中国科技建筑的建造水平。

书院建筑是中国教育建筑发展的见证。建于宋至道二年（996年），距今已达1027年的嵩阳书院曾经被誉为我国古代四大书院之首。郑遨、种放、理学家程颐和程颢等人来讲学，司马光曾在此编写过著名的《资治通鉴》的部分章节。在唐宋之际历史上有名的人物，如蒙正、赵安仁、钱若水、陈尧佐、杨愷、滕子京等人皆出于此。

如此多样的建筑类型共同组成了完整的体系，堪称一座中国古建筑的博物馆。最为难能可贵的是，这些建筑和建筑群都是位于始建时的国家统治中心和文化中心的紧邻区域，它们所体现的建筑技术、艺术和空间造型都代表了当时的主流建筑成就。

对上述这些建筑遗产的研究将大大推进对中国古代建筑的研究，而对它们的现状进行详细的调查与记录则是一切研究的第一步。在以往，多位学者已对其中一些建筑开展过测绘、测量、勘察，其成果都是有益的；不过用现在的眼光来看，它们或者没有公开，或者调查程度深浅不一，或者只是法式测绘，或者测量精度欠佳。2010年，登封“天地之中”历史建筑群申遗成功，2012年被国家文物局列入中国世界文化遗产监测预警体系建设试点之一，运用最新的科技手段，对这些建筑珍宝进行整体、全面、系统、深入的现场勘察和病害调查已经成为做好世界遗产监测工作的迫切需要。

近些年来，“天地之中”历史建筑群的各级文物管理者，汇集国内权威学者、团队，陆续开展了相应工作，工作成果汇集成了这套丛书。

我第一次到登封还是在20世纪60年代，在21世纪第一个十年中又有幸参与了“天地之中”历史建筑群整体规划、申报世界文化遗产以及若干单体的保护工作，对这些中国古代建筑史中最精彩的乐章充满感情。我受郑州市文物局、原郑州市文化遗产研究院[1]的嘱托，写下这些感想，并祝贺丛书出版。

是为序。

郭黛姮

[1] 郑州市文化遗产研究院，原为郑州市世界文化遗产保护管理办公室，2019年更名为郑州市文化遗产研究院，2020年并入郑州嵩山文明研究院。

前　言

观星台位于河南省郑州市下辖的登封市东南15公里的告成镇告成村，是世界文化遗产——登封“天地之中”历史建筑群8处11项遗产中的重要一项，建于元代，由中国古代著名的天文学家郭守敬主持修建，是我国现存最古老的天文台，也是世界上现存最早的观测天象的建筑之一。观星台系内部夯土、外部包砖的混合结构，中间为四面向上收分的四棱台体，北面有凹槽，下置俗称为“量天尺”的石圭，顶部有晚期建造的两座小室，小室之间搭设横梁用以投影；中心台体之外有两条踏道周匝盘旋登顶。观星台历经700余年的风雨洗礼，真实性及完整性高，具有突出的普遍价值，是中国古代天文史的珍贵实物证据，更是古代天文建筑的重要标本。

2008年受登封市文物局委托，2015年受原郑州市世界文化遗产保护管理办公室委托，清华大学团队对观星台先后两次进行了高精度测绘和病害勘察，并编写了《观星台现场勘查与病害调查报告》。2008年工作团队负责人为郭黛姮，成员有肖金亮、崔利民、刘川，顾问为刘畅；2015年工作团队负责人为肖金亮、林玉军，成员有许丽、付宏岳、马彪、冶伟杰。本书即在以上工作成果的基础上重新进行编辑，并补充、整理、编纂观星台的相关资料而成。本书出版的意义有二：

其一，整理观星台的现状病害调查成果，记录阶段性的病害及残损状况，作为基本勘察数据，利于后续的对比监测，为病害预测及遗产保护提供客观真实的依据。

其二，本书汇总了截至目前最准确详细的观星台测绘图纸，系统地整理了各时期图像图纸资料、四有档案等，整理、编辑多方面的文字资料及图纸，形成了观星台有关资料的汇总。可供后续研究者参考使用。

本书的内容安排为：

第1章为概述。首先介绍观星台的区位条件与自然环境；其次梳理观星台的历史沿革；然后描述、概括观星台的建筑特征和建筑内涵；最后总结观星台的遗产价值。

第2章为现状调查与研究。首先介绍观星台调查研究方法；其次介绍本次调查中采用的病害层次及程度划分的思路；之后从形体勘察、结构勘察、构造勘察及材料勘察四个方面，呈现观星台的病害勘察情况；然后对观星台病害进行汇总及破坏因素分析，并将2008年和2015年的勘察数据进行比对，归纳病害发展情况；最后根据现状调查结果，提出保护思路、修缮措施建议及预防性保护措施建议。

第3章为观星台病害调查及对比分析汇总表，详细呈现出具体病害的类型、状况、程度及成因，并配图说明。

附录主要包括现状点云图、正射航拍图、青砖断代报告、青砖剩余力学性能报告、化学分析报告、结构稳定性分析报告、微环境监测报告、1937 年营造学社调查报告、1975 年修缮图等相关资料。

目　录

1 概述

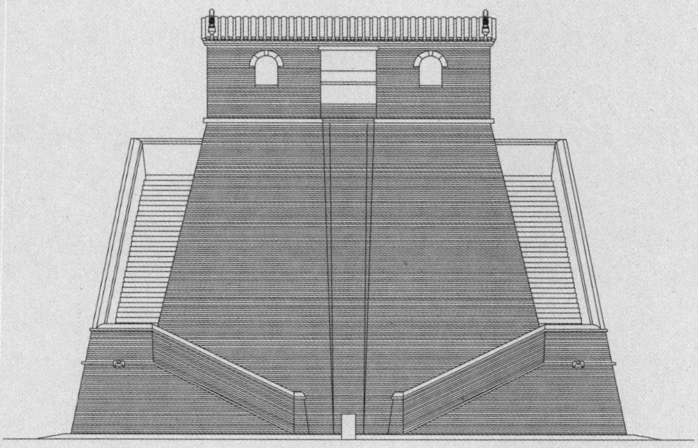

1.1 区位条件与自然环境

1.1.1 区位条件

观星台是我国现存最古老的天文观测建筑，为第一批全国重点文物保护单位，属于世界文化遗产——登封“天地之中”历史建筑群8处11项遗产地之一。其地理坐标为：北纬34°23′58.97″，东经113°08′28.48″。

观星台位于河南省郑州市下辖的登封市东南15公里的告成镇告成村，为秦末农民起义军领袖陈胜的故里。登封原名“嵩阳县”，告成原名“阳城县”，公元696年武则天登嵩山、封中岳，为庆贺大功告成，颁诏改嵩阳县为登封县，改阳城县为告成县。

告成镇境内除观星台外，还分布有河南省文物保护单位八方遗址、王城岗阳城遗址、石淙河摩崖石刻、曲河瓷窑遗址等。观星台即位于告成镇区北部的阳城遗址范围内。

1.1.2 自然环境

观星台周边为开阔的平原；如果放眼到几公里外，则背依告成山，南面箕山，西倚王岭尖，东傍双庙岭，南临颍水，更远又有石淙河、五渡河环绕，西北方向为中岳嵩山，算得上山环水绕、山水俱佳。

当地属暖温带半干旱大陆性季风气候，蒸发量大于降雨量，年平均气温为14.2℃，年平均降水量为525.4mm，日照总时数为2275h，无霜期为238d，植被生长期可达265d。

告成地处淮河流域和黄河流域的分水岭，地表水系不发育，有石淙河、五渡河，它们均为颍河的支流，分别在告成西南和东南部注入颍河，而颍河属于淮河水系。

告成地区以低山丘陵地形为主，最高海拔高程470m，最低240m，一般高程在300m左右，总特点是北高南低，冲沟比较发育。当地煤矿资源较丰富，因曾长期开采，地下多有掏空区，近些年封矿限采后情况有所好转。

告成地区位于颍河-卢店向倾斜的东段南翼，处于北西向的嵩山与五指岭平移断层之间，地层呈北东走向；又处于卢店滑动构造的西部，受滑动构造的影响。

当地原为6度抗震设防烈度区，近年调整为7度设防区，就近期而言是一个地震影响较小、相对安全的区域，历史上的地震以中小地震（4～5级）为主。

目前未见地下水对于观星台文物本体的直接影响。

告成地区冬季盛行西北风，风力大；夏季副热带高压强大，逐渐北移，同时有来自北方的小股冷空气影响，再受北上台风影响，会出现特大暴雨和大风。总体而言，当地气候学特征对污染物的扩散有利，但观星台局部构造造成空气流通不畅，使局部受到大气污染影响，且大风对观星台砖石构筑材料有长期的侵蚀作用。

1.2 历史沿革

唐开元十一年（723 年）天文官南宫说奉诏在此刻立“周公测景台”，用以纪念周公旦以土圭测日影定地中、定都洛邑之事，为一石圭造型，推测原本下边还有石表，不知何时遗失不见。

元代至元十三年（1276 年），在著名的“四海测验”大型天文观测活动中，著名科学家郭守敬创建观星台，开始了编制《授时历》的数据采集工作。详见后文“遗产价值”章节。

明清两代除对观星台多加修缮外，还陆续添建了各类附属建筑。此时，观星台成为儒家教化、民俗拜祭之所，添建了用以拜祭周公旦的周公祠、用以祈求多子多福的螽斯殿（清嘉庆十四年改建并更名为帝尧殿，用以拜祭尧帝）。明代知县侯泰在观星台顶加建小室，或许偶尔也曾“夜观天象”，但显然已不像元代一样作为国家级天文台来使用。

20 世纪 40 年代，登封地区曾有一次涉及面很广的文物保护与修复活动，包括为太室阙修建保护房、重建中岳庙部分建筑、修缮初祖庵大殿等，当时有可能也对观星台进行了保护工作，详情还有待进一步考证。

1961 年 3 月 4 日，观星台被国务院公布为第一批全国重点文物保护单位。1975 年，观星台对外开放展示。1993 年 8 月，观星台成为郑州市十大旅游景点之一。1999 年 12 月，观星台成为“省级爱国主义教育基地”。

2010 年 8 月 1 日，观星台建筑群作为登封“天地之中”历史建筑群“8 处 11 项”的重要遗产地，在联合国教科文组织世界遗产委员会第 34 届大会上通过审议，成功列入《世界遗产名录》，成为中国第 39 处世界遗产。这代表着观星台建筑群的历史价值、科学价值和文化价值获得了全世界人类的广泛认同。

院内现存碑刻 12 通，还有复制的天文仪器文物。这些文物与观星台、周公测景台有密切关系，也是与天文观测有关的重要历史遗存。

在观星台的漫长历史中，曾经历过多次重建、维修。其营建情况及维修历史分别见表 1-1 和表 1-2。

观星台营建情况一览表 **表 1-1**

公元纪年	朝代年号	兴建内容
公元前 11 世纪	西周	周公在阳城“以土圭之法测土深，正日景，以求地中”
723	唐玄宗开元十一年	天文官南宫说奉诏刻立“周公测景台”纪念周公旦测地中定都这一古事
1276—1279	元世祖至元十三年至十六年	郭守敬创建观星台，进行“四海测验”
—	明代初年	创建戟门
1498	明弘治十一年	河南巡抚张用和创建大门

续表

公元纪年	朝代年号	兴建内容
1501	明弘治十四年	河南巡抚张用和创建周公祠
1528	明嘉靖七年	登封知县侯泰在观星台顶部北侧建东西两小室
1748	清乾隆十三年	创建影壁
1975	—	河南省古代建筑保护研究所、登封县文物保管所修建围墙
2004	—	2004年文物部门根据原柱位重建帝尧殿。该殿始建于明天启年间(1621—1627年),原名螽斯殿。清康熙十年(1671年)和嘉庆十四年(1809年)曾先后重建
2004	—	发现三座元代建筑遗址,后又回填保护
2010	—	作为"天地之中"历史建筑群的遗产地之一被列入联合国《世界遗产名录》

观星台维修历史一览表 **表 1-2**

公元纪年	朝代年号	修缮内容
14世纪60年代	元朝末年	观星台历年岁修,修补表面包砖①
1520	明正德十五年	维修周公祠
1542	明嘉靖二十一年	维修观星台量天尺
1582	明万历十年	维修周公祠
1671	清康熙十年	重建帝尧殿
1676	清康熙十五年	维修周公祠
1767	清乾隆三十二年	重修大门、戟门、周公祠
1809	清嘉庆十四年	重修大门、周公祠,重建帝尧殿
1893	清光绪十九年	维修周公祠
1944	民国三十三年	侵华日军炮击观星台,造成台体弹坑
1975	—	观星台整体修缮,修补观星台裂缝,修建围墙
1984	—	河南省古代建筑研究所、登封县文物保管所维修戟门、周公祠
2004	—	重建帝尧殿,重墁院内铺地,梳理电力、监控、给水排水系统等
2020	—	对观星台进行全面的科学修缮

① 这一情况未见于史书记载，是根据古砖测年结果推测出来的，测年情况详见后文。

1.3 建筑特征

1.3.1 总体布局

观星台建筑群由核心的观星台和周公测景台、影壁、大门、戟门、周公祠、帝尧殿等建筑共同组合成一座完整的院落，南北总长 160m，东西总宽 37m，占地面积 0.59hm^2，总建筑面积 657.41m^2（图 1-1）。2004 年曾在观星台院墙北面发掘出三座元代房屋遗址，应为元代时在观星台观测的工作人员办公或居住的场所。

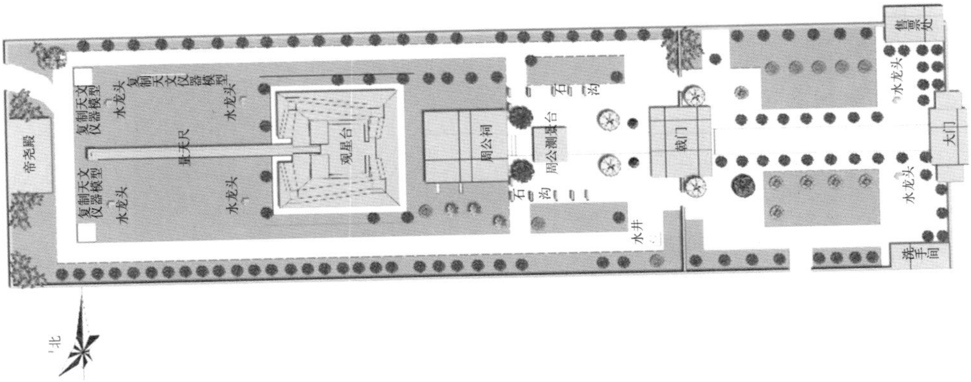

图 1-1 观星台建筑群总平面图（肖金亮 绘制）

观星台建筑群详情见表 1-3，实景照片如图 1-2～图 1-10 所示。

观星台建筑群详情一览表 **表 1-3**

建筑名称	建造年代	材料	形制特征
影壁	清乾隆十三年（1748 年）	砖石	在大门前 6.4m 处，高 5m，长 7.14m，宽 0.9m。嵌有清代知县施奕簪撰写的“千古中传”青石匾额一方，是阳城为“天地之中”的实物见证
大门	清	砖木	高 6.7m，长 8.1m，宽 5.03m，面积 40.7m^2。面阔三间，进深二间，硬山式建筑，大门青石明柱上刻有对联：“石表寓精心，氤氲南北变寒暑；星台留古制，会合阴阳交雨风”，概括了观星台和测景台的作用和价值
戟门	清	砖木	在大门北 28.5m 处，高 10.56m，长 9.7m，宽 8.25m，面积 80m^2。面阔三间，进深三间
周公测景台	唐	石	在戟门北 11.9m 处，通高 3.91m，圭表高 1.95m，背后刻有对联：“道通天地有形外，石蕴阴阳无影中”。唐代南宫说将周公土圭木表换为石圭石表
周公祠	明弘治十四年（1501 年）	砖木	在测景台北 4.86m 处，高 7.22m，长 10m，宽 10.81m，面积 108.1m^2。面阔三间，进深二间，带前抱厦三间，硬山式建筑，供奉元圣周公
观星台	元至元十三年至十六年（1267—1269 年）	砖石	在周公祠后 2.22m 处。砖砌台体构成圭表，台身为砖砌覆斗形建筑，有明显收分，下大上小。在台身北面，设有两条对称砖石踏道，可盘旋登台。台的北侧中轴线位置从台底到台顶砌出竖向凹槽相当于直立于地面的“铜表”，顶部则架设横梁。台下地面在凹槽正北用 36 块青石平铺成石圭，用以测量日影的长度。圭和表互相垂直，整座建筑是一座建造精密的天文仪器
帝尧殿	清	砖木	在观星台后 49m 处，高 7.22m，长 10m，宽 10.81m，面积 108.1m^2。面阔三间，进深二间，带三间前抱厦，硬山式建筑

图 1-2 观星台（郭黛姮 摄）

图 1-3 周公测景台（肖金亮 摄）

图 1-4 影壁（肖金亮 摄）

图 1-5 大门（肖金亮 摄）

图 1-6 戟门（郭黛姮 摄）

图 1-7 周公祠（郭黛姮 摄）

图 1-8 帝尧殿（肖金亮 摄）

图 1-9 院落（肖金亮 摄）

图 1-10 航拍照片（郑泰森 摄，引自《登封“天地之中”历史建筑群申遗文本》）

1.3.2 建筑本体

观星台由台身、顶部小室与石圭组成。

1. 台身

台身最高处高 9.44m，底边 16.5m 见方。台身下大上小，侧壁收分斜率为 24.4%～30.9%，考虑到施工误差和长时间保存形变的因素，可以认为其收分斜率符合唐宋有关于城墙斜率 25%的制度。台芯为夯土内胆，表面包砌三层青砖。台顶非平面，北高南低，中间高东西低，坡度颇大。台身北壁中间开有竖槽以避让日影、容纳石圭，开口下宽 0.926m，上口宽 1.334m，下口左右对称而上口不对称，应为施工误差。

登台磴道入口在北，踏跺石铺设严整，从东西对称盘旋至南侧登顶。磴道外侧有砖砌宇墙，宇墙顶有压面石。磴道和宇墙为 1975 年大修时修复的。

台身所用青砖，包括元代砖、明代砖和 1975 年补配的近代砖，按常理推测也应有清代修缮补砖。整砖尺寸为（220～255）mm×（120～180）mm×（55～65）mm，表面为斜面而非露龈砌，斜面初步判断是烧制成的而非砍磨的。还发现了四处有意加工的楔形砖，详见后文。

台体灰缝如在当年完好状态时，宽度约为 5mm，白灰洼缝。当前所见灰缝应为 1975 年修缮时重勾的。

2. 顶部小室

台顶有木构三间，添建于明嘉靖七年，后经 1975 年大修重构，硬山合瓦卷棚屋面，有垂脊、垂兽、披水瓦。木构为硬山搁檩，仅有两步屋架。东、西各有小室一间，开间各为 2.6m 左右，南侧开敞无墙；中间为半坡屋面，仅在两侧墙上架起一根铁梁，用以投射日影。根据《元史》中记载，郭守敬观测所用的应该是双龙架起的横梁，并不是现在所见到的这种形式。两小室侧墙相对中轴线方向各开一 1.1m×0.51m 的直棂窗，朝北各开一 0.62m×0.885m 的圆券窗。

3. 石圭

在台身北壁竖槽之下为石圭，由 36 块青石平铺而成，总长 31.19m，高 0.53m，宽 0.56m，石圭上表面有凹槽，可用以盛水获得水平面。

1.3.3 建筑功能

观星台的独特性，不在于其本身的复杂性，而在于它的功用。简单来说，它既是一座建筑又是一个大型天文仪器“圭表”。因此，想要深刻地认知观星台，必须了解圭表在天文观测上的使用方法。

“圭表”是中国古代一种常用的天文观测仪器。“表”是一个垂直于地面的高杆，“圭”是根部与表相连的水平构件。在正午之时，表在阳光照耀下投出影子，在圭上测量影子的长度，一次观测就完成了；对一年四季的日影长度进行比较研究，就可以制定立法、确定节气。据信，其来源于原始社会人们观察树木、房屋在地上投影的长短随季节变化的现象[1]。

圭表最初的形态是在平整过的土地上树立木杆（表），在土地上测量影子长度，所以称之为“土圭”，据文献记载，周公旦在阳城测地中用的就是“土圭”。目前，最早的 2 支与土圭配合使用的“表”实物出土于山西襄汾陶寺遗址，为夏代或先夏时代遗物。西周晚期已发展出表座，经过进一步的改进，到东周时期圭表形制已经相当完善。汉代发展出室外固定安装的铜圭表，表高八尺，圭长一丈三尺。一直到明清两代也惯常使用圭表测年，南京紫金山天文台的一具圭表，是明代正统年间（1437—1442 年）所造的。北京古观象台下陈列有清制圭表。

告成在历朝历代都是国家进行圭表测日影的中心，这与“地中”概念息息相关。

[1] 亦有说法认为“圭”指的是高起投影的垒土堆，因非本书主要讨论的问题，故未详考。

周人认为夏代都城“阳城”为“地中”，所以在灭商之后计划测定地中并于此定都。于是周公旦带队在告成“以土圭之法测土深，正日景，以求地中”。此后，阳城即地中的观念成为中国传统天文观念的一部分，从东汉至隋唐，天文学者都以阳城这里的日影长度作为确定全国节气各日漏刻、日晷刻度的标准数值。

唐开元九年（721 年），唐玄宗诏令编订新历，由此拉开了一场轰轰烈烈、全国动员的大型天文观测活动。当时的太史监南宫说及太史官大相元太等人分赴各地，带领队伍“测候日影，回日奏闻”，僧一行利用这些实测数据，“以南北日影较量，用勾股法算之”，编写了《大衍历》。当时测量的范围很广，北到北纬 51°左右的铁勒回纥部（今蒙古乌兰巴托西南），南到约北纬 18°的林邑（今越南的中部）等 13 处，这样的规模在世界科学史上都是空前的。就是在这次浩荡的天文工程中，南宫说于唐开元十一年（723 年）奉诏刻立“周公测景台”，以纪念周公土圭求地中的故事，这就是现在观星台建筑群中那一尊。它应该不是一座实用的圭表，而仅是“纪念碑”。

值得一提的是，僧一行在嵩山修行的会善寺❶，与观星台一同被列入登封“天地之中”历史建筑群《世界遗产名录》。

到了元代，著名天文学家郭守敬（1231—1316 年）领导建设了观星台。

元代至元十六年（1279 年）郭守敬向元世祖忽必烈提出并获准在全国范围进行大规模天文测量，由此拉开中国古代规模最宏大的“四海测验”大幕。这个工程在全国设立了 27 个观测站：最东点在朝鲜半岛，最西点在滇池，最北点在西伯利亚中部通古斯卡河一带，最南点一说在今天越南境内，一说在西沙及中沙群岛以南或东南，一说在黄岩岛，更有一说认为在澳大利亚❷。依据这些观测数据，经过郭守敬等人的合力编撰，又由郭守敬整理审定，《授时历》于至元十七年（1280 年）编订完成，推算出的一个回归年为 365.2425 天，即 365 天 5 小时 49 分 12 秒，比现在采用的阳历仅差 0.0003 日，相当于 26 秒。这次四海测验工程量之浩大、数据之精确、工作方法之科学严谨，堪称中国古代科技史之最。之所以能够获得如此高精度的观测数据，跟天文仪器大型化、建筑化有直接的关系。

圭表越高大，测量的精度就会越高，大型圭表的建造显然会提高天文观测的精度。郭守敬等天文学家用三种手段把传统的“八尺之表”放大成四十尺高表：手段一，修建土芯包砖的观星台，在台顶竖立双龙造型的架子托起横梁；手段二，在地面上的石圭之中刻以水槽，用水面获得绝对的水平测量面；手段三，郭守敬发明了一种名为“景符”的小仪器，利用小孔成像的原理使高表投下的影子更加清晰、精细化，以此获得极尽精确的测量

❶ 会善寺始建于北魏孝文帝时期（公元 471—499 年），寺内现存元、明、清时期建筑 9 座，其中大殿是元代建筑的珍贵遗构。

❷ 2013 年，澳大利亚帕斯大学的几位学者曾向清华大学团队表示，澳大利亚第四大城市帕斯附近有一座山上有白色刻字，他们认为是汉字“太白”二字，并认为是郭守敬留下的“四海测验”的最南端天文台遗址。但这些信息尚未得到查证。

条件。整个观星台都围绕着这种观测方式进行设计、建造（图 1-11）。元代的 27 座观测台今天仅留存告成观星台一座❶，恰恰是古代核心观测台之一，使我们得窥郭守敬的奇思妙想。

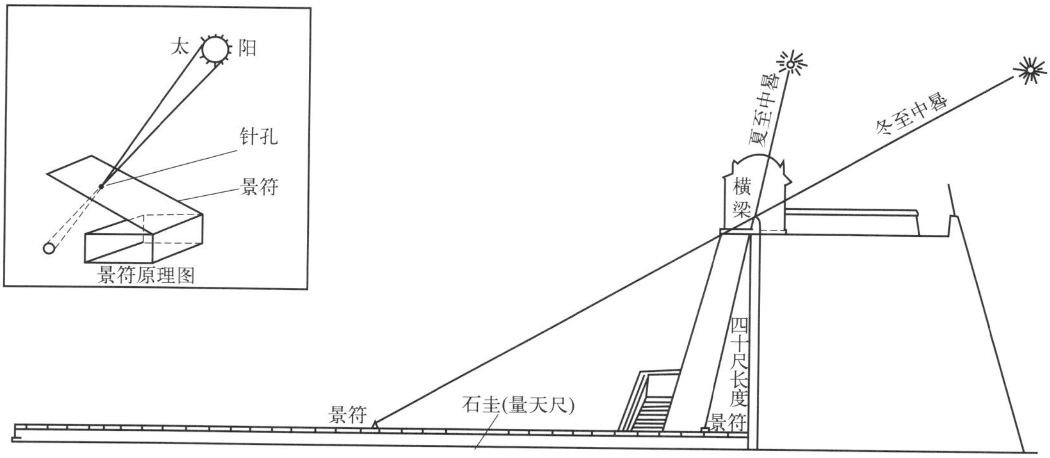

图 1-11　观星台测量原理图

1.4　遗产价值

1.4.1　历史价值

1. 观星台是中国传统“地中”观念的历史见证

现今人们常说中国古代宇宙观为“天圆地方”，其实不然；中国古代天文学者对大地、日月运行、历法的认知具有很强的科学性，尽管他们没有形成“地球”的概念，却用实践活动一遍遍体现着“浑天说”的科学天地观念。尽管未必认为“地方”，但古代天文学家、儒生、帝王均认为天下有一个“地中”，那就是夏代的“阳城”。正是受到这一传统观念和本土宇宙观的影响，“阳城”在中国古代天文学史上具有独一无二的地位，古人把它视为进行天文测量的最佳处所，成为国家级天文观测中心。自西周以后，历代都有天文官或在这里进行天文观测，或运用这里的观测结果编制历法。元代在这里营建观星台，就是“地中”观念的延续，也是其见证。

❶ 北京作为元朝的首都（当时称为“大都”）建有一座司天台，为 27 个观测点之一，而今天北京建国门还保留有一座称为“古观象台”的古迹，这两者却不是同一处。司天台于元代至元十六年（1279 年）由王恂、郭守敬所建，位置在这座“古观象台”的北边不远处，现在这座“古观象台”是明代正统七年（1442 年）利用元大都东南角楼旧址修建而成的。明代没有继承元大都的城墙体系，而是另建了一套完整的城墙，笔者推测明观象台对元司天台在造型、规制上应该没有继承关系。因而，想要一窥元代“四海测验”技术细节和历史见证，只能向登封观星台求索；另一方面，这两座天文建筑并存，对横向比较研究元、明、清天文建筑的异同大有价值。

2. 观星台是中国天文学史上重大事件的历史见证

公元前 11 世纪，周公姬旦在嵩山下的阳城（今告成）建立测景台，“以土圭之法测土深，正日景，以求地中”，反映当时“平天说”（盖天说）的天文观念。

汉代制定《太初历》，出现盖天说与浑天说的激烈争论，浑天说代表人物落下闳于阳城测量，获得了权威数据，确立了浑天说在浑盖之争中的优势地位，促进了中国天地学说的认识。

唐开元年间制定《大衍历》，开展天文大地测量，全国共设观测站 13 处，其中就包括阳城。南宫说奉诏在阳城建立了周公测景台，并保留至今，是古代地中概念的实物见证，也是一行和南宫说等人组织的唐代天文大地测量这一历史事件的标志性纪念物。

元代郭守敬领导的古代最大规模的“四海测验”，其涉及范围之广、规模之大，世所罕见。观星台就是为进行这次观测而建造的，它是这次活动的中心观测台站之一。郭守敬建立的登封观星台遗留至今，它当之无愧成为郭守敬组织的元初天文大地测量的实物见证。

观星台和周公测景台，既是元、唐两代国家级天文观测工程的直接证物，也是其他朝代天文活动的记忆附着物，是镌刻在大地上的天文学史书。

3. 观星台是元代天文学高度发达的历史见证

元代是中国古代天文学的又一个高峰，其中最具代表性的就是郭守敬所组织的“四海测验”，其观测规模之大、所得数据之多、依其编订的《授时历》精度之高，世所罕见，不仅是中国古代天文学的一次盛事，更是世界古代天文学的一次壮举，比 16 世纪末诞生于欧洲的具有类似精度的格列高利历早了 300 多年。观星台作为元代“四海测验”的核心观测台之一，整体真实、完好，是当今能够全面、真实反映出元代此类天文建筑原始制度的孤例，是世界建筑史和科技史上的珍宝。

1.4.2 艺术价值

观星台的艺术价值体现在两个方面。

首先，观星台既是一座天文台也是一具大型的圭表，这种将天文仪器建筑化或说将建筑天文仪器化的做法，在中国留存的古建实物中乃孤例，展现了古人在建筑设计上的独到之举，是中国古建筑中绝无仅有的、奇特的瑰宝，也是古代天文仪器上的“另类”。

其次，观星台是很珍贵的元代土砖混合结构的建筑实例，建筑造型质朴大气，表面包砖砌筑得精细美观，体现了高超的营建技艺，具有很高的工艺美术价值。

1.4.3 科学价值

1. 观星台对于研究中国乃至世界范围内的天文建筑具有科学价值

国内外的天文台或者具有天文观测功用的建筑，史前遗址如国内的青台北斗九星和“圜丘”、石峁的日影观测遗址，国外的如英格兰巨石阵；中古的如韩国青州瞻星台；后世国内的如北京明正统年间（1442 年左右）古观象台（图 1-12）、南京紫金山清末天文台旧址，国外的如1560年的德国卡塞尔古天文台、1675年的英国格林尼治天文台（图1-13）、1724年的印度德里古天文台（图1-14）。观星台在其中独树一帜：它古老却不原始，先进却又古拙，堪称世界天文学史上承上启下的重要一环。它既是天文建筑又是天文仪器，这种天文仪器建筑化、建筑天文仪器化的做法，与阿拉伯古天文学的一些做法颇有相似之处，二者之间是相互影响，还是英雄所见略同？在观星台上进行持续的研究与探寻，可以大大推进世界古代天文学的研究深度和丰富性。

图1-12　北京古观象台（杜雨川 摄）

图1-13　格林尼治天文台❶

图1-14　德里古天文台❷

2. 观星台对于还原元代“四海测验”操作流程具有科学价值

观星台保留得如此完好，可以通过文物实物和史料记载较好地还原郭守敬“四海测验”时精确测量日影的操作流程，对于还原以郭守敬为代表的元代天文学家实操状况有着莫大的研究价值。经过与史书的比对和现场分析，郭守敬在传统的圭表测影之法的基础上做出了三大重要改进：第一个改进是将传统的“八尺之表”放大五倍成高大的建筑，即把

❶ 引自格林尼治标准时间 http://tc.wangchao.net.cn/baike/detail_1076342.html.

❷ 引自 https://www.jantarmantar.org/resources/Articles/Architecture_Science_web.pdf.（Photographs by Barry Perlus）

天文仪器建筑化，使得地面石圭（量天尺）至台上横梁的垂直高度达到40尺，使观测结果更加精确；第二个改进是把传统的单表表顶改为有水槽取平的铜横梁，这样一来测影时可以直接测出日心影长，对比此前历代一般圭表只能测出日边之影，又是一个很大的突破；第三个改进是发明了景符，可以将横梁投影凝缩成细线，当景符与石圭配合使用时能够进一步提高观测精度。

世人皆知汉代的祖冲之是世界上第一个把圆周率计算到小数点后七位的数学家，但是他用的是什么计算方法、公式，却无从考证，实在是中国古代数学史乃至世界古代数学史的巨大遗憾！假设一下，如果登封观星台在历史上因为偶然的原因湮灭无存，我们今天恐怕也无从考证郭守敬又是如何获得足以支持《授时历》编订的高精度测量数据的了。这就是观星台巨大的科学价值之所在！

3. 观星台对研究古代尺度制度具有科学价值

近年来，科学史研究者通过对直接继承元代计量标准的明代铜圭表进行测量，推算出元代天文用尺的长度为1尺＝24.525cm。拿这折算比例来检查登封观星台，石圭（1975年修复的“量天尺”）长恰为120尺，与《元史・天文志》的记载相同；而台上凹槽宽度恰为5尺，顶部横梁与量天尺顶面的距离折合为4丈。这证明当时观星台的营建既不是按照商业活动中常用的布帛尺，也不是按照建筑设计施工常用的营造尺，而是按照天文用尺来建造的。这对于研究中国古代尺度制度具有极大的意义。

4. 观星台对全面认识和研究中国古代建筑具有科学价值

观星台使用了“夯土芯＋外包砖”的传统夯土建筑技法，但是又截然不同于使用同一技术的秦汉高台建筑、后世城墙、墩台，也截然不同于类似结构的佛塔，它既是研究科学的场所，又是具有科学属性的建筑，丰富了中国古代的建筑形式，是中国古代建筑艺术的又一瑰宝。

同时，其表面包砖的大量使用和砌筑工艺，对于研究元代青砖生产工艺、青砖砍磨加工工艺、青砖砌筑工艺等具有极高的资料价值，为全面考证、研究自汉唐至明清的青砖技术体系提供了宝贵的标本。

1.4.4 社会价值

观星台是“中国故事”的绝佳话题，是“文化自信”的坚固基石。

观星台是真实的、完整的中国古代天文遗物，凝结着古代先人的智慧和求真、钻研的创新精神，是我们博大精深的优秀传统古迹，散发着中华文化和悠久历史的独特魅力，它跨越了时空将古人的天文学成就、建筑学成就带到今人面前，更可以跨越国度、跨越文化向整个世界展现中华民族在认识大地、认识天文领域的探索精神。

郭守敬在观星台上的创新，正体现着中华民族“革故鼎新”的民族精神，它深深地与我们现在努力实现“两个一百年”奋斗目标和中华民族伟大复兴中国梦的时代呐喊相契合。当下，中国的航天与天文事业蓬勃发展，代表着人类新时代探索太空的先锋力量，体现着中华民族如同古代一样又走在了人类创新的前沿。观星台和它所承载的价值与精神，如果综合运用大众传播、群体传播、人际传播等多种方式予以展示，有助于在全社会鼓动起奋发进取的勇气，焕发出创新创造的活力。

告成、登封和郑州，作为观星台所在之地，更可以凭此大大提高当地百姓的文化自信和爱家乡的情感，进而促进地方发展，促进地区社会经济文化平衡、充分发展。

1.4.5 最突出的普遍价值

世界遗产委员会在2010年第34届世界遗产大会上针对登封“天地之中”历史建筑群通过了编号为34COM 8B.24的决议文件。文件认为：

“若干世纪以来，现位于嵩山少室山和太室山南部地区的登封，作为中国最早的都城之一，虽确切位置不详，但与‘天地之中’概念密切相关，也是唯一经过天文测算验证的地点。‘天地之中’的自然属性是嵩山及对嵩山的圣山崇拜，这也被古代帝王用作强化统治的方法。”

“以上三个概念在一定程度上和谐统一：天文观测确定的天地之中被用作建造帝都的最佳地点，嵩山作为天地之中的自然象征又被作为礼仪崇拜的焦点，强化帝王统治。登封地区聚集的建筑均属最高级别，其中许多更是由帝王钦定建造。因此，登封建筑群又加强了登封地区的影响。”

“申报项目包含的一些遗产点与嵩山紧密相关（中岳庙、太室阙和少室阙）；观星台很显然与在天地之中的天文观测相关，余下的建筑则是因该地区处于天地之中的特殊地位而建于此。”

列入标准：

“标准ⅲ：天地之中的天文概念与皇权概念紧密相连，因天地之中作为帝都选址的绝佳象征性，和自然背景嵩山及与嵩山相关的礼仪崇拜。这一系列遗产点反映了这一地区在声望和权威上的重大意义。”

“标准ⅵ：登封地区汇聚的或宗教或世俗的建筑体现了持续约1500年维系帝王祭拜和推崇的天地之中理念与圣山崇拜相连的传统，因而在中国文化中具有非凡的意义。其中的佛教建筑也与圣山有着象征性的关系。”

从联合国教科文组织接受的这段论述，可以明显地看到，观星台最突出的普遍价值，一是“天地之中”这一中华传统宇宙观和概念的最直接的物化证据，二是用科学的天文观测活动强化了这一概念，三是其历史并非一时的而是代代相习、源远流长的。这种思想与技术、文化和天文深度融合的模式，是世界其他天文类古迹和遗址所不具备的。

2 现状调查与研究

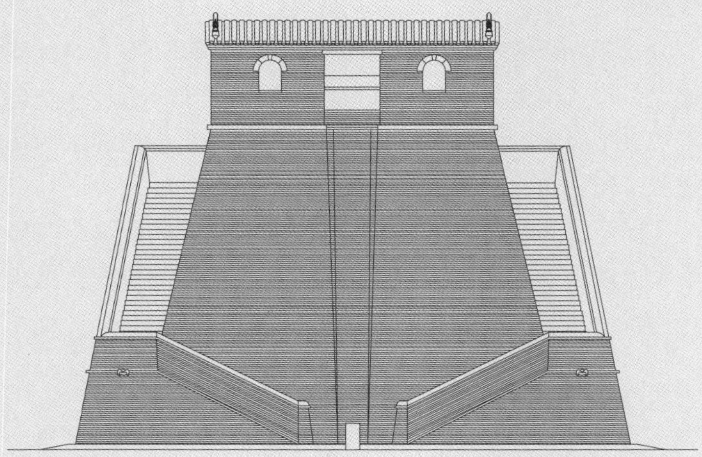

2.1 调查研究方法

2.1.1 研究路径

本次针对观星台现状调查工作的具体工作路径如下（图 2-1）：

第一步，前期采取对观星台相关的历史文献资料进行梳理研读、实地调研、走访等方法，形成对观星台建置选址、建筑形制、文物环境、历史沿革以及文物价值等方面的初步认知。

第二步，通过全站仪、三维激光扫描和近景摄影测量等技术，记录观星台建筑的存续现状，同时采取地球物理探测技术对台体内部结构进行无损检测，包括地质雷达，瑞雷波、折射波技术，充分探明建筑基础的地质环境，为进一步分析建筑结构及地基安全性提供科学数据。

第三步，开展观星台建筑病害详细调查工作，从表象到内因，针对建筑材料、外观表面及结构内部进行实地勘测。其中通过目视检查及材质分析等方法，深入分析建筑表面的病害程度、发展趋势，同时结合无损检测技术，查明观星台地基地层的组成和展布形态以及直接影响建筑结构安全性的地基环境。

第四步，结合历史文献梳理及文物建筑原貌，针对观星台建筑及结构的独特性，采取归纳分析、类比分析等方法，对文物建筑病害进行类型归集分析，并参考相关的规范制定病害评定标准，对建筑病害及结构病害开展等级评定。

第五步，根据病害类型及发展趋势，分析病害成因。

第六步，根据《中华人民共和国文物保护法》的文物工作方针，结合观星台的病害及残损现状，提出针对性的保护修缮思路及措施建议。

在调查研究工作中，遇到的主要困难在于：观星台结构复杂，系由多种材质筑造而成，以砖、土为主，石、木为辅。其中夯土部分隐藏在建筑内部，不能明确其病害类型，无法直接勘察。而最直接、准确地探明观星台内部结构情况的方式是钻孔取样，但这显然违背了保护文物的初衷。

因此，为了解决以上难题，本次调查采用了多专业协作的方式，由清华大学团队联合中国地质大学（北京）和北京地大捷飞物探与工程检测研究院协作配合，共同完成对观星台建筑内部结构及地基环境的无损检测工作。

2.1.2 技术方法

本次勘察测绘工作之前已有的观星台测绘图纸共两套，一套为刘敦桢 1937 年测绘图纸，另一套为张家泰 1974—1975 年观星台维修图纸，这两套图纸均为手工测绘。此次工作团队根据观星台的特点，对外观尺寸尽可能采用新式仪器进行精确测量，提高信息精度，而对人可触及的病害面积信息进行手测。至于内部构造、地下基础等部分则依赖于仪

图 2-1 观星台现状调查技术路线图

器检测。

1. 仪器测绘技术

对外观尺寸、造型的测绘记录综合使用了全站仪、三维激光扫描测绘和近景摄影测量三种技术。

1）全站仪

全站仪是一种集测距、测角、记录、计算于一体的仪器，以人眼观瞄，可以直接测量关键点的坐标，通过简单换算即可得到轮廓的准确形状与尺寸，内业的数据处理工作量小于三维激光扫描测绘和近景摄影测量，不过相应的外业工作量稍大（图 2-2、图 2-3）。

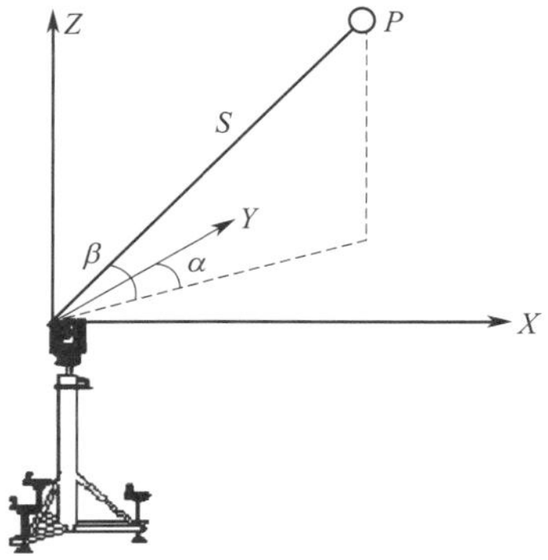

图 2-2 全站仪原理图❶

图 2-3 全站仪工作场景（崔利民 摄）

2008 年勘察工作中，全站仪测绘共进行了 19 个站位的扫描，布置标靶 32 个，测量了 1153 个测点，获得了截至目前最准确的观星台投影图纸和形变追踪记录（图 2-4～图 2-7）。

2）三维激光扫描测绘

激光扫描系统使用激光测距原理，全自动地一次性获得被测对象表面大量点的三维坐标并记录下来，相当于无数个全站仪自动记录数据（图 2-8、图 2-9）。其特点是采样率高、全自动测量、方便可靠。三维激光扫描的直接成果是海量的三维坐标数据点，因为看起来像云雾颗粒一般，因此称为“点云”。激光扫描把现场采集数据最大限度地简化了，随之而来的是后期数据的处理，使之符合工程设计和表现的需要，就产生了很大的工作量。

2015 年，采用 FARO330 对观星台台体进行全格局三维激光扫描，共扫描了 36 站，获得 4.72G 的数据，在 SCENE 软件中进行拼接。这份点云数据精确到毫米级，是对观星台实体数据的一次宝贵记录，可作为日后长期比对的一个基础（图 2-10、图 2-11）。

3）近景摄影测量

近景摄影测量是摄影测量的一个分支，摄影测量（Photogrammetry）是一种通过分析记录在胶片或电子载体上的影像，来确定被测物体的位置、大小和形状的科学测量方

❶ 引自黄桂平．数字近景工业摄影测量关键技术研究与应用［D］．天津：天津大学，2005.

法。近景摄影测量是指测量距离小于100m、相机布设在物体附近的摄影测量（图2-12）。

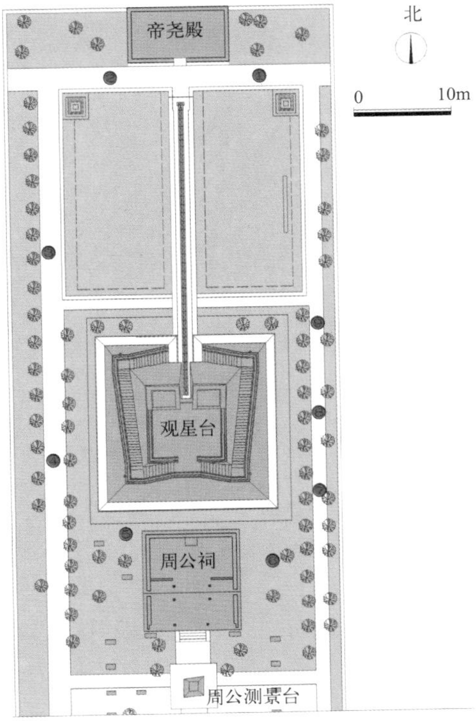

图2-4　全站仪布站图（肖金亮 绘制）

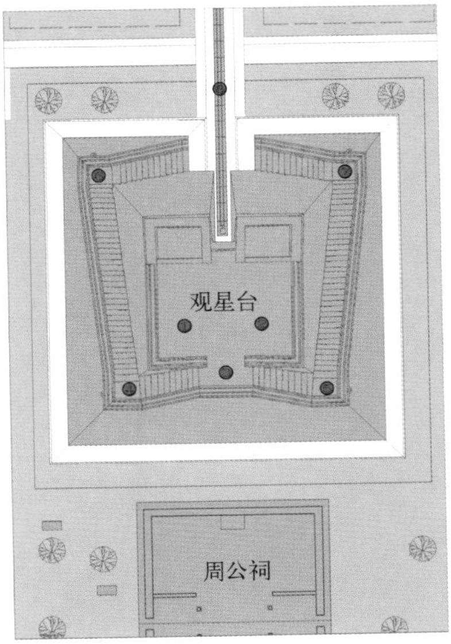

图2-5　全站仪布站图（台顶）（肖金亮 绘制）

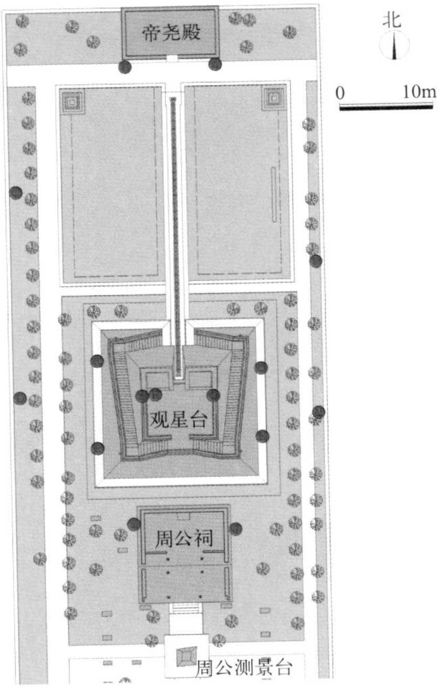

图2-6　全站仪标靶布置图（肖金亮 绘制）

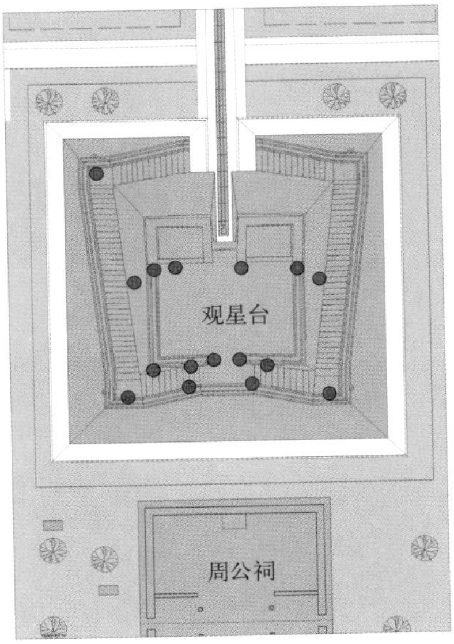

图2-7　全站仪标靶布置图（台顶）（肖金亮 绘制）

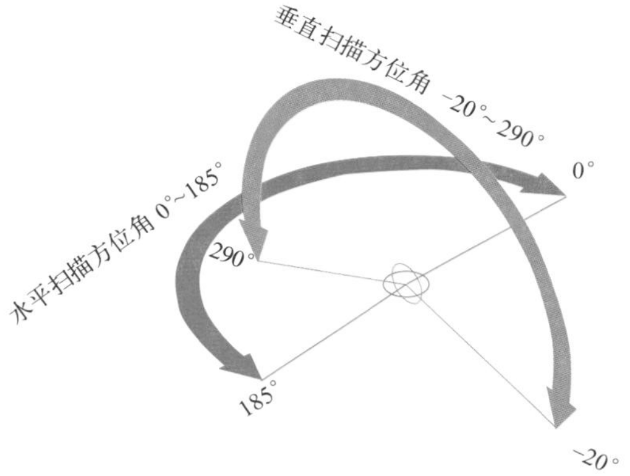

图 2-8 三维激光扫描仪原理图❶

图 2-9 三维激光扫描仪工作场景（杜雨川 摄）

图 2-10 点云数据示例

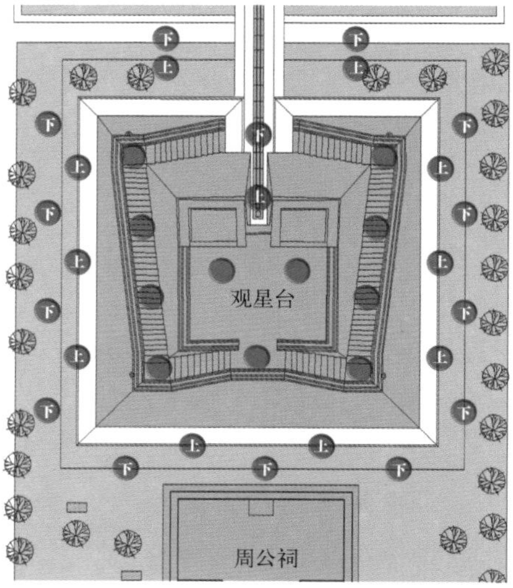

图 2-11 三维激光扫描仪布站图（肖金亮 绘制）

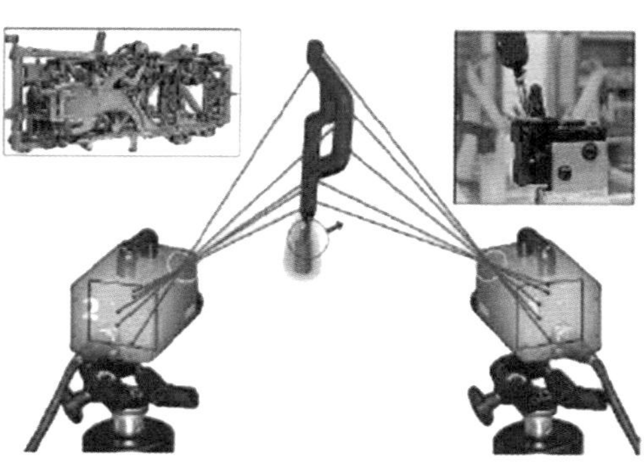

图 2-12 近景摄影测量原理❷

❶ 引自臧春雨．三维激光扫描技术在圆明园石桥修复中的应用［J］．《圆明园》学刊第八期——纪念圆明园建园 300 周年特刊，2008（8）：32-36.

❷ 引自黄桂平．数字近景工业摄影测量关键技术研究与应用［D］．天津：天津大学，2005.

在对观星台的勘察工作中使用近景摄影测量的目的，一方面是在大尺寸上与全站仪、三维激光扫描仪进行相互的尺寸校核，更主要的是获得正射影像，以得到观星台外观的色彩数据和病害分布数据。根据类似工程的经验，以近景摄影测量正射影像图为底图绘制的病害分布图，更加直观准确，也更利于后续指导精确施工。

2015 年，使用 Canon 5D 数码相机对观星台进行了近景摄影测量工作，共进行了 452 站，拍摄了 32G 的高精度照片，在 DVSStudioDC 软件中进行拟合后获得各个立面的完整影像，如图 2-13～图 2-15 所示。

图 2-13 近景摄影测量工作场景

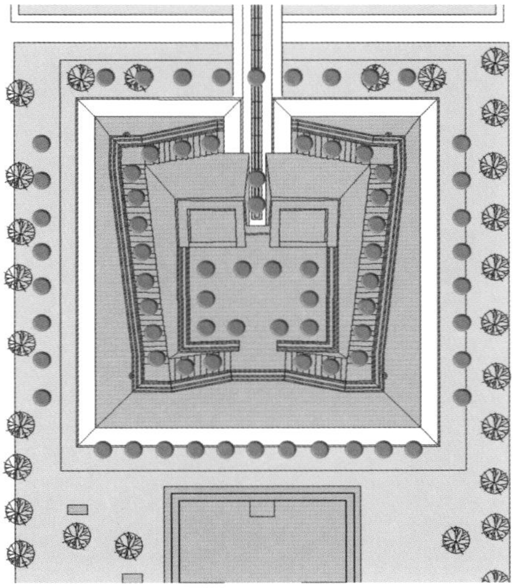

图 2-14 近景摄影测量布站图

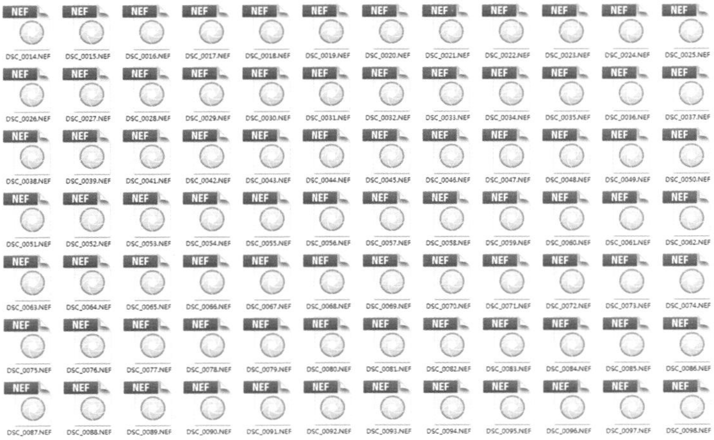

图 2-15 过程照片示例

2. 结构安全性检测技术

最直接、准确地探明观星台内部结构情况的方式是钻孔取样，但这显然违背了保护文物的初衷。因此工作团队使用地球物理探测技术对台体内部结构进行了无损检测，所采用的技术包括地质雷达、瑞雷波、折射波技术，这些工作是由中国地质大学（北京）和北京地大捷飞物探与工程检测研究院完成的。

1）地质雷达

地质雷达是以不同介质间电性差异为基础的一种物探方法。通过雷达发射天线向目标体连续发射脉冲式高频电磁波，当遇到有电性差异的界面或目标体（介电常数和电导率不同）时即发生反射波和透射波。接收天线接收并记录反射波，通过连续的发射和接收电磁波形成时间记录剖面。根据记录到的反射波的到达时间和求得的电磁波在介质中的传播速度，确定界面或目标体的深度；同时根据反射波的形态、强弱及其变化等因素来判定目标体的性质（图 2-16）。地质雷达工作场景及测线布置图如图 2-17、图 2-18 所示。

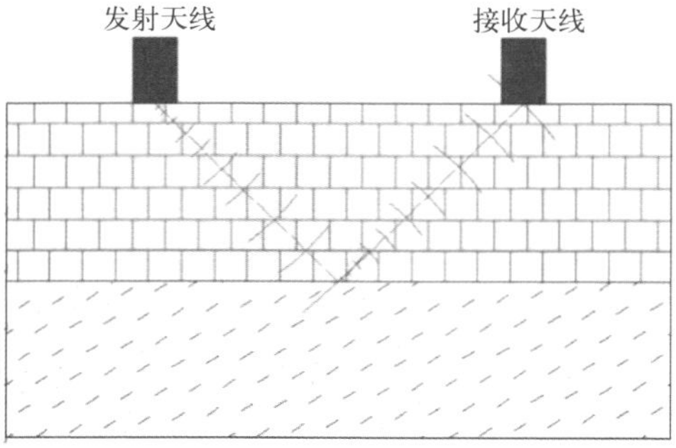

图 2-16 地质雷达工作原理

图 2-17 地质雷达工作场景

图 2-18 地质雷达测线布置图

2）瑞雷波

瑞雷波（Rayleigh waves）是地震波中面波的一种，其原理是利用层状介质中瑞雷波的频散特性，即不同频率成分具有不同的相速度，同一波长的瑞雷波的传播特性反映了地质条件在水平方向的变化情况，不同波长的瑞雷波的传播特性反映了不同深度的地质情况（图 2-19）。通过求取频散曲线，确定地下地层的面波速度，通过分析其频散曲线和面波速度变化获取地下地层结构信息。和其他地震勘探方法相比，瑞雷波勘探具有不受地层速度反转的限制、浅层勘探分辨率高、仪器轻便、探测条件要求低、探测速度快等明显优势。瑞雷波工作场景如图 2-20 所示。

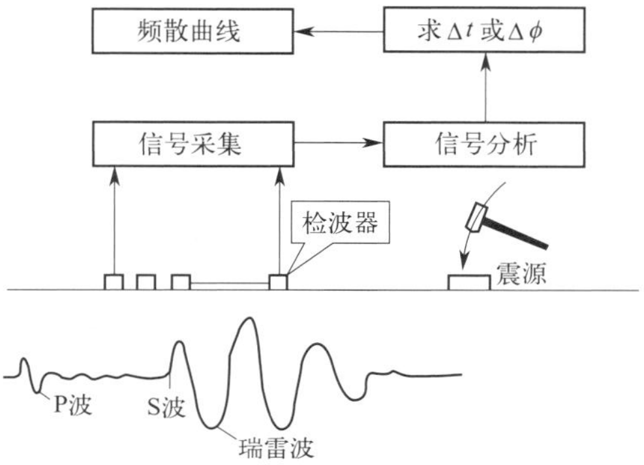

图 2-19　瑞雷波工作原理

图 2-20　瑞雷波工作场景

3）折射波

折射波是地震波探测方法之一，通过人工激发的地震波（用振锤敲击）在地下传播的过程中遇到速度分界面（假设界面下层的速度要高于界面上层的速度），即 $V_{下}>V_{上}$ 时，在波的入射角等于临界角的情况下，其传播方向发生改变且沿界面滑行，从而在界面上覆介质中产生折射波（图 2-21）。在地面上观测折射波，即能获得有关的地质信息。

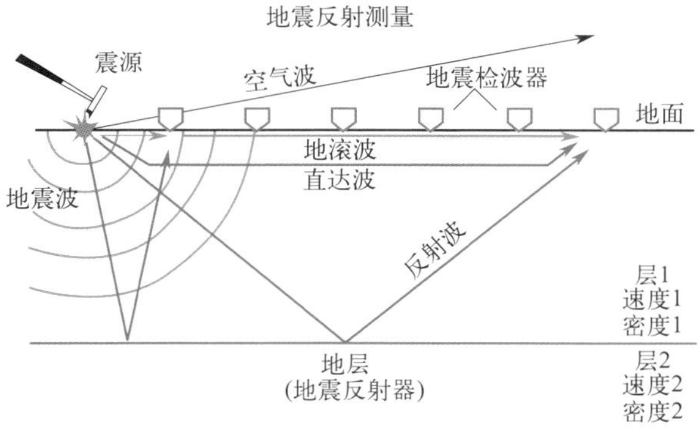

图 2-21　折射波工作原理

3. 材质分析技术

为了检测材料年代、成分、力学性能而采用的技术，包括光释光测年、化学分析、力学强度检测。

1）光释光测年

光释光（Optically Stimulated Luminescence，OSL），是一种测年方法，是在热释光效应（Thermo Luminescence，有时也被译作热致光、热发光）基础上发展起来的测年方法，其原理是因放射性物质如铀、钍等的辐射长期作用于有关介质，使介质所接收到的辐射剂量不断积累，即受辐照的样品在还未达到饱和之前，总剂量是时间的函数，如果知道了年剂量，则样品年龄=样品接收到的总剂量/环境给予样品的年剂量。考古学上一般用以进行陶器、瓷器、砖瓦等火烧黏土制品的年代测定。在本次勘察工作中，光释光测年检测系委托北京大学考古文博学院光释光年代学实验室完成。

2）化学分析

化学分析（Chemical Analysis）是指确定物质化学成分或组成的方法。该工作由清华大学化学系分析中心实验室完成。检测的样品共三块，两块为砖表面的灰皮，一块为北侧凹槽砖表面的白华。

3）力学强度检测

对砖块样品进行破坏性试验，可以测得现存砖块的力学指标如抗折强度、抗压强度等（图 2-22）。试验依据国家标准《砌墙砖试验方法》GB/T 2542—2012 和《混凝土砌块和砖试验方法》GB/T 4111—2013 进行，由清华大学土木系建筑材料实验室完成。

图 2-22　全自动抗折抗压试验机

2.2 病害的分类与等级评定标准

2.2.1 病害层次划分

观星台结构复杂，系由多种材质筑造而成，以砖、土为主，石、木为辅。其中夯土隐藏在内部，不能明确其病害类型，无法直接勘察。

本次病害勘察主要借鉴《馆藏砖石文物保护修复记录规范》GB/T 33289—2016、《馆藏砖石文物病害与图示》GB/T 30688—2014、《石质文物保护工程勘察规范》WW/T 0063—2015、《古建筑砖石结构维修与加固技术规范》GB/T 39056—2020、《古建筑木结构维护与加固技术标准》GB/T 50165—2020、《历史风貌建筑安全性鉴定规程》DB12/T 571—2015 等规范。但这些规范仅为本研究提供参考，不能作为研究工作的范本或依据，因为其适用范围与观星台的具体情况有较大差别。

《馆藏砖石文物保护修复记录规范》GB/T 33289—2016 和《馆藏砖石文物病害与图示》GB/T 30688—2014 主要针对馆藏石刻、石雕、石器、可移动石构件，以及馆藏的建筑石构件、摩崖石刻等，对于情况更加复杂、与自然因素无法隔绝的不可移动的石窟寺、摩崖石刻和砖石建筑不完全适用。

《古建筑砖石结构维修与加固技术规范》GB/T 39056—2020 主要针对修缮、修复、施工质量等内容，对本书有一定的借鉴意义。《石质文物保护工程勘察规范》WW/T 0063—2015 中对于单个石构件的相关内容有借鉴价值。

综合以上种种资料中接近、类似观星台情况的内容，将其病害类型划分为结构病害、构造病害和材料病害三个层级，并以最直接反映观星台自身形制、结构、构造特点与问题的条目进行了病害分类与评定。

1. 结构病害分类

观星台的结构病害主要是指地基与基础稳定性、不良地质问题、主台体结构稳定性等直接影响建筑安全的问题，经过地质雷达、瑞雷波、折射波等地球物理探测分析法证实，观星台没有明显的结构隐患，具体内容详见台体结构勘察部分。

2. 构造病害分类

构造病害指影响建筑构造完整所出现的病害问题，观星台主要包括主台体、顶部小室、磴道和宇墙三个部分（表 2-1）。

构造病害汇总表 **表 2-1**

构造部位	病害类型	说明
台体	砖体裂缝	分为表层砖裂缝和内层砖裂缝，包括竖向裂缝和阶梯状裂缝
	墙体空鼓	夯土台芯和内层砖体之间的空洞，局部表现为砖体错位
	砖体错位	表现形式为外层包砖的凹陷或突出，与内部夯土结构的鼓胀或湿陷有关
	砖体缺失	砖体缺失主要分为两类：一是老化缺失；二是人为破坏造成的残缺。砖体缺失是指砖体整块缺失或残损体量大于三分之二的砖块
顶部小室	台顶排水不畅	台顶地面排水不畅，宇墙基础位置易积水，形成内渗
	木构件干缩开裂	顶部小室[1]局部出现木结构干缩开裂，但干缩开裂细纹较小
	椽飞糟朽	顶部小室局部椽飞糟朽
	瓦件缺失	瓦件整体缺失
磴道及宇墙	磴道排水不畅	磴道及宇墙连接处易存有汇水，没有特意向外侧的落水口找坡
	压面石断裂	压面石表面出现较大的裂缝，原压面石变成两个或多个部分
	压面石缺失	宇墙上部压面石整块缺失

3. 材料病害分类

文物建筑暴露于自然环境中，风蚀、雨水冲刷及冻融循环必将形成台体砌筑材料病害，虽不影响文物结构安全，但会影响文物外观风貌。观星台构筑材料包括青砖、红砂石、木材、瓦件、砌筑灰浆等；具体材料病害包括风化酥碱、剥离、老化缺失、水锈结

[1] 尽管现状小室为 1975 年修复的，但此次勘察仍以文物标准对其进行评估分析。

壳、生物病害等（表 2-2）。

材料病害汇总表　　表 2-2

构筑材料	病害类型	说明
青砖	风化酥碱	砖体表面风化，出现片状剥离、孔洞状溶蚀或粉末酥碱
	水锈结壳	由于含有一定的有机物及矿物盐的汇水持续冲刷砖体表面，雨水蒸发后，可溶盐成分滞留在砖石表面，形成水锈结壳
	生物病害	生物病害包含砖体表面植物滋生及微生物滋生，水分及可溶盐是微生物繁殖的重要养分
	硝酸盐白华	北侧凹槽内有大量白华，是大气污染对观星台表面砖体造成的破坏
	人为涂刻破坏	人为涂刻主要集中在人手可触及的部位，多为硬物刻划
红砂石	风化磨损	石材表面出现风化磨损，造成石材表面丧失原有形状
	层状剥离	石材表面 1cm 厚度发生层状剥离破坏
	生物破坏	红砂石表面出现微生物滋生及动植物粪便破坏
砌筑灰浆	老化、流失	砖缝间填补的灰浆出现了不同程度的老化、流失
木材	表层油漆褪色	观星台木质结构主要集中在顶部小室❶，木结构表层油漆褪色现象明显
瓦件	瓦件缺失	瓦件局部缺失

2.2.2 病害程度的划分与评定

本次勘察将观星台病害依据其病害程度及表现形式划定为“a、b、c”三个等级，以利于后续更科学、细致地制定修缮措施。其中 a 级为病害影响轻微或病害残损程度轻微，如微生物病害等；b 级是病害影响一般或病害残损程度一般，如宇墙局部缺失等；c 级为病害影响严重或病害残损程度较大，会严重危及文物安全，如台体排水不畅、砖体裂缝等问题。

本评定标准仅适用于本书中观星台现状病害等级鉴定。

2.2.3 结构安全的分析与鉴定

文物结构安全鉴定指对风险性较大的建（构）筑物的现状进行调查，对可能存在的损伤、开裂情况进行调查记录，对建（构）筑物基础的沉降、倾斜状况等进行观测，对承重结构的材料强度等进行检测，依据现行的检测鉴定标准，对建筑物现状安全性进行检测、鉴定。其中主要的国家标准、行业标准包括：《民用建筑可靠性鉴定标准》GB 50292—2015、《建筑抗震鉴定标准》GB 50023—2009、《建筑变形测量规范》JGJ 8—2016、《建筑工程抗震设防分类标准》GB 50223—2008 等。

❶ 尽管现状小室为 1975 年修复的，但此次勘察仍以文物标准对其进行评估分析。

2.3 观星台现状调查

2.3.1 形体勘察

本次勘察工作有两套前人所绘的图纸，一套为1937年刘敦桢先生于《河南省北部古建筑调查记·告成周公祠》中所附图纸，发表在营造学社汇刊6卷4期，一套为河南省古建所张家泰先生1975年进行大修时所绘的图纸。两套图纸绘制精美，留下了非常宝贵的原始资料，尤其后者，可以说我们所能见到的观星台样貌，正是那次大修之后的样子。

此次利用最新的测绘技术和仪器，重新对观星台进行外观尺寸的测量，有四个目的：

目的一，留下较为精确的尺寸数据。

目的二，为修缮设计提供现状测绘图纸。

目的三，作为一座特殊的古建筑，历史上没有法式和规制可循，有了精确的测绘数据，可以帮助我们更加清晰地认知和分析观星台的建筑特征。

目的四，解答观星台外观有无神秘含义。当地百姓相传：观星台下大上小的收分角度，是与某种深奥的天文数字息息相关的，可以保证台体在一年中的某一天某一时没有影子，甚至诞生了“无影台”这一俗称。这种说法有没有科学依据呢？这也是此次勘察待解答的问题。

1. 基本尺寸

观星台外层台体北边宽16.444m，南边宽16.578m，东边长16.500m，西边长16.566m；内层台体北边宽8.420m，南边宽8.194m，东边长8.107m，西边长8.140m。以上数据均未计入披檐尺寸。

在立面上，观星台东北棱线高9.235m，西北棱线高9.335m，凹槽高9.418m。以上数据均未计入台顶一圈小披檐尺寸。

2. 外观规律

1）对称性

如果以量天尺中轴线为观星台的轴线，则北侧凹槽根部东西完全对称，除此之外整个台体平面各处均不对称，为不规则多边形。内层台体顶面北宽南窄，在靠北三分之一处顶面西边线急剧外撇。北面凹槽的两条棱线比东北、西北两条台体棱线更向北突出。总体而言，观星台外圈台体平面近似为正方形，而内层台体顶面东西两半分别向外撇，使北面凹槽开口微微外放（图2-23、图2-24）。

2）棱线

八条棱线的延长线在平面、立面上都无法交于一点。其中东半部经过20世纪70年代的修缮，内层台体两条棱线角度差异过大，不予考察。西半部为历史原貌，四条棱线均与45°线有不同程度的夹角。

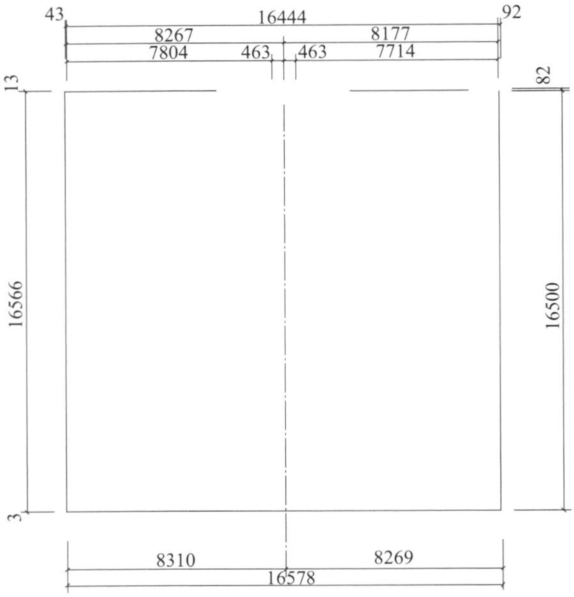

图 2-23 台根轮廓（肖金亮 绘制）

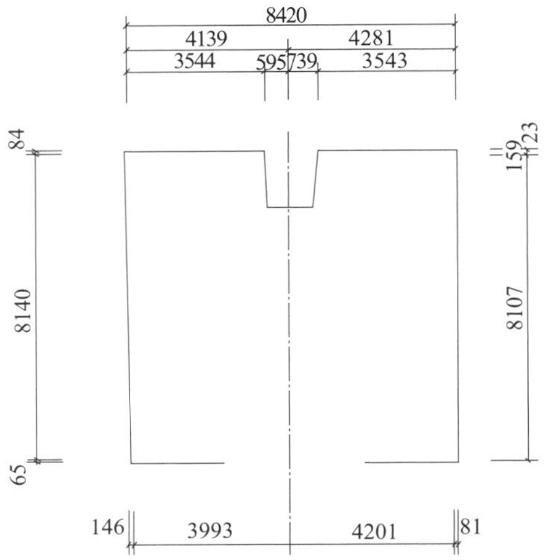

图 2-24 台顶轮廓

3）面

因为底面和顶面形状不同，所以整个台体的各面均为不规则的双曲面。根据分析，这种不规则并不是地基沉降造成的，详见后文分析。

4）倾斜

观星台呈北高南低态势。现状散水南北高差 96(西)～139(东)mm，而内层台体顶部南北高差已达 250mm。内层台体东西方向的倾斜趋势是中间高、两边低，高差为 38(西)～126(东)mm。

5）砌体情况

台体东面有抗日战争时日军轰击留下的弹洞（详见 2.3.3 节描述），弹洞露出的砖块为斜面砖，而且为了找出台体斜面的坡度，砖体由内向外倾斜砌筑。

北、西、东三面砖为倾斜砌筑，北侧为中间高向东西分别斜砌，东西两侧均为北高南低倾斜砌筑。

内层台体的西墙有三层楔形砖，北为整砖，向南越砌越薄。可见是砌筑时故意找出北高南低的坡度（图 2-25、图 2-26）。

北侧凹槽的两侧壁在不同高度也各有两层楔形砖层，外整内薄，特意垫高北部台体。楔形砖的层数与内层台体西墙的位置没有对应关系（图 2-27）。

东侧台体包砖在 1975 年全面更换修缮过，所有砖层均按照北高南低倾斜砌筑，已没有楔形砖，外层台体到上面逐渐转平，内层台体到上面越来越倾斜。

图 2-25 西立面楔形砖位置（肖金亮 绘制）

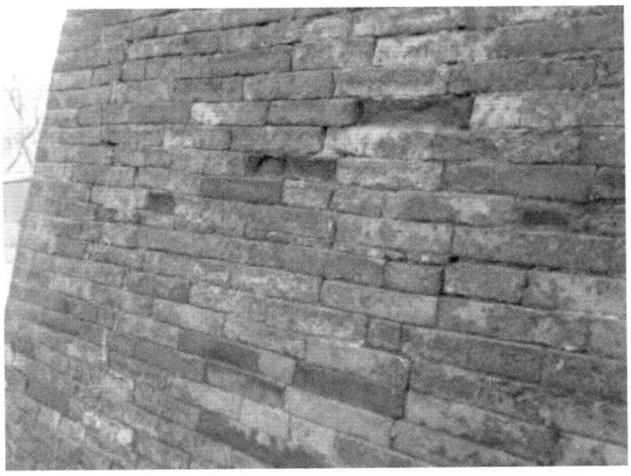

图 2-26 西立面楔形砖（刘畅 摄）

图 2-27 北面凹槽侧壁楔形砖（刘畅 摄）

6）宇墙与压面石

观星台内外圈宇墙断面均为等腰梯形。1937 年刘敦桢先生测图中可见台阶和台顶边有宇墙扶手，但在 1975 年修缮之前绝大部分宇墙已经塌毁，只在台顶西侧尚存一小段，1975 年修缮时参照其形制补砌了全部宇墙，并在内部配有竖筋和横向拉筋以增加整体刚性❶。

压面石为红砂石，共 80 块，左右对称分布。所有压面石均风化、剥裂严重，表面还有苔藓生长；所有苔藓均长在石材原有表面，剥离后露出的内面上均不生长。这些压面石外观看起来极有沧桑感，但均为 1975 年添配，历史原物和史籍记载中均未发现是否有压面石、压面石为哪种材料、如何形制的线索，当时参照踏跺石材质添配了今日所见的这些压面石。

7）踏跺石

观星台所有踏跺石为红砂石，120 块，左右对称分布。所有踏跺石均风化、剥裂严

❶ 有关 1975 年补配宇墙和添配压面石的信息来自该次修缮的设计者张家泰描述。

重。踏跺石砌筑方向并非平行或垂直于底、顶平面，而是垂直于两侧立墙，因此平面形态都是倾斜的。踏跺石没有延伸入台体或扶手宇墙。

8）顶部小室

在 1937 年刘敦桢版测图中，两个小室四面皆有厚墙，朝北一侧仅开单门。而 1975 年修缮时，这两个小室已经塌毁，修复时朝北一面敞开不砌墙，这就是今日我们见到的样子（图 2-28）。1937 年版和 1975 年版小室平面图均方方正正，而激光扫描测得的平面并不平直，可能是当时施工人员为了就和主体台顶左右不对称的平面，不得已而随形就势。

假设以元代 1 天文尺＝24.525cm 进行折算，40 尺约合 9.7m，即投影用的横梁应该比石圭测量面高（图 2-29）。现在台顶小室之间的横梁为 1975 年修缮时补配的，其相对于石圭上表面的高度为 9.68m，如果在石圭水槽内放水取平并考虑景符的高度恰为 9.7m。

图 2-28　台顶小室（崔利民 摄）

图 2-29　投影横梁（肖金亮 摄）

3. 无影台原理

将上述数据导入 GIS 软件，拟合生成较为准确的观星台 3D 模型，然后按照所在地的纬度和太阳高度角，模拟全年的日照情况（图 2-30、图 2-31），发现这样的情况：

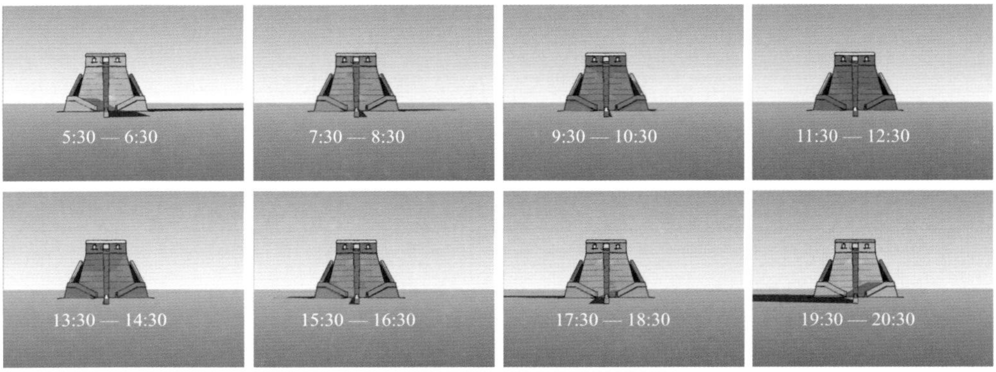

图 2-30　6 月 24 日全天日影模拟[1]

[1] 崔利民模拟，肖金亮指导并整理。

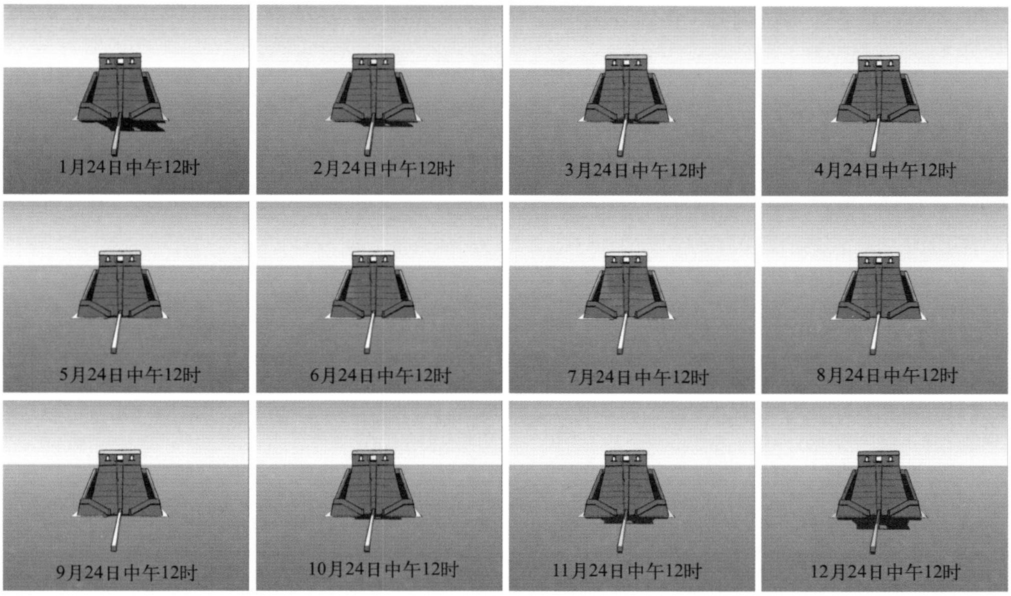

图 2-31　全年中午 12 时日影模拟❶

每年 6 月上旬至 7 月下旬中午 12 时，台体在北侧没有影子。

在夏至日，台体全天都不会在北边投下影子。

其他日子里，中午 12 时尽管台体会在量天尺上投下阴影，但横梁的投影并不会被遮挡。

也就是说，尽管观星台收分的台体确实使得某些时日向北不会投射影子，但真正对测日影有用的横梁投影在任何时候都不会被遮挡，台体本身有无影子其实对于日影观测无关紧要。目前来讲，并没有发现台体收分的角度跟天文和历法上的神秘数字有什么特别的关联。这就是对于“无影台”传说的初步回答。

2.3.2　结构勘察❷

结构勘察工作包括：（1）观星台建筑群东侧围墙外开挖槽探分析；（2）采用地质雷达、瑞雷波、折射波等地球物理方法对观星台建筑体和台体地基进行探测。

1. 地基与基础

根据瑞雷波、折射波资料，结合槽探工作，查明了地基地层的组成和展布形态，确定地基地层中不存在空洞、断裂等隐蔽不良地质体。

1）地层

观星台地基的地层自上而下分别为（图 2-32）：

（1）砂质黄土填土：黄褐色，含少量砖屑（夹砖）、砾石、碎石等，有植物根，松散～稍密，深度 0～2.1m。

---

❶ 崔利民模拟，肖金亮指导并整理。

❷ 本节的文、图、表均摘抄缩编自北京地大捷飞物探与工程检测研究院的检测报告。

（2）粉质黄土：黄褐色，含少量碎石，稍密，深度 2.1～2.8m。

（3）细砂：红色，局部含红色砂质粉土，稍密，深度 2.8～3.3m。

（4）砂卵石层：红色，充填物为红色黏质粉土、砂质粉土、粉砂等；卵、砾石含量 60%～70%，充填物含量 30%～40%；卵、砾石成分为正长花岗岩和石英砂岩等，其直径一般为 2cm，最大为 10cm，稍密～中密（具有一定的胶结性，本层用洛阳铲无法钻进），深度 3.3～3.6m。

（5）粉质黏土：红色重粉质黏土或红色黏土，硬塑，含水量较高，深度 3.6～4.6m。

（6）卵石层：杂色，卵石含量约 70%，中粗砂，砂石含量约 30%，卵石岩性以沉积岩为主，含漂石，磨圆度好，密实。深度 4.6～7.0m，此层未穿透。

地下水情况依据场区内水井水位的测量，地下潜水面深度约为 9.5m。

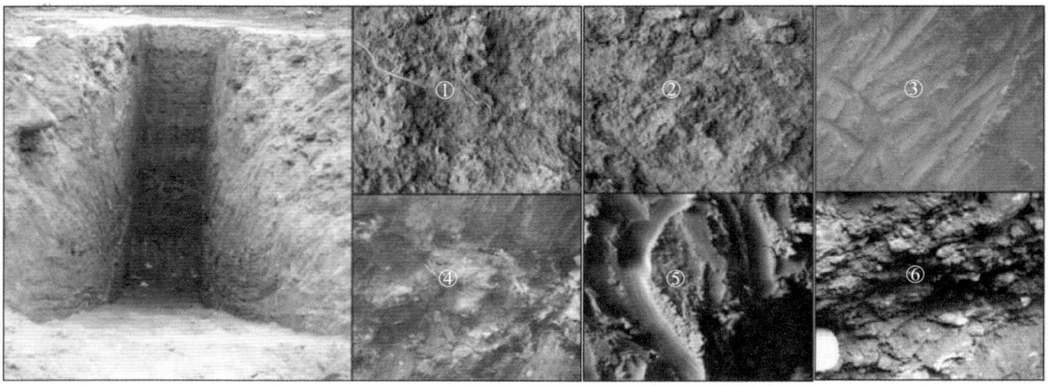

图 2-32　地层情况

2）面波探测结果

采用面波和折射波两种方法进行了勘探，两种勘探方法所得成果基本一致，面波速度与纵波速度都是均匀变化、层状分布，不存在局部突然变化等现象，因此，可判断在观星台周围地基中不存在空洞、水囊等不良地质。

3）地基的物理力学指标建议值

经过重型动力触探（$N_{63.5}$）试验后计算确定地层承载力值，见表 2-3。

地基的物理力学指标　　　　**表 2-3**

地层	年代	V_R(m/s)	V_S(m/s)	$N_{63.5}$	f_{aR}(kPa)
①砂质黄土填土	Q_4	160	172	8.6	120
②粉质黄土	Q_4	170	182	9.1	160
③细砂	Q_3	185	204	10.3	200
④砂卵石层	Q_3	260	280	—	400
⑤粉质黏土	Q_2	260	280	15.3	200
⑥卵石层	Q_2	350	376	—	600

注：承载力特征值 f_{aR} 系根据剪切波速推算，并经经验修正提出的承载。

2. 台体

从观星台的外观来看，其营造方式可能有两种：一种是中心台体与四周磴道一同从下往上修筑，磴道与中心台体之间不分缝，这种做法能够有效杜绝磴道与台体之间渗水的问题，但是施工稍微复杂一些。另一种则是中心台体与磴道分别修筑，施工简便，但磴道与台体之间有结构缝，容易渗水。因为不能拆开台体来看，所以只能用间接手段进行无损探测。

北京地大捷飞物探与工程检测研究院物探数据揭示，磴道与中心台体之间有一层异质界面，可见观星台应该采用的是第二种构筑方式。扫描雷达波传递到该层界面（1.7～1.8m）之后衰减严重，无法继续探测中心台体之内的情况。目前推测的结构形式如图 2-33 所示。

外表面以三层砖体包砌成外墙，约 65～75cm 厚，内部夯土（推测）填实，表面包砖实际作用相当于夯土的保护层。

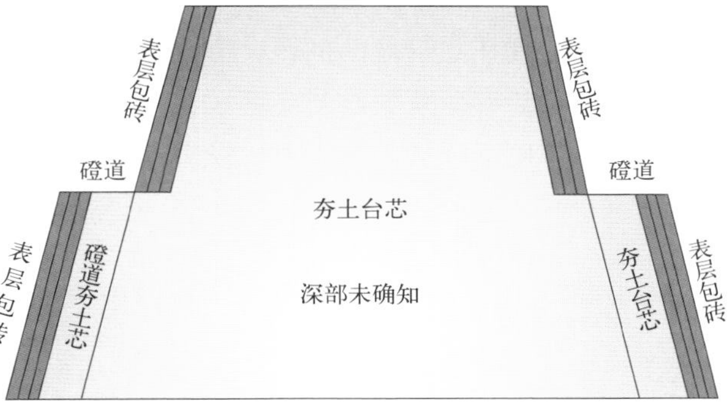

图 2-33 内部结构示意图（肖金亮 绘制）

3. 结构问题分析

观星台为夯土包砖的实心台体，向上存在显著收分。表面砖砌墙体厚度约 75cm，夯土芯平面接近正方形，边长 13m 多。观星台的整体造型对于结构受力是比较有利的，但其仍有不小的结构缺陷和隐患。

1）结构缺陷分析

由于常年冻融循环、雨水浸泡等自然环境因素会对夯土和黏土砖产生不利影响，古夯土虽屡经修缮，仍然存在劣化趋势，古砖砌外墙面同样存在不同程度的病害。因此在长期不利气候侵蚀的条件下，观星台的自重应力导致的局部崩塌和湿陷将是观星台结构破坏的主要诱因。

从砖砌体空鼓、酥碱、破损情况看，存在雨水对内部结构的渗透、浸泡情况，尤其是西墙和北墙表面已有空鼓形成，位置均在台体总高下部三分之一处，说明中心夯土体内存在水压。这些水分是沿着台顶排水不畅的边角、磴道与台体交接处的裂缝等渗入的。

2）结构稳定分析

观星台顶层面积最多可容纳 20 人，按每人体重 75kg 计算，人员活动荷载小于 2t，与台体的自重相比，增加重量比例很小，不会构成影响台体结构安全的因素。

出于保护文物的限制，无法取得观星台的很多材料性能指标❶，从而无法进行准确的结构分析。但在台体结构探测和地基探测成果、青砖力学性能检测结果的基础上，根据相似工程经验，在各种材料正常数值浮动区间内，对岩土介质力学参数、墙砖和夯土力学参数进行估算补充，使用土工有限元程序 PLAXIS 进行了初步的稳定性分析，取得结果如下：

（1）观星台下竖向压应力小于 125kPa，其下卧软土层中的竖向应力也未超过其承载力，地基承载力满足使用要求，观星台在重力作用下的地基安全性和稳定性是有保证的。

（2）在水平地震力的作用下，观星台可能沿图 2-34、图 2-35 所示的滑裂面发生破坏，但是由于观星台体收分体型对抗震有利，墙砖和夯土体强度尚可，无论在 6 度还是 7 度设防条件下，安全系数均大于 1.2，稳定性也是能够保证的（6 度设防时安全系数为 1.485，7 度设防时安全系数为 1.369，在 2008 年第一次对观星台进行稳定性分析时，按相关规范登封地区抗震设防烈度为 6 度，现在登封地区抗震设防烈度提升为 7 度。安全系数 1.2 是目前我国对建筑在恒荷载作用下的安全系数最低要求）。

（3）台顶小室在水平地震作用下可能会因为鞭梢效应而受到较大破坏。

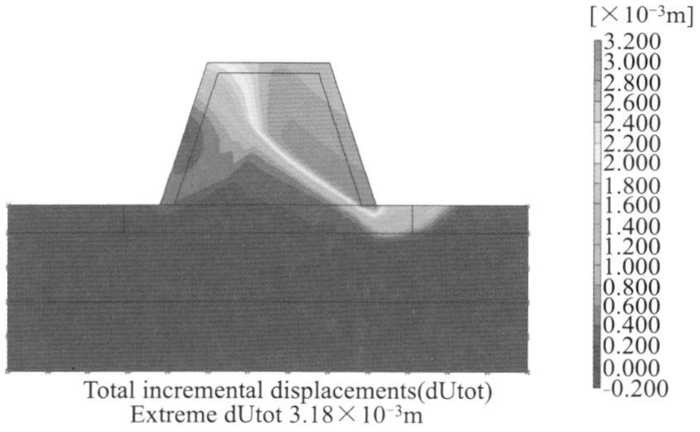

图 2-34 地震烈度 6 度情况下的变形增量

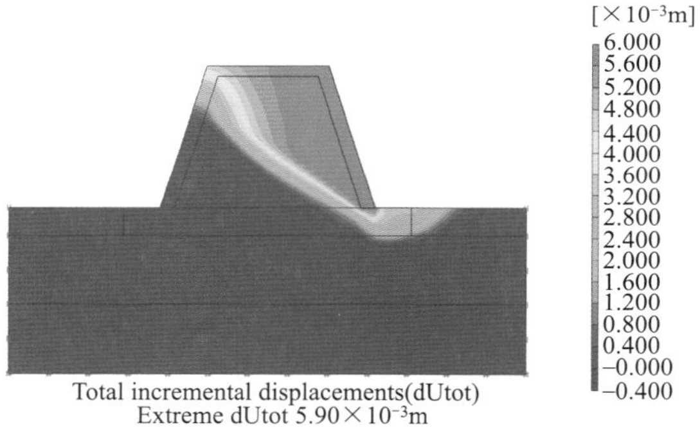

图 2-35 地震烈度 7 度情况下的变形增量

4. 结构问题小结

假设台体内部无空洞、无贯穿裂缝，台体表面渗水点不造成夯土的进一步湿陷，则台体在重力作用下和地震作用下都有安全保障。关于沉降问题，物探和院外挖槽勘探情况显示观星台所在位置的整体地基和基础情况良好。表面棱线处的沉降裂缝多年来并未发育（详见下文裂缝病害章节内容），可以初步判断：观星台所在地层总体而言是稳定的，但是台体在之前某个时期发生过不均匀沉降，而近些年重新达成稳定状态。

但台顶和磴道并无遮蔽构造，排水口仅分布于磴道休息平台，台顶并无溢水设施，地

❶ 这些参数包括：准确的内部构造分层情况、夯土的渗透系数、足够多的砖块样本以真实反映烧结砖的物理量等。

面铺装、宇墙和磴道交接构造等直接暴露在自然环境中，一旦形成大规模积水，或经过长时间的水分渗入积累，有可能导致台体内部湿陷情况的发生，导致结构问题的爆发。

就现存结构体而言，风化、裂缝和局部空鼓等病害的形成机制不同，但它们会相互影响加大结构风险。裂缝的出现，不但影响美观，而且使砌体整体表层保护性能受到破坏，雨水入侵会进一步削弱包砖保护层的效能。砌体的非均匀属性不是一个静态变量，而是随时间或负载历史而发展的动态变量，在砌体内部原有的非均匀性和内部缺陷的基础上，由于外荷载的作用而发生破裂或内部缺陷发生扩展，也必将进一步增加自身的非均匀程度。空鼓可能形成于1975年维修之前，这种破坏情况的发生很大程度上归因于内部夯土的沉陷挤压。如果不对结构进行大规模开挖，内部夯土体的结构隐患无法根除，只能通过对空鼓和裂缝进行密切观察，预警破坏的发展。

水平灰缝的厚度和均匀性对砌体抗压强度的影响很大。而观星台由于长期的雨水冲蚀作用，部分部位灰浆缺失严重，如果任其发展，就会加剧砖、岩块在砌体中的复杂受力状态，应力集中更加明显。

综上所述，观星台出现的受力变形破坏特征，与以下问题密切相关：

（1）台体排水不畅所造成的表面问题和局部问题。

（2）台体排水不畅所造成的水分渗入内部夯土，可能引发重大结构事故。

（3）表面包砖层的劣化会进一步形成水分渗入的通道。

2.3.3　构造与材料勘察

1. 观星台台体

1）砖缝追踪

结合全站仪、三维激光扫描和近景摄影测量的数据，笔者对观星台表面砖缝进行了追踪，取得了比较精确的台体表面砖层变化的资料。

北立面：砖缝以凹槽两侧棱处最高，向东西两侧逐渐向下倾斜，并有轻微挠曲。东部台体砖缝外倾更加严重。

西立面：砖缝的总体趋势是从北向南坡，外层台体坡度小，越向上南部越高，至台体上部逐渐转平甚至南高北低；内层台体坡度大，有三层楔形砖逐渐抬高北部。内外台体砖缝挠曲很小。在外层台体从北向南4.7～11.2m、从下向上1.5～3.7m处砖块有鱼鳞状突出。

东立面：砖缝的总体趋势仍然是北高南低，外层坡度比内层台体小，砖缝挠度较小。在20世纪70年代修缮的时候保留了两个弹洞。有若干竖直或斜向通缝。

南立面：南立面东侧在20世纪70年代经过了修缮。目前，南立面新老砖缝都很平，没有不均匀变形，中心有挠曲。

综合来讲，观星台各面砖缝形状复杂，有些是原始砌筑过程中的施工误差，有些是表层砖自身压缩垂坠造成的。复杂的砖缝扭曲造成了部分灰缝、裂缝和砖块断裂。

2）表层砖裂缝

裂缝产生的原因主要分为三类：一类为个体砖块纵向断裂产生的小裂缝，这类裂缝普遍存在。另一类为多个连接的砖块断裂而产生的大裂缝，大裂缝多呈纵向分布，不规则。其中，小裂缝是由于承受重力、遭受挤压而产生；大裂缝的产生，是边坡应力释放所致。这两类裂缝都是砌体经年累月所发生的裂缝。第三类裂缝是棱线附近的长裂缝，它们是由不均匀沉降引起的（图 2-36）。

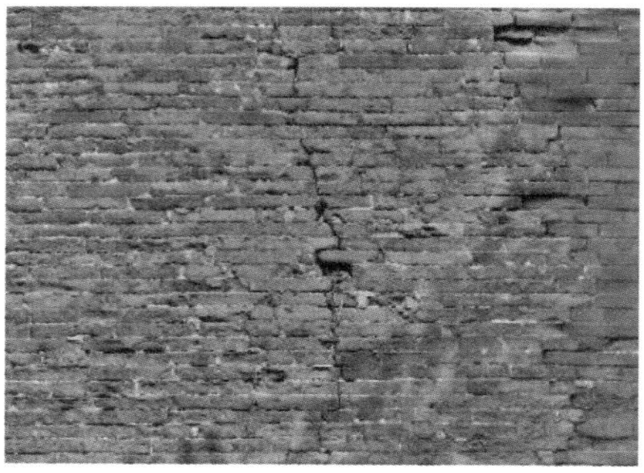

图 2-36 南侧墙体表面裂缝示例（肖金亮 摄）

（1）北立面

如图 2-37 所示，通过对墙体内外裂缝比较可见，只有 N1 裂缝是内外贯通缝，而且深度贯穿三层砖体；其余内部裂缝没有蔓延到表面砖上，而表面砖的裂缝也并非内部裂缝的反映。可见，N1 裂缝作为转角处的沉降裂缝，应该给予长期监测。

（2）西立面

如图 2-38 所示，W1 和 W2 是内外通缝，且贯穿了三层砖；其余裂缝没有内外对应关系。

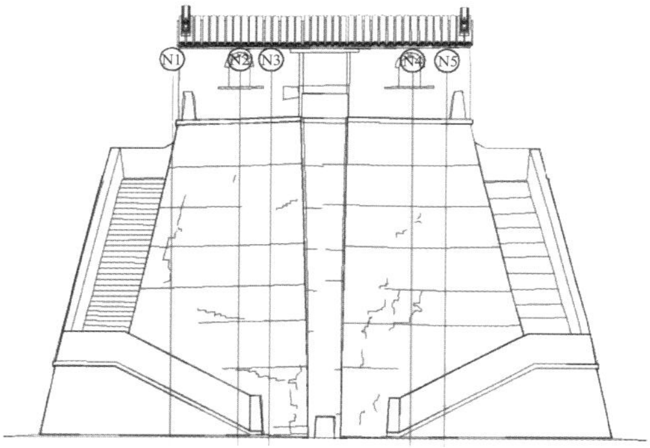

图 2-37 北侧墙体内外裂缝对比（肖金亮 绘制）

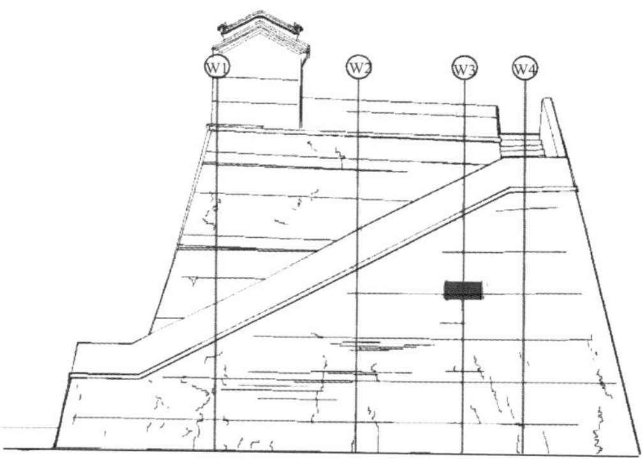

图 2-38 西侧墙体内外裂缝对比（肖金亮 绘制）

（3）南立面

如图 2-39 所示，S1、S2、S7 为内外通缝，穿透了所有三层砖。其中 S1 和 S2 均为转角处的沉降裂缝，应该予以长期监测。

（4）东立面

如图 2-40 所示，E5、E7、E8、E9 为内外通缝，且深度直达内部第三层砖。E9 缝也是转角处的沉降裂缝，需要重点监测。

综上可见，内外可以对应上的裂缝，都是通达三层的深度裂缝，其余裂缝都是一层或两层砖体的裂缝。这些裂缝大多数是砌体在自然环境中长期积累的内部应力造成的。

转角棱线处的沉降裂缝可能是更早的某个时间产生的，在 2008—2015 年间并未发育加重，台体暂时达到一个新的稳定状态。不过仍需要长期监测沉降裂缝的演变情况，如台体重新进入不稳定期需及时预警。

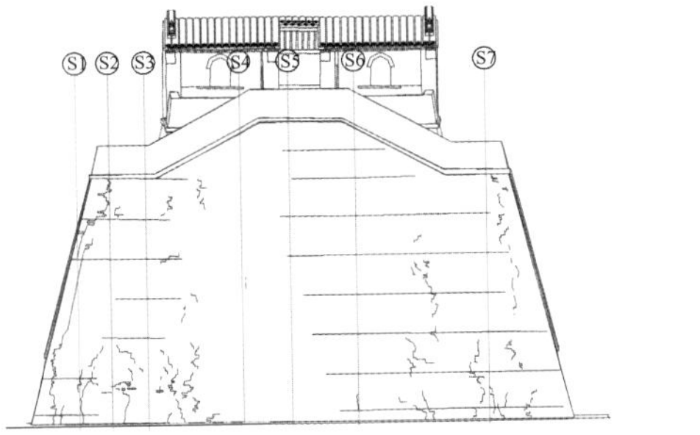

图 2-39　南侧墙体内外裂缝对比（肖金亮 绘制）

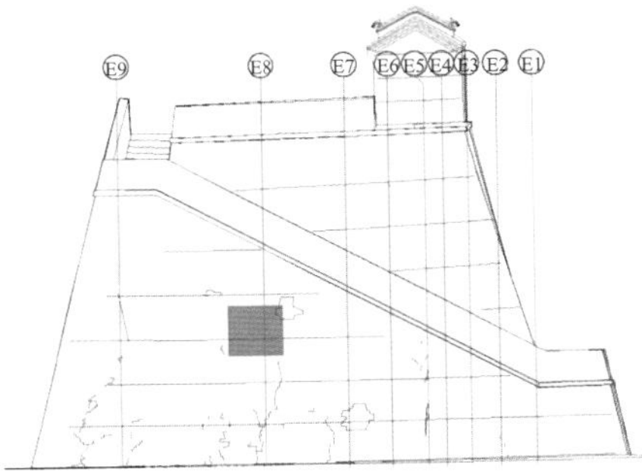

图 2-40　东侧墙体内外裂缝对比（肖金亮 绘制）

3）内层砖裂缝[1]

根据雷达扫描结果，可以确定：

首先，观星台核心夯土体内部未见有空洞所引起的各种检测异常特征，因此，推断在观星台体夯土体内部不存在空洞。

其次，表面三层砖砌墙体中存在裂缝，部分区域砖砌墙体与夯土体界面结合不紧密、有缝隙或者脱空区域存在。

（1）北侧墙体

北侧墙体确定有裂缝 5 条，具体情况见表 2-4 及图 2-41。

北侧墙体内部砖裂缝　　**表 2-4**

编号	位置	走向	长度	深度
N1	东半幅墙	斜向	约 8.0m	0～0.8m
N2	东半幅墙下部	近垂直	1.5m	0.2～0.5m
N3	东半幅墙下部	近垂直	1.5m	0.2～0.5m
N4	西半幅墙下部	近垂直	1.0m	0.3～0.7m
N5	西半幅墙下部	近垂直	1.5m	0.3～0.7m

（2）西侧墙体

西侧墙体确定有 4 条较长、较深裂缝，具体情况见表 2-5 及图 2-42。

西侧墙体内部砖裂缝　　**表 2-5**

编号	位置	走向	长度	深度
W1	北端墙角向南 4.5m	近垂直	2.0m	0～0.7m
W2	北端墙角向南 8.5m	近垂直	3.0m	0～0.7m
W3	北端墙角向南 11.5m	近垂直	2.0m	0.3～1.1m
W4	北端墙角向南 13.2m	近垂直	3.0m	0.3～1.1m

[1] 本节文、表、图引自北京地大捷飞物探与工程检测研究院的检测报告。

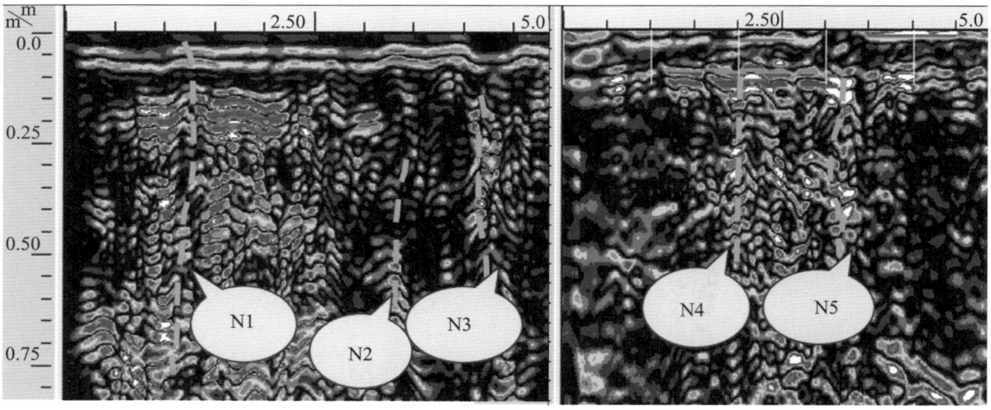

图 2-41　北侧墙体雷达剖面图

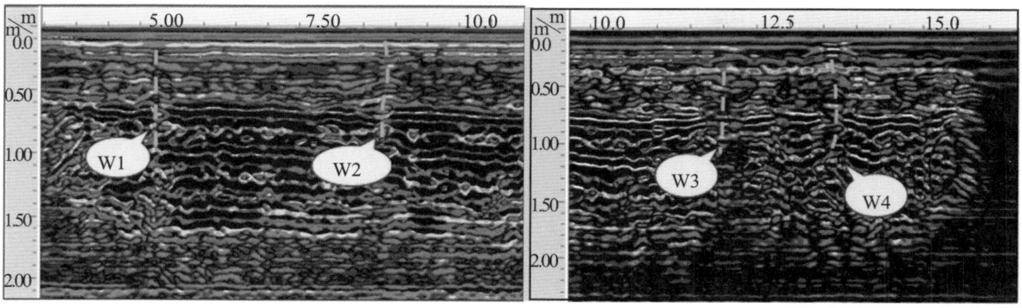

图 2-42　西侧墙体雷达剖面图

（3）南侧墙体

南侧墙体确定有裂缝 7 处，具体情况见表 2-6 及图 2-43。

南侧墙体内部砖裂缝　　**表 2-6**

编号	位置	走向	长度	深度
S1	西端墙角向东 1.5m	近垂直	7.0m	0～0.7m
S2	西端墙角向东 2.5m	近垂直	5.0m	0～0.5m
S3	西端墙角向东 3.6m	近垂直	5.0m	0.3～0.7m
S4	西端墙角向东 6.5m	近垂直	2.0m	0.6～1.2m
S5	西端墙角向东 8.0m	近垂直	2.0m	0.6～1.3m
S6	西端墙角向东 10.0m	近垂直	1.5m	0.2～0.6m
S7	西端墙角向东 14.0m	近垂直	7.0m	0～0.7m

（4）东侧墙体

东侧墙体确定有裂缝 9 处，具体情况见表 2-7 及图 2-44。

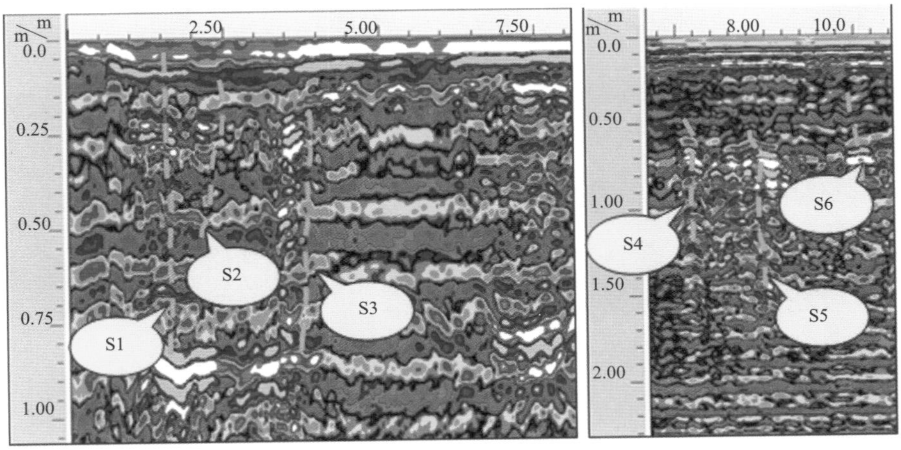

图 2-43　南侧墙体雷达剖面图

东侧墙体内部砖裂缝　　表 2-7

编号	位置	走向	长度	深度
E1	北端墙角向南 2.5m	近垂直	1.0m	0.2～0.7m
E2	北端墙角向南 3.5m	近垂直	1.0m	0.2～0.6m
E3	北端墙角向南 4.3m	斜向	1.0m	0.4～0.7m
E4	北端墙角向南 5.0m	斜向	2.0m	0.2～0.6m
E5	北端墙角向南 5.5m	近垂直	3.0m	0～0.8m
E6	北端墙角向南 6.5m	斜向	2.0m	0.2～0.6m
E7	北端墙角向南 7.7m	近垂直	5.0m	0～0.9m
E8	北端墙角向南 10.0m	斜向	5.0m	0～0.8m
E9	北端墙角向南 14.0m	近垂直	7.0m	0～0.5m

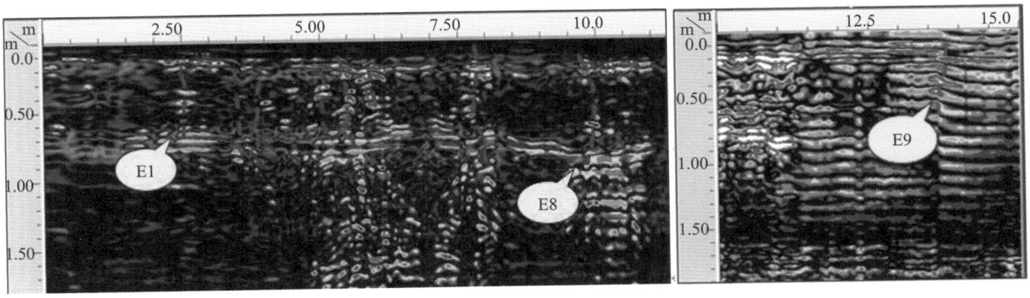

图 2-44　东侧墙体雷达剖面图

4）空鼓

（1）表面可见的空鼓

主要在西立面中段距地 1.5～3.8m 的范围内出现；北立面距地 5～3.5m 处有 3 处比较微小的空鼓。

（2）表面不可见的内部空鼓

东侧墙体后脱空区域 1 处。由北端墙角起，9.5～11m，高度 3.1～4.5m，如图 2-45 所示。

西侧墙体后脱空区域 1 处。由北端墙角起，11～12m，高度 4.5～5.0m，如图 2-46 所示。

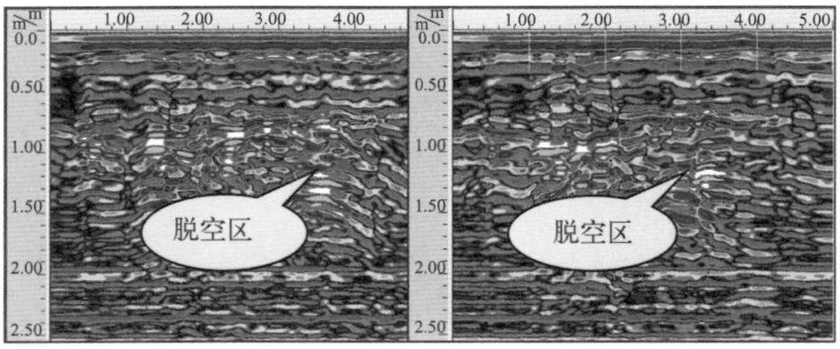

图 2-45　东侧墙体内部空鼓雷达剖面图

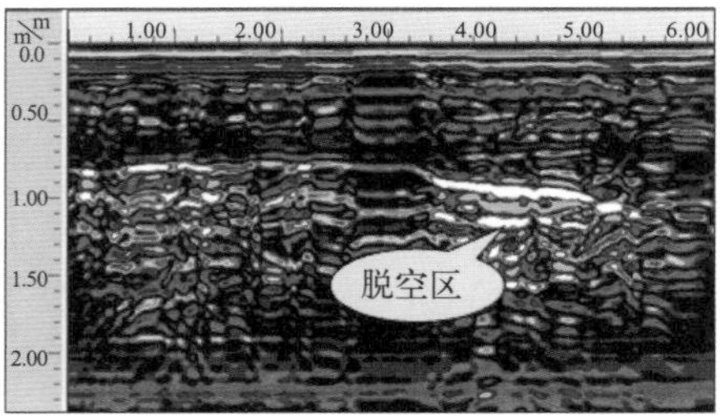

图 2-46　西侧墙体内部空鼓雷达剖面图

（3）空鼓的对比分析

①北立面

北立面西部墙面中部的 3 处轻微空鼓突起部位没有内部空洞对应，可见是夯土更深处的错位造成的。

②西立面

表面可见的空鼓突起与地质雷达探测到的表面砖层与内部夯土体的脱空区域没有对应关系。可以推出两个结果：（1）砖层与夯土之间的孔洞目前没有带来表面的受力裂缝；（2）表面可见的大片突起区域，是夯土体更深处的内部空鼓造成的，是结构问题的直接反映。

③东立面

内部砖层和夯土体的空洞并没有直接形成裂缝，而表面可见的弹洞只是表面三层砖的问题，并非内部问题的反映。

5）砖体错位

砖体错位的表现形式为外层包砖的凹陷或突出，与内部夯土结构的湿陷或鼓胀有关（图 2-47）。砖体错位最为严重的部位是西立面外墙，整个墙体中部砖体全部有不同程度的错位，约占整个立面的一半（图 2-48）。其次是北立面和南立面，在墙体中部存在砖体错位的现象。

图 2-47　北侧墙体灰浆流失示例（肖金亮 摄）

图 2-48　西侧墙体砖体错位示例（林玉军 摄）

6）砖体局部缺失

缺失是观星台砖体的基本病害之一，主要分为两类：一是老化缺失；二是人为破坏造成的残缺。

老化缺失是观星台缺失病害的主要部分。20世纪修复时使用的水泥砖块、两侧磴道围墙的压面石多数已严重风化，局部缺失病害明显（图2-49）。

人为破坏造成的缺失多有比较清晰的不规则棱角，这是区别老化和缺失的最大特征。在观星台东立面存在两处弹坑，砖体局部缺失明显（图2-50）。据周边老人和1975年修缮工程主持人张家泰先生回忆，原本观星台存在多处弹坑、坍塌，后于1975年修缮时加以修复，仅在东墙保留两处弹坑作为证据。

图2-49 北侧墙体孔洞状溶蚀示例（林玉军 摄）

图2-50 东侧墙体的炮弹坑（肖金亮 摄）

7）灰浆流失

灰浆流失是主要病害之一，产生原因是雨水冲刷和灰浆自然老化。

灰浆流失发生的主要部位在墙体立面、墙基、棱角处。北面凹槽墙壁的流失情况尤为严重。凹槽壁面上残留有大面积的水渍和泥渍，可见是长期受雨水冲刷的结果。

8）砖体表面风化酥碱

观星台台体东、西、南、北四立面表层砖均有不同程度的表面风化酥碱，具体表现为砖体表面片状剥离及表面孔洞状溶蚀。观星台台体局部温湿度变化及内部可溶盐活动是造成砖体片状剥离或孔洞状溶蚀坑出现的重要原因。

9）微生物滋生

观星台台体表面有很多霉菌及地衣滋生，分布较广泛，主要分布在砖体表面，以及棱角易积水处或者雨水长期冲刷处。根据地衣的颜色，可分为白色、黄色、绿色三类，死亡的地衣呈灰褐色。

绿色地衣苔藓分布最多，主要集中在原有砖体表面，呈斑点状和片状分布，雨水侵蚀的潮湿部位最为明显和集中。

黄色地衣分布次之，主要集中在磴道围墙的压面石上，呈片状或条状分布。

白色地衣，发现不多，分布不规则，呈斑点状分布。

10）植物滋生

台体南立面和东、西立面基础位置可见植物滋生，呈零星分布。植物种类主要为蕨类，有苏铁蕨、车前草等植物。其中，南立面植物分布最为密集（图2-51），其他立面、墙基和磴道边角处也有零星植物分布（图2-52）。

图 2-51　南侧墙体植物滋生示例（肖金亮 摄）

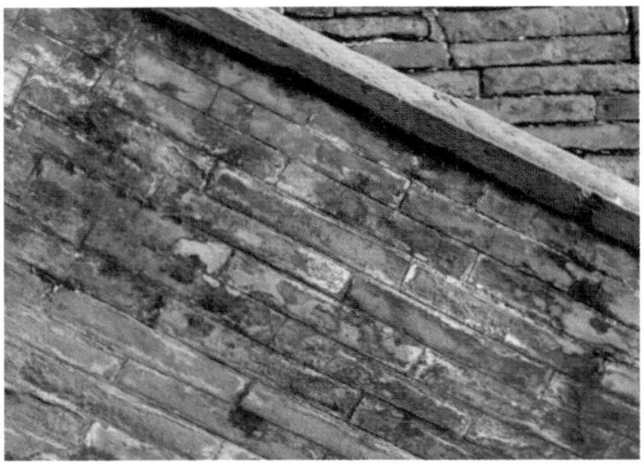

图 2-52　北侧墙体植物滋生示例（肖金亮 摄）

11）硝酸盐白华

北侧凹槽内有大量白华，经化学检验为硝酸盐，硝酸根来自于空气——正常空气中是很少含有硝酸根的，显然是告成南部的火电厂废气带来了氮离子。这就是大气污染对观星台表面带来影响的直接体现。

12）人为涂刻破坏

人为涂刻主要集中在人手可触及的部位，多为硬物刻划，刻划内容多为人名、“某某到此一游”等涂刻文字。刻划对观星台砖体的破坏有限，但严重破坏了文物的庄严感，影响游人对历史人文景观的美好感观。

观星台台体病害勘察具体情况如图 2-53～图 2-58 所示。

图 2-53　北立面病害勘察图

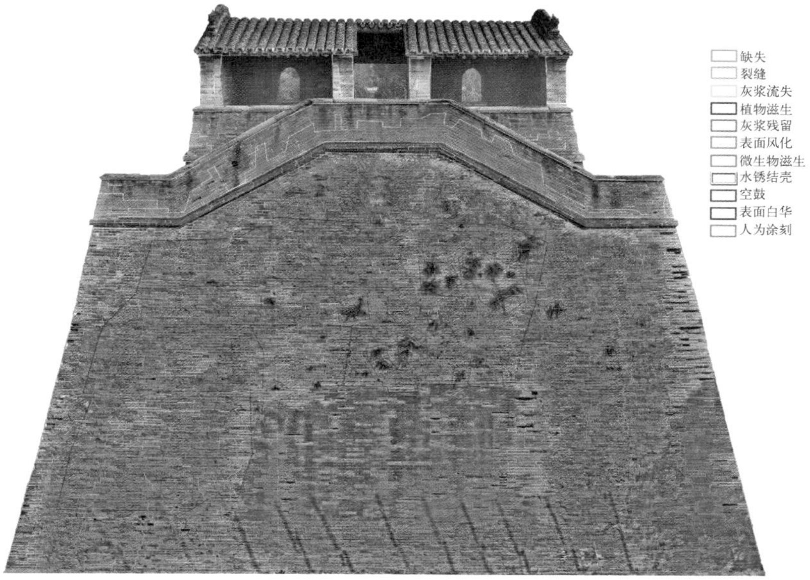

图 2-54 南立面病害勘察图

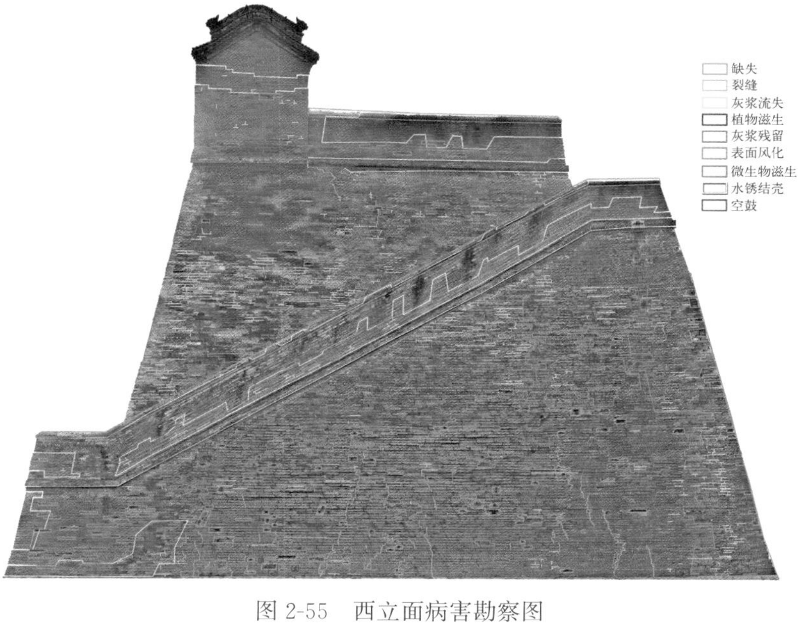

图 2-55 西立面病害勘察图

2. 磴道及宇墙

1）磴道、台顶泛水和排水情况勘察

因磴道与台顶排水为整体性内容，故在此一并分析。在勘察工作中，将测绘数据拟合成等高线，对观星台各平台进行了坡度整理，得到排水情况如下：

图 2-56　东立面病害勘察图

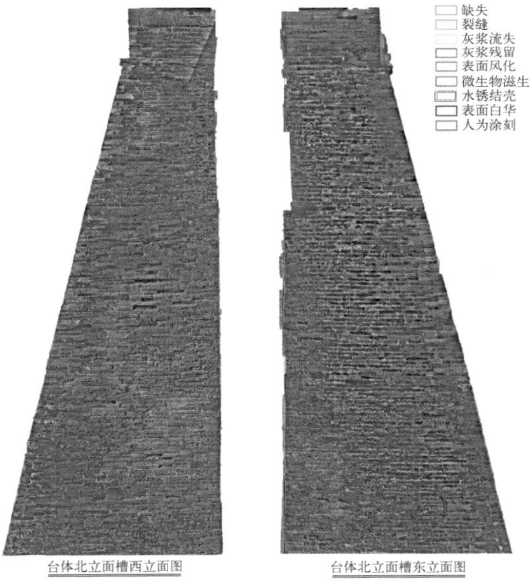

图 2-57　北侧凹槽侧壁病害勘察图

图 2-58　台顶地面病害勘察图

（1）地面等高线图

如图 2-59～图 2-61 所示，台顶最高点为北侧两个角点，南侧中心最低，雨水由北向南、由内向外，排水较为通畅；但南侧宇墙根部将汇集较多雨水，现场看到这里墙根的砖确实酥碱更加严重一些。

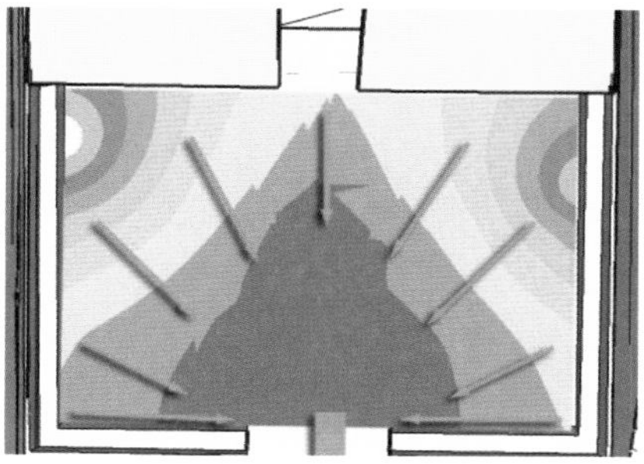

图 2-59 台顶汇水方向示意图
（肖金亮 绘制）

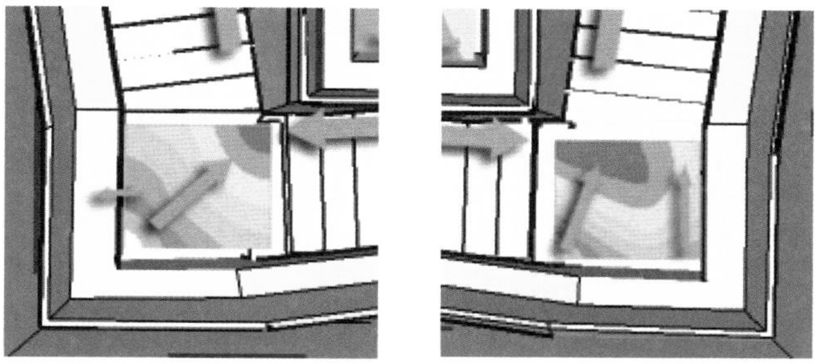

图 2-60 东南、西南休息平台汇水方向示意图
（肖金亮 绘制）

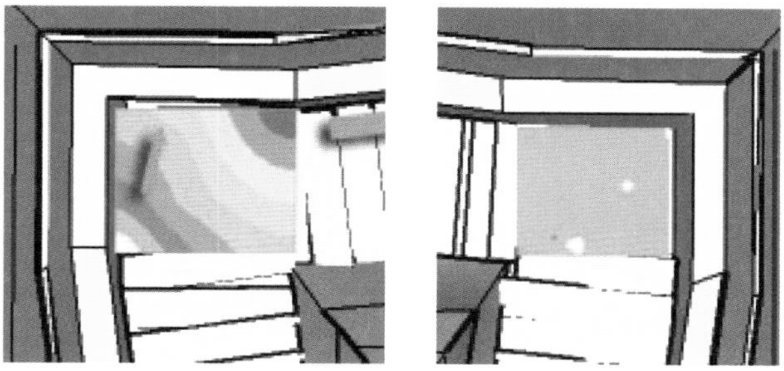

图 2-61 东北、西北休息平台汇水方向示意图（肖金亮 绘制）

磴道的东南角和西南角两个休息平台地面等高线，最高点为靠外的角点，最低点为靠近中心台体的角点，从平台自身排水的角度讲比较通畅，雨水不会淤积在平台内部，但汇集的雨水对内层台体有浸泡危险。同时没有特意向外侧的落水口找坡，因此落水口只能分流上层冲刷下来的水流，作用不大。

西北角休息平台排水顺畅，而且落水口位于排水方向上，排水作用更大，水路远离中心台体。东北平台计算数据出错，无法生成等高线。

（2）排水线路模拟

根据等高线绘制结果和踏跺台阶的倾斜角度，模拟一下整座观星台各平面排放雨水的线路（图 2-62）。

台顶的雨水向南出口汇集，沿磴道靠近内层台体的角部流到西南和东南休息平台上。一小部分雨水借着冲力由外侧的落水口排出，大部分雨水贴着磴道靠近内层台体的角部流到西北和东北平台上。部分下泻雨水和平台的雨水由落水口排出，部分雨水沿磴道靠近外侧宇墙的角部流到台下地面。

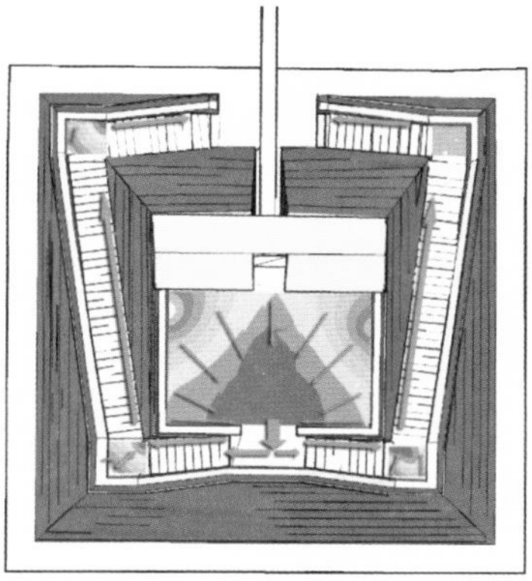

图 2-62 排水路线模拟图
（肖金亮 绘制）

观星台根部散水排水基本良好，但有一个很大的不利点，即北侧凹槽内地面比凹槽外

地面低 30mm 左右，不能向外排水，加之凹槽内通风不畅，局部湿度很大，造成并加剧了凹槽内生成大量的硝酸盐，详见后文分析。

（3）易积水地点

通过以上模拟，可以清晰地看到台体中易积水、易浸泡的位置，如图 2-63 所示。

台顶北侧小室根部的两个角部，因为高差原因会有少量浸润，易被阳光照射蒸发，危险程度低。

台顶南侧宇墙根部有浸泡危险，排水不畅，而且日光无法照射，危险程度中等。

内层台体东、西、南根部因雨水沿台阶冲刷而下，磴道与墙身交接点缝隙多、排水不畅，有浸泡危险。其中向南的部位因阳光充足，危险程度中，东西两侧危险程度高。

北侧外侧宇墙的根部因雨水在此处冲刷，有浸泡危险，但宇墙壁薄，阳光可照射，易蒸发，危险程度低。

北部凹槽内雨水无法排出，无光照，且局部小环境湿润，危险程度高。

雨水浸泡危险等级如图 2-64 所示。

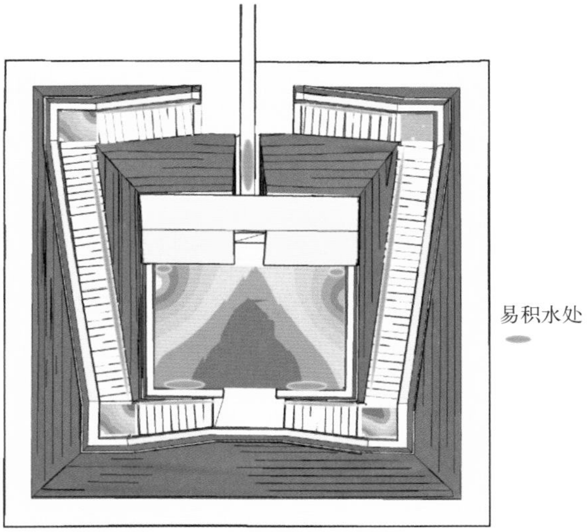

图 2-63　易积水位置（肖金亮 绘制）

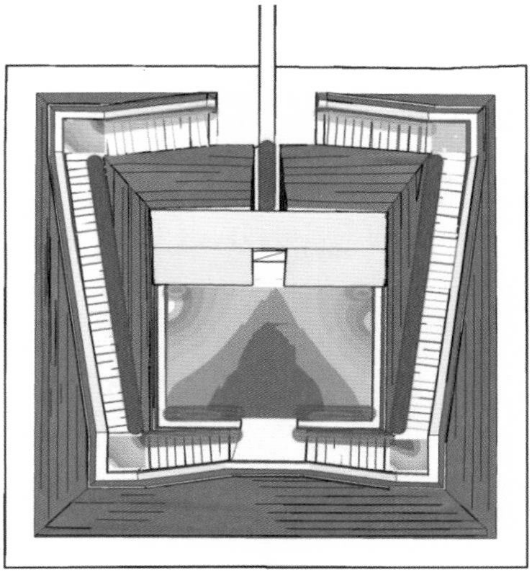

图 2-64　雨水浸泡危险等级（肖金亮 绘制）

2）青砖风化酥碱

磴道及宇墙部分砖体风化明显，具体表现为局部砖体表面片状剥离、表面孔洞状溶蚀及局部缺失等。

3）踏跺石及压面石材料病害

观星台踏跺石及宇墙压面石的砌筑材料均为红砂石，经过现场勘察，红砂石均已残损严重。其病害表现为以下几个方面：

（1）风化磨损

所有石材均风化非常严重，磨损严重。

（2）层状剥离

所有石材表面均以 1cm 厚度发生层状剥离破坏，大多数剥离一层，少数剥离 2～3 层。发生层状破坏的原因是因为石材质地松软，孔隙率大，雨水易渗入，而每当渗入 1cm 深度便无法继续渗入，此时发生温度膨胀和冻融，造成脱壳；最外层 1cm 外壳剥离后，下层石材暴露于空气中，同理发生渗水和冻融，造成第二层脱壳。

（3）断裂

断裂的原因可能有：①外力作用；②石材内部细微裂缝造成雨水渗入，因冻融加大裂缝；③温度变化造成胀缩；④原有的细小裂缝和孔洞进入种子，植物生长造成裂缝和孔洞扩大化。

（4）生物破坏

石材表面的生物危害主要有：①鸟粪；②鸟粪干后的位置生长微生物；③植物生长。需要注意的是，只有在石材原始表面才会生长微生物，经过层状剥落后露出的新表面上不生长微生物，具体原因不详，估计应为石材成分所致。

（5）缺失

因为以上的种种因素综合作用，部分石材缺失。

观星台磴道及宇墙病害具体情况如图 2-65～图 2-69 所示。

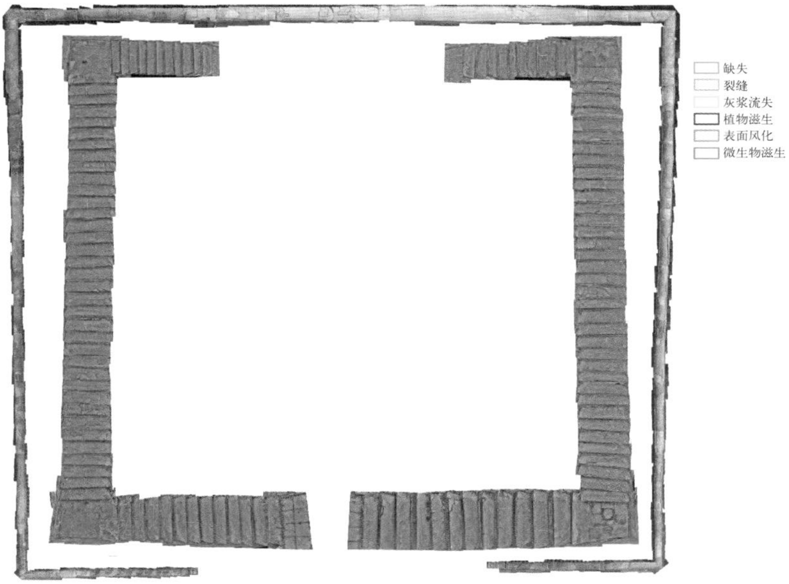

图 2-65 磴道、宇墙病害平面图

3. 顶部小室

顶部小室主体结构稳定。主要病害集中于构造和材料方面。

1）台顶排水不畅

台顶地面排水不畅，宇墙基础位置易积水，形成内渗，破坏内部结构，详见前文分析，不再赘述。

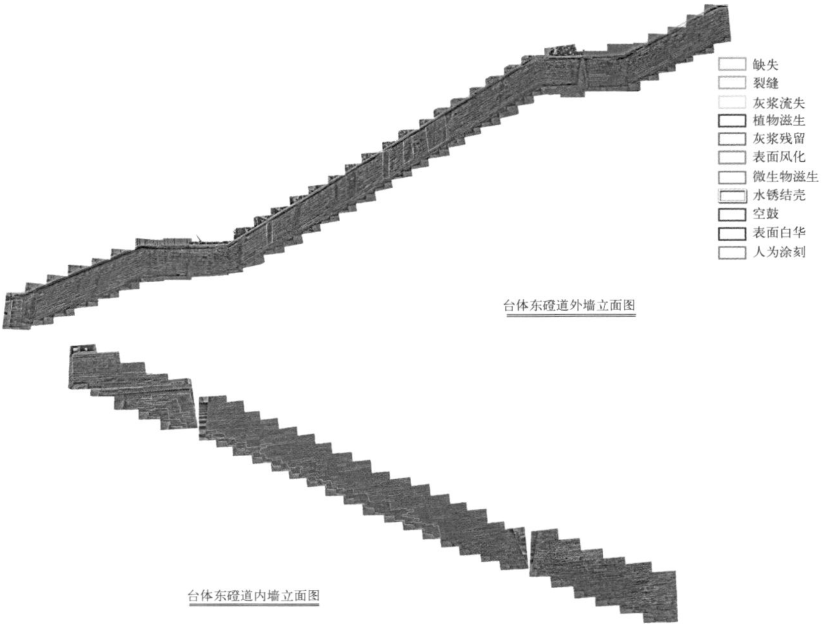

图 2-66 东宇墙病害立面图

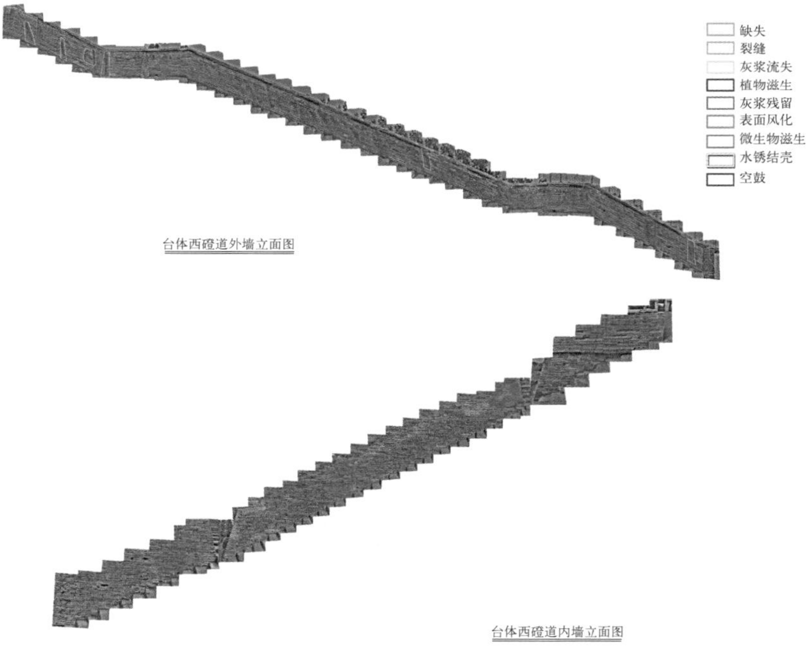

图 2-67 西宇墙病害立面图

2）木构件劈裂、糟朽

小室木构件因年久失修，造成木构件轻度劈裂、糟朽。

3）屋面瓦件缺失

小室屋面瓦件缺失、碎裂，雨水内渗，侵蚀椽望，造成椽飞、瓦口等屋面木构件糟朽。

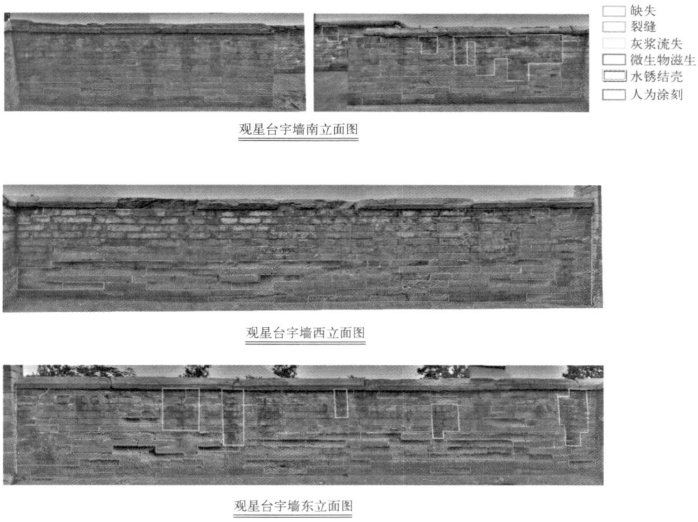

图 2-68 台顶宇墙病害立面图

图 2-69 磴道及宇墙砖体风化示例（肖金亮 摄）

4）台顶铺砖风化酥碱

台顶铺砖风化酥碱，局部开裂。

5）小室墙体风化酥碱，灰浆流失

小室墙体青砖轻度酥碱，局部灰浆流失。

顶部小室病害具体情况如图 2-70～图 2-72 所示。

图 2-70 台顶小室病害图一

台体顶部小室西室北墙　台体顶部小室东室北墙

台体顶部小室西室西墙　台体顶部小室西室东墙　台体顶部小室东室西墙　台体顶部小室东室东墙

图 2-71　台顶小室病害图二

图 2-72　台顶小室病害示例组图（肖金亮、崔利民、刘畅摄）

2.3.4 材料检测分析

1. 砌筑砖体年代分析

笔者取样的时候有意辨识了 20 世纪 70 年代补配的砖和老砖的区别，避免无效的检测。为了保护文物，我们无法从台体上取整砖，只能取从边角残损位置脱落下来的碎块。

1）样本量

样品编号：Br-C2m-2，采集地点：观星台北立面磴道内侧，距离地面高度约 2m。

样品编号：Br-C0.5m-5，采集地点：观星台西立面磴道外侧，距离地面高度约 0.5m。

样品编号：Br-C15m-8，采集地点：后院堆砌的残散砖，据管理人员称为 1975 年修缮时拆下的。

2）测年方法及主要仪器

单片光释光（Riso TL/OSL Reader Model DA-20）。

3）结果

样品编号 Br-C2m-2，测试编号 Lap0401：年代 1537 年，误差 35 年。1537 年为明嘉靖十六年，上下 35 年分别为明弘治十五年（1502 年）和明隆庆六年（1572 年），应当为明代大修时所补的明代砖。

样品编号 Br-C0.5m-5，测试编号 Lap0402：年代 1371 年，误差 81 年。1371 年为洪武四年，上下 81 年分别为元至元二十七年（1290 年）和明景泰三年（1452 年），根据元史记载郭守敬于至元十三年（1267 年）创建观星台，根据碑刻明代修缮观星台发生在明嘉靖七年（1528 年）和嘉靖二十一年（1542 年），所以可以推知该样本为元代砖。

样品编号 Br-C15m-8，测试编号 Lap0403，样品量较少，样品制备不成功。

从严格意义上讲，需要更多的样本进行统计才比较科学稳妥，但作为文物保护工程，不可能按需取样，只能因陋就简。假定上述两个样本结果具有代表性，那么从中可以做出这样的分析：

首先，在元代，观星台就是内部夯土芯加表面包砖的构造，即在元代就进行了全面包砖。中国古代建筑大规模用砖起始于明代，在那之前只有重要的建筑会在夯土台基外包砖。通过青砖断代，可以肯定观星台如此高大的建筑在元代时就已全面包砖。

其次，在元末明初的时候至少有一次对表面包砖的修葺，这个未见于史书，可能是岁修所致。料想在元代，观星台这样的核心观测站点，必然日常有人管理使用，对观星台进行日常性、例行性的修整是很正常和合理的。

受限于取样条件，这部分研究有两大缺憾。第一是无法对所有老砖都进行年代分析，其中可能隐藏着很多线索可以补充古书的记载，比如清代是否补换过老砖。其次无法针对特征点，比如西立面和北立面凹槽内的楔形砖进行测年，那将有助于判断它们所展现的砍磨砖工艺是元代的，还是明代的，还是清代的——尽管从砖表面残损程度，凭经验判断楔形砖当为元代的，但如能进行科学断代更佳。

2. 古砖力学参数检测[1]

观星台表层所用青砖的力学性能，直接影响了在台体荷载、外界突发荷载等作用情况下，台体外观保持完整的可能性。

1）样本量

样品编号：Br-1，采集地点：观星台北墙外砖堆，据看管人员提供信息，这些废砖为1975年大修所剩，该样本比较完整，尺寸250mm×118mm×63mm，比例和尺寸都带有现代烧结砖特征，判断其为上次大修时补配的新砖，即现在观星台东面、南面所用之新砖的近似品。

样品编号：Br-4，采集地点：观星台北墙外砖堆，尺寸255(170)mm×170(140)mm×58mm（括号外为最大尺寸，括号内为最小尺寸），破损较大，无法推测原始尺寸，比例与Br-5相同，判断为古砖。

样品编号：Br-5，采集地点：观星台北墙外砖堆，尺寸224(160)mm×180(160)mm×58mm（括号外为最大尺寸，括号内为最小尺寸），破损较大，无法推测原始尺寸；其中一个丁头为倾斜表面，形制与观星台东墙保留的弹洞口的斜面砖一致，判断为古砖。

2）试验方法

试验目的是得到砖样的抗折强度和抗压强度，前者反映砖块抵抗不均匀沉降和局部应力的能力，后者反映砖块承受台体荷载的能力。

因为样本数量少，同一砖样无法同时进行抗折和抗压试验，考虑到针对观星台现状而言，抗折性能更加重要，因此对Br-1和Br-5样品进行抗折试验，将新砖古砖数据进行对比；对Br-4样品做抗压试验，用以取得古砖的抗压数据。试验室内无法制备与观星台同样的灰浆，因此试验过程中进行干压，即砖样之间没有任何灰浆。

根据烧结砖测试要求，试验样本的比例要与整砖相同，因此三个样本均砍磨成等比缩小的砖样。

3）试验结果

三个样本的试验结果见表2-8。

试验结果　　表2-8

样品编号	测试力值(N)	抗折强度(MPa)	抗压强度(MPa)
Br-1	990	4.1	—
	1140	4.7	—
Br-5	490	2.0	—
	620	2.6	—
Br-4	236.0×10^3	—	25.7
	279.6×10^3	—	30.0

[1] 因为观星台现状保存较为完好，无法取得足够数量的样本，本次勘察只能使用有限样本进行分析；其次，烧结砖本身是一种力学性能离散性较大的建筑材料。综合这两种因素，本次试验数据不能当作绝对依据，仅供参考。

4）结果分析

抗折强度：古砖抗折性能比新砖明显要低。目前，建材市场中的粉煤灰砖的抗折强度有 2.5MPa、4.2MPa、6.2MPa 三个等级，烧结普通砖抗折强度大约在 1.5～2.5MPa 之间，可以认为观星台的新砖古砖都能够满足基本的抗折需要；但需要认识到，在新砖古砖的混合砌体中，因为新砖抗折能力要强得多，有可能加剧老砖的破坏。

抗压强度：从数值上看，老砖的抗压强度达到了现代烧结砖的最高强度，但对于抗压能力而言，砖样越薄其抗压能力越强；同时没有灰浆也会增加抗压数值，因此这个试验数据只能作为参考。但可以认为，老砖在抗压能力上还是可以保证基本强度的。

3. 台体面层灰皮成分分析

观星台砖体表面污迹，大多可以判断为近代修缮时的面层灰皮。但在北面量天尺凹槽内壁发现两种表面成分，一种为白色晶体，一种是多层状面层材料，因其特殊性特取样分析。

1）样本量

样品编号：P-S5m-1，采集地点：观星台北立面凹槽内东壁，距离地面高度约 5m。

样品编号：P-S2.5m-1，采集地点：观星台北立面凹槽内东壁，距离地面高度约 2.5m。

样品编号：P-S5m-2，采集地点：观星台西立面中段砖表面，距地高度约 1.8m。

2）分析单位

清华大学分析中心。

3）结果

样品编号 P-S5m-1 和 P-S2.5m-1：

两者成分相同，95%以上为 $Ca(NO_3)_2$，另含有少量灰砂。

烧结砖内不含硝酸盐，因此此处的硝酸根只能来自于空气，可证明空气中有氮污染，至于氮污染是来自告成南部的火电厂废气。其他各面的砖表面均未发现这种盐，推测应是凹槽内空气流通不畅，致使氮元素滞留，与砖内成分发生化学反应。

$Ca(NO_3)_2$ 极易溶解于水中，20℃时每 100mL 水可溶解 129.3g，吸湿性极强，暴露于空气中极易吸水潮解，高温高湿条件下更易发生。凹槽内湿度大，附着于砖表面的 $Ca(NO_3)_2$ 常年大量吸湿，有可能使砌块水分过大，还可能向台体内部侵蚀造成更深层的破坏，到了冬季也有冻融破坏的危险。

样品编号 P-S5m-2：

主要成分是 $CaCO_3$ 和 $CaSO_4$，即石灰和石膏，二者比例为（2～4）：1，并含有 2%～4%的米汁（无法断定是糯米还是大米），推断应为某一阶段粉刷在砖砌体外面的面层，1937 年刘敦桢先生所见观星台为清水砖外观，那么在此前的某个时期观星台表面是抹白灰的，夯土表面抹白灰、夯土表面包砖后再抹白灰，在文献上、考古实证上多有所见，是早期宫殿台基、墙体的常用做法，如汉魏洛阳城太极殿遗址、西安唐大明宫含元殿遗址等；这种色彩风貌也是西域、漠北民族建筑所常用的。观星台在元代之时极可能是白色抹灰外观，甚至可能延续到了明代中前期，只是后来剥落不存，变成清水砖墙的面貌。

2.4 病害成因分析

2.4.1 病害汇总与成因分析

观星台建筑结构和构造方式存在诸多自身问题，主要包括以下方面：

（1）古砖剩余质量不平均，部分古砖抗压和抗折强度不足；有些砖的过火温度不够或内部含盐量过大，酥粉程度明显高于周围其他砖块。

（2）由于台体内芯为夯土所筑，经历明、清修缮补筑，原墙体局部构造方式缺乏牢固整体联系，历史上曾经出现由于内部夯土和砌块之间的灰浆流失而造成的局部结构性裂缝，成为1975年修缮前墙体变形、开裂、坍塌的重要内因。

（3）台体西立面局部空鼓，表明可能存在内部夯土的劣化湿陷问题，在没有进行揭露调查的今天，对空鼓的发展必须予以长期的关注和监测。

（4）台体各面的裂缝、空鼓等症状集中的区域，均为各自台体部位的三分之一高度处。在理论上，如果结构体内部渗入了水分，因为水压问题，在其下部三分之一处会因为内部水压累积到临界状态，而产生形变和鼓凸。观星台的情况很符合这一理论模型，因此可以推测断定其内部夯土体存在水分堆积现象。所幸现在该类缺陷表现症状尚不剧烈，不会立刻对台体延续性造成影响，但需要予以长期的关注和监测。

（5）磴道与台体、宇墙交接的构造做法不科学。

（6）现状台顶、磴道休息平台排水坡度不尽合理。

观星台病害现状归纳见表2-9，病害程度a到c为从轻到重。

病害评估表　　表2-9

类型	位置	病害名称	病害描述	病害程度评定	病害原因阐述
构造病害	台体	砖体裂缝	包括个体砖块纵向小裂缝及多个砖块连接断裂而产生的纵向阶梯状裂缝	c	小裂缝由挤压应力产生；阶梯状裂缝是在重力的作用下地基发生沉降，或者边坡应力释放所致
		墙体空鼓	夯土台芯和内层砖体之间的空洞，局部表现为砖体错位	c	内部夯土结构问题
		砖体错位	西立面、北立面及南立面均存在不同程度的砖体错位，其中西立面较为严重，面积约占整体立面的一半；北立面及南立面为局部砖块错位	c	与内部夯土结构的鼓胀或湿陷有关

续表

类型	位置	病害名称	病害描述	病害程度评定	病害原因阐述
构造病害	台体	砖体缺失	砖块局部或整体缺失，如角部缺失、棱部形成锯齿边缘、砖表面深度凹陷等；东立面的弹坑属于人为破坏造成的局部缺失	c	自然老化及人为破坏等多种原因形成
	顶部小室	台顶排水不畅	宇墙基础位置易积水，尤以南侧宇墙基础和北侧角落处最为明显	c	构造问题或与基础不均匀沉降相关
		木构件干缩开裂	顶部小室木结构局部干缩开裂，但干缩开裂细纹较小	b	自然因素破坏所致
		椽飞糟朽	顶部小室局部椽飞糟朽	b	自然因素破坏为主，加之年久失修所致
		瓦件缺失	小室屋面瓦件整体缺失	b	自然因素破坏为主，加之年久失修所致
	磴道及宇墙	磴道排水不畅	磴道及宇墙连接处易存有汇水，没有特意向外侧的落水口找坡	c	构造问题
		压面石断裂	表面出现较大的裂缝，原压面石断裂成两个或多个部分	b	自然因素或挤压应力破坏所致，红砂石材质不耐风化
		压面石缺失	部分压面石整块缺失或局部缺失	b	自然因素或挤压应力破坏所致，逐渐剥落缺失或断裂后局部缺失
材料病害	青砖	风化酥碱	台体东、西、南、北四立面均有不同程度的砖体酥碱，表现为片状剥离、孔洞状溶蚀或粉末酥碱	b	温湿度变化及可溶盐活动是出现风化酥碱的主因
		水锈结壳	由于含有一定的有机物及矿物盐的汇水持续冲刷砖体表面，雨水蒸发后，可溶盐成分滞留在砖石表面，形成水锈结壳	a	可溶盐含量较高的汇水冲刷所致
		生物病害	包含砖体表面植物滋生及微生物滋生。台体基础均可见植物滋生，呈零星分布；微生物分布于砖体及压面石表面，呈带状或片状分布	a	潮湿环境为主因，其他因素次之
		硝酸盐白华	砖体表面出现大面积的白色粉末，主要集中于台体北侧凹槽内	a	空气污染导致硝酸根离子富集于砖体表面
		人为涂刻破坏	主要集中在人手可触及的部位，多为硬物刻划	a	管理工作不足
	红砂石	风化磨损	所有石材均出现不同程度的风化磨损，丧失原有形状	b	材质自身抗风化能力较弱，加之雨水浸润、风蚀及光照老化相互作用
		层状剥离	石材表面以 1cm 厚度发生层状剥离破坏，剥离 1～3 层不等	b	材质自身抗风化能力较弱，加之雨水浸润、风蚀及光照老化相互作用
		生物破坏	红砂石表面出现微生物滋生及动植物粪便而破坏	a	潮湿环境为主因，其他因素次之
	砌筑灰浆	灰浆老化流失	砖体砌缝间灰浆老化，缓慢流失形成缝隙，尤以墙基、近棱角处最显著	b	雨水冲刷为主，加之灰浆自然老化所致
	木材	表层油漆褪色	顶部小室木结构表层油漆褪色现象明显	a	自然环境作用，加之年久失修所致
	瓦件	瓦件缺失	顶部小室屋面瓦件缺失、碎裂	b	老化残损、人为破坏等多种原因造成

2.4.2 破坏因素分析

1. 环境因素

观星台处于露天环境，风吹雨淋加速了台体的老化，使观星台出现结构及构造隐患。其中雨水冲刷对台体破坏最大，具体表现在以下方面：

1）雨水淋滤侵蚀作用

观星台顶层和磴道地面雨水排水不畅，致使显著渗水现象发生。渗水作用下，墙体的风化程度在竖直方向上有明显的分带现象。如北立面宇墙下的台体受到磴道内雨水的渗入，在披檐和披檐下 200～300mm 的宽度内，砖体疏松、剥落，颜色变为土黄色；南立面台顶披檐之下的 3 层局部砖体颜色发黄、酥碱等。

2）毛细侵蚀作用

观星台台顶四周宇墙由于排水不畅，造成墙壁浸水和地面积水，在毛细作用下，积水沿砖墙内毛细孔渗透进入墙身内部，发生化学反应，砖体表面粉化脱落，使得墙体下 3～5 层砖表面坑洼不平。台体与地面交接的根部因为排水不畅也有不同程度的毛细腐蚀。如北立面台体与散水交接处，地面以上 2 层砖范围内，砖体发黄，风化较浅。

3）雨水对砖体的腐蚀

块砖对酸碱等化学物质的腐蚀作用较为敏感。雨水中含有较多的酸性物质，在进入墙体后与黏土砖及灰浆中的盐类发生化学反应形成大量的可溶性盐碱类物质。在化学物质的长期作用下，不仅其材料强度大为降低，同时也严重破坏了砌体的整体结构，影响稳定性。雨水腐蚀现象在观星台各墙面均有不同程度的表现。

此外，除了雨水冲刷对观星台破坏明显外，风蚀、局部温湿度变化、不良光环境因素也造成了台体风化残损，各环境影响因素及破坏程度见表 2-10。

自然环境因素 **表 2-10**

影响因素	基础	台体	顶部小室
	结构与构造	结构与构造	结构与构造
地震	—	—	—
风蚀与风化	—	▁	—
雨水侵蚀	—	▄	▁
不良温度环境	—	—	—
不良湿度环境	—	▁	▁
不良光环境	—	—	—

评价标准：—未见影响；▁轻度影响；▄中度影响；█重度影响。

2. 生物因素

生物破坏因素包括动、植物破坏及人为破坏两个方面，见表 2-11。

生物破坏因素　　　　**表 2-11**

影响因素		基础	台体	顶部小室
		结构与构造	结构与构造	结构与构造
动、植物破坏	常见的动植物破坏	—	▁	▁
	潜在的植物发育影响	▁	▁	▁
人为破坏	涂鸦与刻划	—	—	—
	机械力破坏	—	—	—
	生产生活挪用	—	—	—
	游览活动	—	—	—
	不当的保护措施	—	—	—
	不协调建设	—	—	—

评价标准：—未见影响；▁轻度影响；▬中度影响；█重度影响。

2.4.3　病害对比分析

1. 病害对比勘察目标

基于 2008 年和 2015 年两次病害勘察成果，我们对观星台台体病害发育最为典型的北、东、南、北 4 个立面进行了前后对比。2008 年受限于技术条件未获得数据的部位略去。

2. 病害对比分析

对比可以看出病害的加剧主要表现在如下几个方面：

1）灰浆流失加剧

灰浆是砖与砖之间的粘结材料，主要成分为石灰（$CaCO_3$）和石膏（$CaSO_4$），随着太阳辐射、紫外线照射、冻融变化以及酸碱侵蚀等，逐渐老化，原有粘结性减弱，逐渐破碎，随着降雨，流失加剧，原本密实的灰浆出现明显裂缝。

对比 2008 年和 2015 年影像资料可以看出，灰浆流失现象非常严重，尤其是南立面与西立面表现得更加明显。

2）地衣霉菌苔藓生长面积扩大

黑色霉斑面积普遍有增大的趋势，这些黑色霉斑是霉菌、地衣、苔藓等微生物死亡后形成的残留物。在潮湿环境下，观星台的砖体表面生长着大量苔藓、地衣等微生物，在环境逐渐干燥之后，地衣、苔藓死亡，霉菌生长，逐渐形成黑色斑痕。

3）表面风化问题日趋严重

表面风化是材料老化的最常见表现形式，砖体的风化与石材的风化有相似之处，主要表现为表面粉化、层状剥离、孔洞状溶蚀或严重酥碱等症状。

（1）表面粉化：是指砖体风化后，表面残留有风化砖粉，用手触摸可出现掉粉现象，观星台的砖体普遍表现为表面粉化，这是风化的初级阶段。

（2）层状剥离：风化除了表现为粉化之外，还会有不同程度的片状剥落，砖体呈现片状剥离的状态，表层逐渐消失，侵蚀到砖体内部。

（3）孔洞状溶蚀：在砖体表面粉化后，砖粉逐渐掉落，同时因为砖体不同部位的风化速度不同，出现不同深度的孔洞，即呈现孔洞状溶蚀现象。

4）局部缺失部位越来越多

因砖体受到机械损伤出现破碎或风化过于严重，砖体出现局部缺失现象，观星台的砖体有些缺失达到 2/3 以上。

5）植物滋生没有得到根本遏制

与 2008 年的影像相比，2015 年的观星台台体表面滋生出更多植物，虽然观星台管理机构每年都会对植物进行清除，但很多无法连根拔除，即很多灌丛实际上每年都在生长，其根系仍在连续破坏台体。

6）裂缝数量增加或原有裂缝扩大

对比 2008 年与 2015 年观星台影像，台体裂缝出现新增或扩大趋势，像北立面的 N43、N55、N58、N60 处，东立面的 E53、E71、E73、E85、E92、E96 等处，以及西立面的 W66、W71 等处。其原因，一是内部应力持续作用，如内部夯土受潮膨胀对外挤压砖体；二是上层砖体持续对下层砖体形成挤压，新砖与老砖之间力学性能不一致、老砖与老砖之间剩余力学性能不一致，不断产生局部应力集中；三是原有裂缝在渗入降水结冰后膨胀，产生对裂缝两侧的挤压应力。这些原因使得砖缝会持续地增多。

7）空鼓进一步发展，砖体位移与错位日趋严重

对比两次台体影像，还可以明显看出西立面台体出现空鼓现象，空鼓造成了砖体的位移和错位，说明内部夯土芯与包砖层之间的空鼓一直在发育。

2.5 保护建议与措施

2.5.1 总体保护思路

（1）观星台台体目前结构尚为稳定。

（2）对于观星台台体结构安全威胁最大的是降水下渗。降水渗流路径主要包括两个方面：一是顶部积水下渗，二是雨水顺砖墙裂缝或砖缝下渗。两方面的降水都直接威胁内部夯土的稳定性和夯土与表面包砖层之间的稳定性。因此，对观星台保护的最重要问题是解决降水渗入问题，即阻断顶部积水下渗和降水顺台体裂缝或砖缝下渗的通道，需要进行顶部防水和四面墙体防水。前者主要靠顶部揭墁后铺设防水实现，后者主要靠裂缝灌浆和填补流失灰缝来处理。

（3）应加强对观星台的监测工作，除了现在布设的监控探头、大气环境监测站、空气质量检测仪外，还应增设监测设备，采用设备和人工监测相结合的方法，监测表面风化、

台体变形等问题。

从理论上推导出三种不同程度的总体保护思路：

思路一“根除病因”：为观星台整体搭建保护棚罩，把室外保存转变成室内保存，杜绝自然环境对砖体的侵蚀，彻底隔绝雨水渗入的隐患；清除台体北侧草坪绿植，保护棚罩应合理选择基础位置以避免对观星台地基和基础的挤压，同时注意保持内部通风使台体与地下之间正常的水汽交换达到平衡。这是对风貌改变最大，但从根源上隔绝病因的方法。

思路二“带病延年”：观星台仍保持室外保存状态，对表面砖缝、灰缝进行填补，重做台顶防水体系和磴道休息平台，填补台根处的朝天缝，尽最大可能地封堵雨水渗入路径，对表面残砖进行修补以降低进一步风化、损坏的风险。此种方法无法杜绝病根，但可以很大程度延缓衰老，使观星台延年益寿，且对风貌影响小；只是砖体、灰缝仍可能继续发育，需要随时监测观察。

思路三“抢救续命”：在思路二的基础上，不重做台顶防水体系。这种做法仅填补表面可见的缝隙，是干扰最小的做法，但未解决朝天平面积水的问题。

上述三种保护思路有赖于后续的保护修缮设计另行研究、评估。下文暂按思路二“带病延年”提出具体的措施建议。

2.5.2 修缮措施建议

1. 台体保护措施

不建议对台体进行大规模扒拆以根除内部结构隐患，建议集中力量杜绝渗水问题，以间接提高结构稳定性。总体而言，建议填补缺失的水平灰缝，改善排水不畅的危险点以避免水分渗入，填补裂缝和缺失的垂直灰缝，密切关注外表裂缝、空鼓的发展情况。具体而言，建议对风化破碎面超过整砖 2/3 的砖块进行剔补，剔补的时候务必要注意尽可能多地保留老砖残存部分，只将严重影响新老砖结合的表面风化层剔掉，避免老砖越修越少；修补大体完整，但局部缺失的砖块，补砌所用新砖应采用原材料、原性能、原工艺、原做法制作，所用黏土应先进行脱盐处理；对灰浆流失砖缝进行填补，选取以灰浆流失后形成明显沟槽、缝隙为宜；对台体开裂处选取大于 0.5cm 的裂缝进行灌浆；在灌浆后的裂缝中选取典型代表者贴以石膏纸，监测灰缝是否有变大趋势，以确定下一步需要开展的工程措施。

几个特殊部位建议做如下处理：

西墙体的空鼓不建议做根除处理，但要严密进行发育监测。对北侧凹槽的硝酸盐白华，建议使用竹、木片、刷子等工具轻轻刮除，对含盐量较高的砖块进行标记，采用贴敷法对这些砖块进行除盐处理。

鉴于台顶于 1975 年修缮时重新铺设过，且其防水性能对台体内部稳定性有直接的决定性影响，建议按原做法重新铺砌台顶地面并重新找坡，务必做到没有存水死角，保证顺畅排水。

2. 磴道与宇墙保护措施

尽管磴道和宇墙的石材为1975年全面补配的，但这么多年来它们已经成为观星台整体风貌的一部分，因此仍参照文物修缮保护的标准对其进行处理。

建议对宇墙压面石已发生了层状剥离，并且已经脱开的，将剥离开的部分进行回贴；对于发生了层状剥离，但表层石材与下层石材仍然有一些部位连接稳固，只是表层发生局部裂缝的，对裂缝进行封堵，避免雨水顺着裂缝渗入；石块整体或局部断裂的，粘接成整体；因磨损严重或局部崩坏，致使局部缺失而露出宇墙上表面的，或因缺失造成石材穿孔等可能渗水缺陷的，进行修补；因为整个构件破碎、剥离严重，即便粘接也难以保证防水性能，则用原岩性的石材予以更换；按照上述方法进行保护后，再使用传统灰浆重新砌筑压实，保证宇墙顶朝天面不直接暴露，并防止压面石掉落，砸伤游客。对宇墙的保护建议同对台体砖的内容。

建议对磴道踏跺石采用裂缝灌浆、水平灰缝灌浆、端头灰缝灌浆等，封堵一切可能渗水的缝隙；对石材或砖体缺失较多、难以用灰浆填补的，可使用同质地的红砂石或碎砖填补空缺后再行补浆。

3. 地面和基础保护措施

建议清理北面凹槽内的地面积土，视清理情况确定进一步的保护做法，重点保证凹槽底部地平高于槽外地面，以利排水。对整个散水台体的接缝进行重点处理，使用传统材料对裂缝进行封堵。

4. 顶部小室保护措施

屋面挑换瓦头，更换糟朽残缺的椽飞、瓦口，对缺失、风化酥粉严重的砖体进行修补，对破碎严重的压面石和砖进行补配，油饰见新。其他部分如梁架、窗、铁梁及附属构造等可暂不采取干预措施。

2.5.3 预防性保护措施建议

1. 遗产监测建议

保健强于治病，建议加强日常监测和预防性保护工作。建议开展裂缝发育监测、空鼓发育监测、砖体缺失缺损监测、砖体风化监测、台体整体和局部位移监测、近周边微环境温湿度监测。本书涉及的是现状勘察，而文化遗产动态信息监测系统是专项设计工作，因此下文仅就现状勘察中所发现的最需要密切监测的信息提出建议，具体的监测手段、设备型号有赖于选项设计工作评估、研究制定，建议后续工作选择技术手段和设备时充分考虑可实施性、易用性和适用性。

1）裂缝发育监测

对观星台建筑现状裂缝开展长期监测，重点关注裂缝的发展方向、裂缝深度、裂缝宽度等趋势状况，可借助仪器监测或人工定期测量监测，记录测量数据，跟踪对比分析，以此对裂缝的发育情况做出科学的研判。

2）空鼓发育监测

对观星台建筑空鼓发育开展监测，重点关注空鼓出现的位置及大小，可借用建筑物空鼓检测工具对文物建筑采取无损监测，并定期对比数据，根据严重程度开展相应的预防性保护措施。

3）砖体缺失缺损监测

对观星台建筑砖体缺失、缺损开展监测，可结合图像采集设备构建及其视觉系统，借助计算机视觉以及数字图像处理技术，实现砖体表面缺陷的深度、大小自动检测。

4）砖体风化监测

对文物建筑的砖体开展风化监测，可通过定期的图像对比、定量、定性分析等方法，结合软件建立风化损害的分级监测模型，通过分级监测结果，提出预防性的保护措施。

5）台体整体和局部位移监测

对台体整体和局部位移情况进行监测。可采用相关技术仪器对台体的各个角点进行测量，记录测量数据，计算出模型，并与上一次监测数据进行对比，以此确定台体结构是否出现空间位置变化，判断是否会有严重倾斜趋向。

6）近周边微环境温湿度监测

尤其是在雨后及下雪后，对建筑临周进行温湿度监测。可采用红外热成像仪实时测量建筑温度，并记录数据，归纳文物临周温湿度变化规律。

2. 日常养护建议

对于观星台的生物病害等问题，日常养护极为重要。建议对砖块和石材表面滋生的杂草、附着的鸟粪进行定期巡查和清理，建议每年冬季对植物进行一次清除，春秋两季加强日常巡查，发现植物滋生后进行清理；建议将树木枝干的危害纳入日常监测，作为日常巡查的重要内容，若发现枝干对观星台台体构成威胁，则应在向相关部门申报后，剪除靠近台体一侧的部分枝干；在降雪中和降雪后，要及时清理台阶根、宇墙根、角落的积雪。

3 观星台病害调查及对比分析汇总表[1]

3.1 北立面病害调查及对比分析

3.2 南立面病害调查及对比分析

3.3 西立面病害调查及对比分析

3.4 东立面病害调查及对比分析

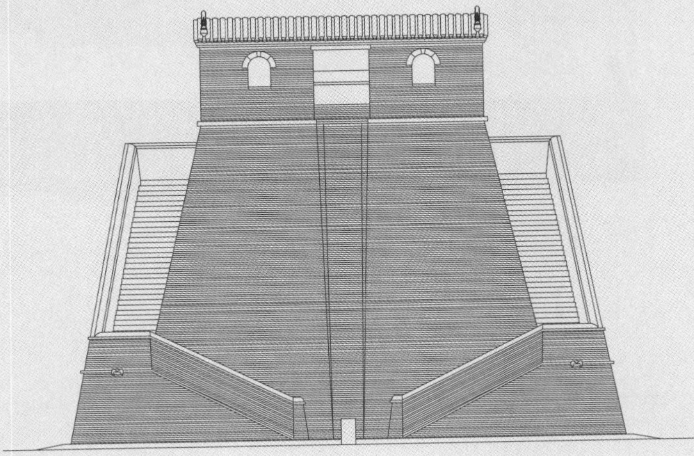

[1] 本章系将 2008 年和 2015 年两次病害情况进行对比分析，进一步阐明病害的发展趋势。

3.1 北立面病害调查及对比分析

北立面索引

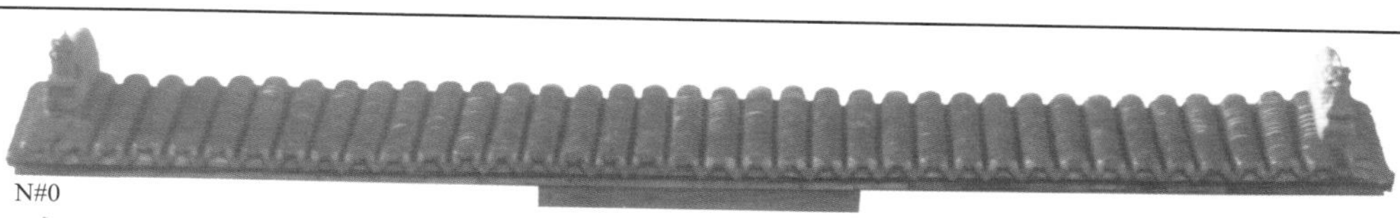

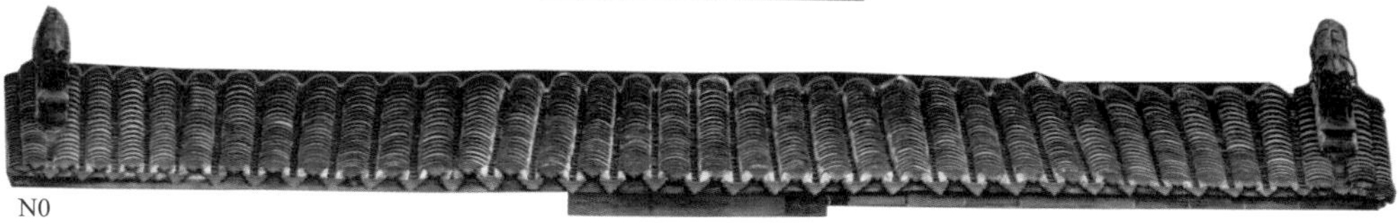

图片编号：N＃0	拍摄时间：2008 年	图片编号：N0	拍摄时间：2015 年

主要劣化情况比照表		
病害类型	病害状况及成因	劣化程度
—	无明显可识别变化	—

注：劣化程度用“★”的数量表示。由少至多分别表示一般、明显、严重三个程度。

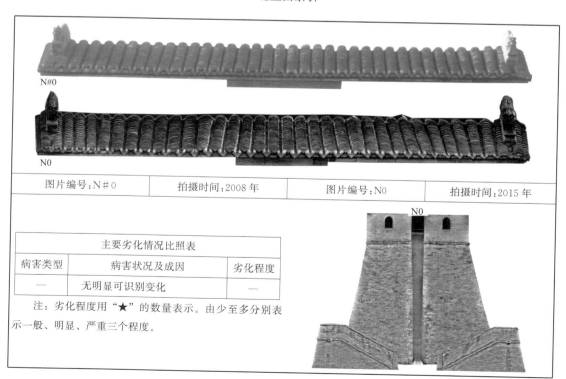

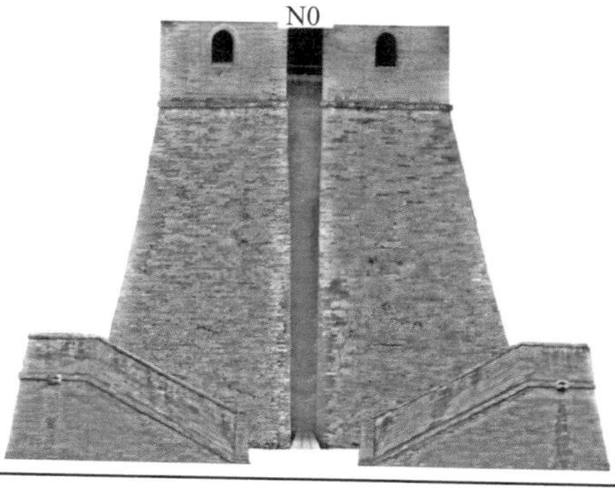

N#1

N1

图片编号：N＃1	拍摄时间：2008 年	图片编号：N1	拍摄时间：2015 年

主要劣化情况比照表		
病害类型	病害状况及成因	劣化程度
灰浆流失	现状：砖体间原本密实的灰浆出现了明显的空隙。 成因：雨水冲刷为主因，灰浆老化次之	★★

注：劣化程度用“★”的数量表示。由少至多分别表示一般、明显、严重三个程度。

N#2

N2

图片编号：N＃2	拍摄时间：2008 年	图片编号：N2	拍摄时间：2015 年

主要劣化情况比照表		
病害类型	病害状况及成因	劣化程度
—	无明显可识别变化	—

注：劣化程度用“★”的数量表示。由少至多分别表示一般、明显、严重三个程度。

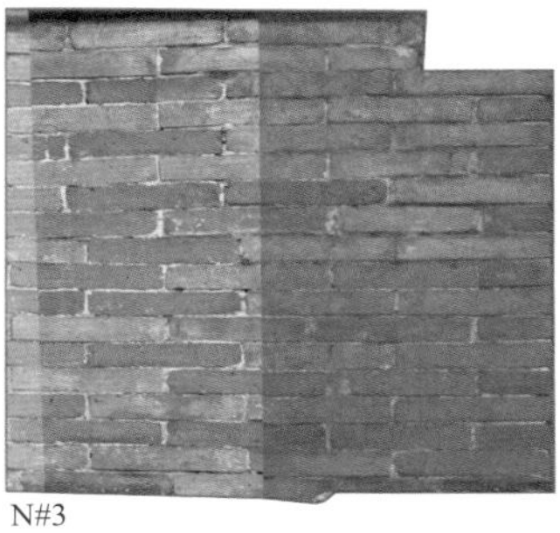

N#3

N3

图片编号:N＃3	拍摄时间:2008 年	图片编号:N3	拍摄时间:2015 年

主要劣化情况比照表		
病害类型	病害状况及成因	劣化程度
—	无明显可识别变化	—

注：劣化程度用“★”的数量表示。由少至多分别表示一般、明显、严重三个程度。

N#4

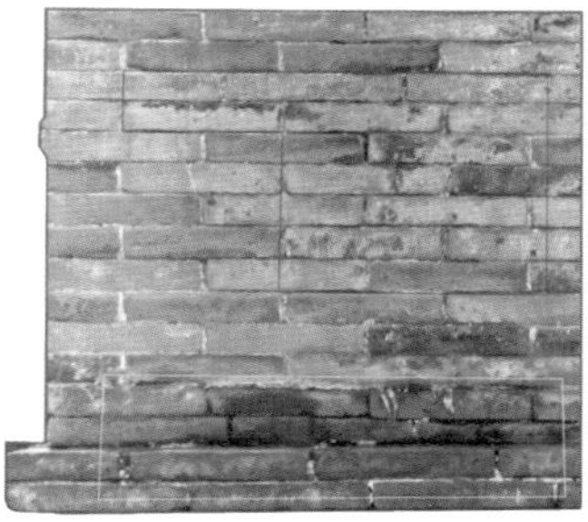

N4

图片编号:N＃4	拍摄时间:2008 年	图片编号:N4	拍摄时间:2015 年

主要劣化情况比照表		
病害类型	病害状况及成因	劣化程度
灰浆流失	现状:砖体间原本密实的灰浆出现了明显的空隙。 成因:雨水冲刷为主,灰浆老化次之	★★
地衣霉菌	现状:地衣霉菌的面积较之前有明显扩大趋势。 成因:潮湿环境为主因,其他因素次之	★

注：劣化程度用“★”的数量表示。由少至多分别表示一般、明显、严重三个程度。

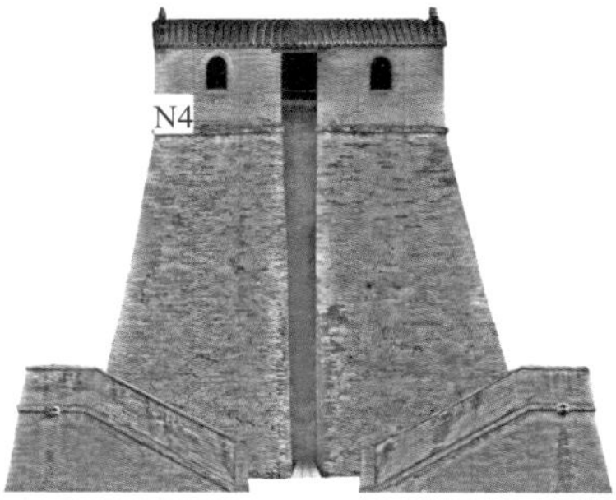

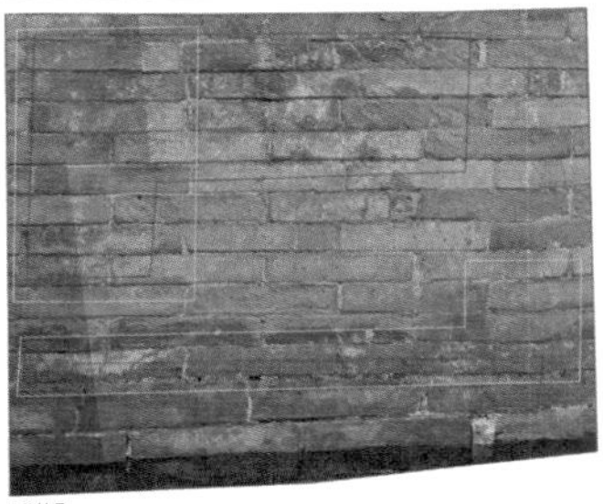

N#5

N5

图片编号:N＃5	拍摄时间:2008年	图片编号:N5	拍摄时间:2015年

主要劣化情况比照表

病害类型	病害状况及成因	劣化程度
灰浆流失	现状:砖体间原本密实的灰浆出现了明显的空隙。 成因:雨水冲刷为主,灰浆老化次之	★★
地衣霉菌	现状:地衣霉菌面积较之前有明显的扩大趋势。 成因:潮湿环境为主因,其他因素次之	★

注:劣化程度用“★”的数量表示。由少至多分别表示一般、明显、严重三个程度。

N#6

N6

图片编号:N＃6	拍摄时间:2008年	图片编号:N6	拍摄时间:2015年

主要劣化情况比照表

病害类型	病害状况及成因	劣化程度
地衣霉菌	现状:白色霉菌面积较之前有扩大趋势,且新出现黄色霉菌。 成因:潮湿环境为主因,其他因素次之	★

注:劣化程度用“★”的数量表示。由少至多分别表示一般、明显、严重三个程度。

N#7

N7

图片编号:N＃7	拍摄时间:2008 年	图片编号:N7	拍摄时间:2015 年

主要劣化情况比照表		
病害类型	病害状况及成因	劣化程度
表面剥离	现状:如绿线所示,砖体出现了不同程度的片状剥离。 成因:温湿度变化、可溶盐活动为主要因素	★★
缺失	现状:如紫线所示,原本较完整砖体出现坑窝状缺失。 成因:可溶盐溶蚀为主因,冻融、温湿度因素次之	★★

注:劣化程度用"★"的数量表示。由少至多分别表示一般、明显、严重三个程度。

N#8

N8

图片编号:N＃8	拍摄时间:2008 年	图片编号:N8	拍摄时间:2015 年

主要劣化情况比照表		
病害类型	病害状况及成因	劣化程度
表面剥离	现状:砖体表面原本的小盐溶坑出现明显溶蚀,片状剥离也较明显。 成因:雨水冲刷为主因,灰浆老化次之	★
地衣霉菌	现状:黑色霉菌密度较之前有明显的增大趋势。 成因:潮湿环境为主因,其他因素次之	★

注:劣化程度用"★"的数量表示。由少至多分别表示一般、明显、严重三个程度。

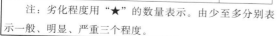

N#9

N9

图片编号:N＃9	拍摄时间:2008 年	图片编号:N9	拍摄时间:2015 年

主要劣化情况比照表		
病害类型	病害状况及成因	劣化程度
灰浆流失	现状:砖体表面敷裹的白灰层出现明显的流失。 成因:雨水冲刷为主因,灰浆老化次之	★★

注:劣化程度用“★”的数量表示。由少至多分别表示一般、明显、严重三个程度。

N#10

N10

图片编号:N＃10	拍摄时间:2008 年	图片编号:N10	拍摄时间:2015 年

主要劣化情况比照表		
病害类型	病害状况及成因	劣化程度
灰浆流失	现状:砖体间原本密实的灰浆出现了空隙,并出现盐溶蚀坑窝。 成因:雨水冲刷为主因,灰浆老化次之	★
缺失	现状:缝隙间原本破碎的砖体已缺失。 成因:雨水冲刷和风化剥离可能性较大	★

注:劣化程度用“★”的数量表示。由少至多分别表示一般、明显、严重三个程度。

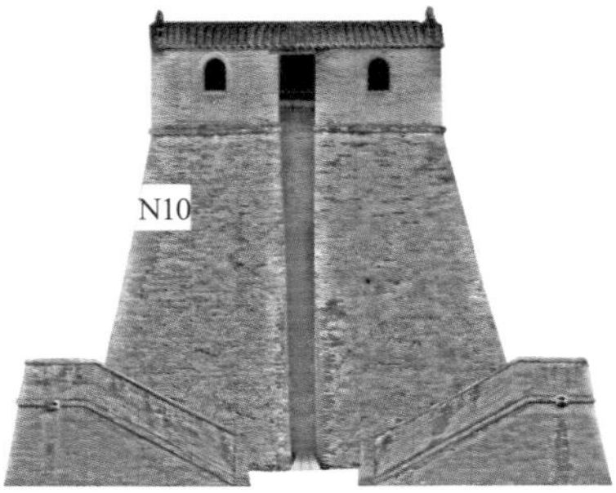

N#11

N11

图片编号:N♯11	拍摄时间:2008年	图片编号:N11	拍摄时间:2015年

主要劣化情况比照表		
病害类型	病害状况及成因	劣化程度
灰浆流失	现状:砖体表面原本残留的白灰现已流失殆尽。 成因:雨水冲刷为主因,灰浆老化次之	★

注:劣化程度用"★"的数量表示。由少至多分别表示一般、明显、严重三个程度。

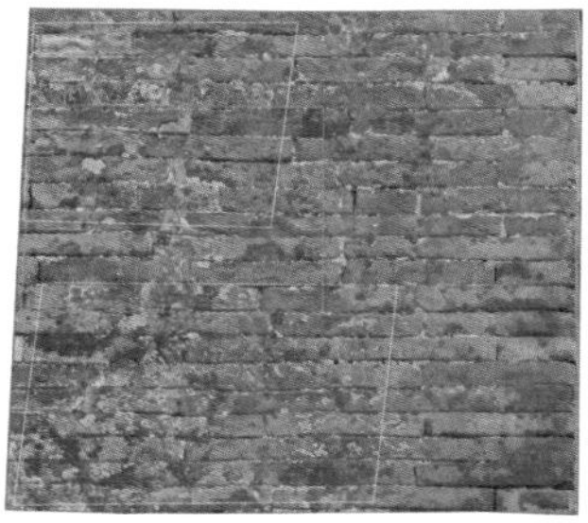
N#12

N12

图片编号:N♯12	拍摄时间:2008年	图片编号:N12	拍摄时间:2015年

主要劣化情况比照表		
病害类型	病害状况及成因	劣化程度
灰浆流失	现状:如黄线所示,砖体表面原本敷裹的白灰层出现明显的流失。 成因:雨水冲刷为主因,灰浆老化次之	★★
表面剥离	现状:如绿线所示,砖体表面出现不同程度剥离,盐溶坑明显扩大。 成因:温湿度和可溶盐活动为主因	★

注:劣化程度用"★"的数量表示。由少至多分别表示一般、明显、严重三个程度。

N#13

N13

图片编号：N＃13	拍摄时间：2008 年	图片编号：N13	拍摄时间：2015 年

主要劣化情况比照表		
病害类型	病害状况及成因	劣化程度
—	无明显可辨识变化	—

注：劣化程度用“★”的数量表示。由少至多分别表示一般、明显、严重三个程度。

N#14

N14

图片编号：N＃14	拍摄时间：2008 年	图片编号：N14	拍摄时间：2015 年

主要劣化情况比照表		
病害类型	病害状况及成因	劣化程度
表面剥离	现状：砖体表面出现小片状剥离，原有小盐溶坑有明显扩大趋势。 成因：温湿度和可溶盐活动为主因	★

注：劣化程度用“★”的数量表示。由少至多分别表示一般、明显、严重三个程度。

N#15

N15

图片编号：N＃15	拍摄时间：2008 年	图片编号：N15	拍摄时间：2015 年

主要劣化情况比照表		
病害类型	病害状况及成因	劣化程度
表面剥离	现状：如绿线所示，原本较小的盐溶坑已扩大，其他部位有不明显变化。 成因：温湿度、可溶盐活动为主因	★
地衣霉菌	现状：如红线所示，原上部密集的霉菌今已较稀疏，原下部稀疏的霉菌今已较密集。 成因：潮湿环境为主因	★★

注：劣化程度用“★”的数量表示。由少至多分别表示一般、明显、严重三个程度。

N#16

N16

图片编号：N＃16	拍摄时间：2008 年	图片编号：N16	拍摄时间：2015 年

主要劣化情况比照表		
病害类型	病害状况及成因	劣化程度
灰浆流失	现状：如黄线所示，砖体表面敷裹的白灰层出现明显的流失。 成因：雨水冲刷为主因，灰浆老化次之	★★
表面剥离	现状：如绿线所示，表面砖体剥离较明显，局部较之前出现明显坑窝。 成因：潮湿环境为主因	★★
缺失	现状：如紫线所示，裂缝间原有一块开裂的砖块现已剥落。 成因：存在多种可能因素	★

注：劣化程度用“★”的数量表示。由少至多分别表示一般、明显、严重三个程度。

N#17

N17

图片编号:N#17	拍摄时间:2008年	图片编号:N17	拍摄时间:2015年

主要劣化情况比照表

病害类型	病害状况及成因	劣化程度
灰浆流失	现状:如黄线所示,砖体表面原本斑驳的白灰层现已流失殆尽。 成因:雨水冲刷为主因,灰浆老化次之	★
表面剥离	现状:如绿线所示,砖体表面出现一些新的剥离,局部出现明显盐溶坑。 成因:温湿度和可溶盐活动为主因	★

注:劣化程度用"★"的数量表示。由少至多分别表示一般、明显、严重三个程度。

N#18

N18

图片编号:N#18	拍摄时间:2008年	图片编号:N18	拍摄时间:2015年

主要劣化情况比照表

病害类型	病害状况及成因	劣化程度
灰浆流失	现状:如黄线所示,砖体表面原本斑驳的白灰层现已大面积消弭。 成因:雨水冲刷为主因,灰浆老化次之	★★
表面剥离	现状:砖体表面有明显片状剥离,局部出现明显盐溶坑。 成因:温湿度和可溶盐活动为主因	★
缺失	现状:部分砖体边角出现小块缺失。 成因:多种可能因素	★

注:劣化程度用"★"的数量表示。由少至多分别表示一般、明显、严重三个程度。

N#19

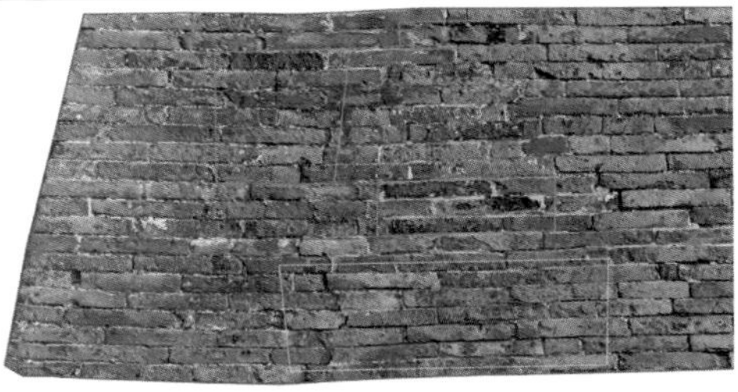

N19

图片编号：N＃19	拍摄时间：2008 年	图片编号：N19	拍摄时间：2015 年

主要劣化情况比照表		
病害类型	病害状况及成因	劣化程度
灰浆流失	现状：砖体表面原本斑驳的白灰层现已消失殆尽。 成因：雨水冲刷为主因，灰浆老化次之	★★
表面剥离	现状：片状或点状剥离病害呈明显加重趋势。 成因：温湿度和可溶盐活动为主因	★

注：劣化程度用“★”的数量表示。由少至多分别表示一般、明显、严重三个程度。

N#20

N20

图片编号：N＃20	拍摄时间：2008 年	图片编号：N20	拍摄时间：2015 年

主要劣化情况比照表		
病害类型	病害状况及成因	劣化程度
灰浆流失	现状：如黄线所示，砖体表面原本敷裹的白灰层出现明显的流失。 成因：雨水冲刷为主因，灰浆老化次之	★★
表面剥离	现状：如绿线所示，砖体表面出现不同程度的剥离，岩溶坑稍显扩大。 成因：温湿度及可溶盐活动为主因	★
植物滋生	现状：砖体勾缝灰浆流失较严重，其空隙部位有植物生长。 成因：与风、温湿度有关	★

注：劣化程度用“★”的数量表示。由少至多分别表示一般、明显、严重三个程度。

N#21

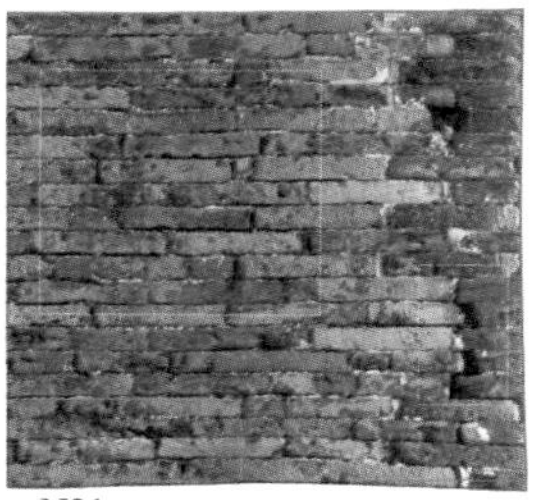

N21

图片编号:N＃21	拍摄时间:2008 年	图片编号:N21	拍摄时间:2015 年

主要劣化情况比照表

病害类型	病害状况及成因	劣化程度
灰浆流失	现状:如黄线所示,砖体间及表面灰浆均出现明显的流失。 成因:雨水冲刷为主因,灰浆老化次之	★
表面剥离	现状:如绿线所示,砖体表面出现不同程度剥离,表面有岩溶坑出现。 成因:温湿度及可溶盐活动为主因	★★
缺失	现状:如紫线所示,砖体表面局部砖块出现了明显缺失。 成因:雨水及外力破坏等多种因素造成	★

注:劣化程度用“★”的数量表示。由少至多分别表示一般、明显、严重三个程度。

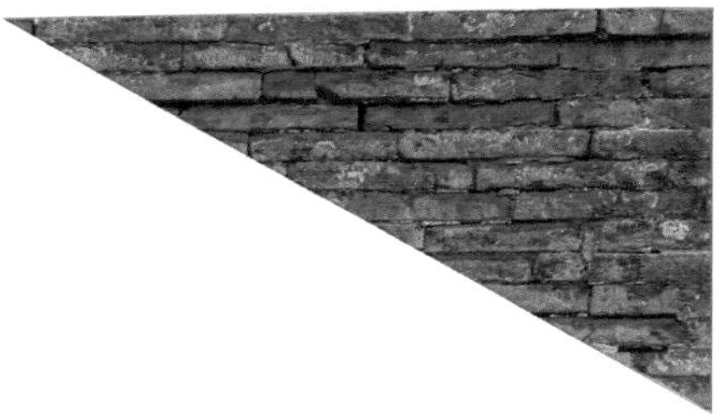

N#22

N22

图片编号:N＃22	拍摄时间:2008 年	图片编号:N22	拍摄时间:2015 年

主要劣化情况比照表

病害类型	病害状况及成因	劣化程度
缺失	现状:砖体表面原本裂缝处局部残损缺失。 成因:雨水及外力振荡等多种因素造成	★

注:劣化程度用“★”的数量表示。由少至多分别表示一般、明显、严重三个程度。

N#23

N23

图片编号：N＃23	拍摄时间：2008 年	图片编号：N23	拍摄时间：2015 年

主要劣化情况比照表

病害类型	病害状况及成因	劣化程度
灰浆流失	现状：砖体间原本密实的灰浆出现了明显的空隙。 成因：雨水冲刷为主因，灰浆老化次之	★

注：劣化程度用“★”的数量表示。由少至多分别表示一般、明显、严重三个程度。

N#24

N24

图片编号：N＃24	拍摄时间：2008 年	图片编号：N24	拍摄时间：2015 年

主要劣化情况比照表

病害类型	病害状况及成因	劣化程度
灰浆流失	现状：如黄线所示，砖体间原本密实的灰浆出现了明显的空隙。 成因：雨水冲刷为主因，灰浆老化次之	★
表面剥离	现状：如绿线所示，砖体表面出现不同程度的剥离，表面盐溶坑明显变大。 成因：温湿度及可溶盐活动为主因	★

注：劣化程度用“★”的数量表示。由少至多分别表示一般、明显、严重三个程度。

N#25

N25

图片编号：N＃25	拍摄时间：2008 年	图片编号：N25	拍摄时间：2015 年

主要劣化情况比照表

病害类型	病害状况及成因	劣化程度
片状剥离	现状：砖体表面片状剥离程度加深，砖体可能已断裂。 成因：温湿度变化及内部应力为主要因素	—

注：劣化程度用“★”的数量表示。由少至多分别表示一般、明显、严重三个程度。

N#26

N26

图片编号：N＃26	拍摄时间：2008 年	图片编号：N26	拍摄时间：2015 年

主要劣化情况比照表

病害类型	病害状况及成因	劣化程度
灰浆流失	现状：如黄线所示，砖体间勾缝灰浆及砖体表面白灰浆均出现流失。 成因：雨水冲刷为主因，灰浆老化次之	★
表面剥离	现状：如绿线所示，砖体表面出现不同程度的剥离。 成因：温湿度及可溶盐活动为主因	★

注：劣化程度用“★”的数量表示。由少至多分别表示一般、明显、严重三个程度。

N#27

N27

图片编号:N＃27	拍摄时间:2008 年	图片编号:N27	拍摄时间:2015 年

主要劣化情况比照表

病害类型	病害状况及成因	劣化程度
表面剥离	现状:如绿线所示,局部砖体表面出现新的表层剥离,部分较之前剥离程度有加重。 成因:温湿度及冻融为主因	★
缺失	现状:如紫线所示,压砖石表面剥离严重,形成缺失。 成因:长期自然风化及断裂造成缺失	★
地衣霉菌	现状:如红线所示,砖体表面有黑色霉菌滋生。 成因:温湿度为主因	★

注:劣化程度用“★”的数量表示。由少至多分别表示一般、明显、严重三个程度。

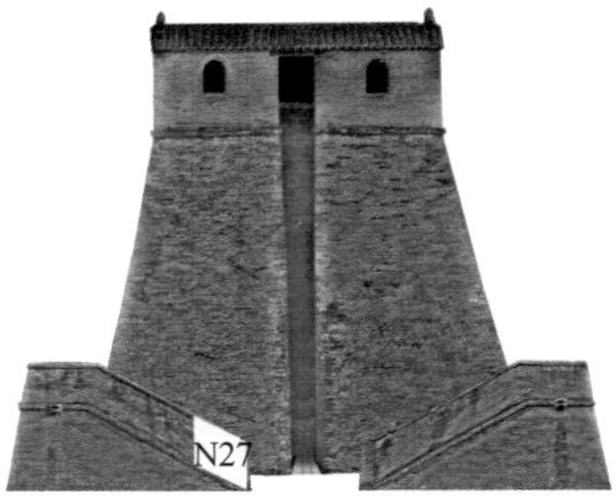

N#28

N28

图片编号:N＃28	拍摄时间:2008 年	图片编号:N28	拍摄时间:2015 年

主要劣化情况比照表

病害类型	病害状况及成因	劣化程度
地衣霉菌	现状:砖体表面有黑色霉菌滋生。 成因:温湿度为主因	★★

注:劣化程度用“★”的数量表示。由少至多分别表示一般、明显、严重三个程度。

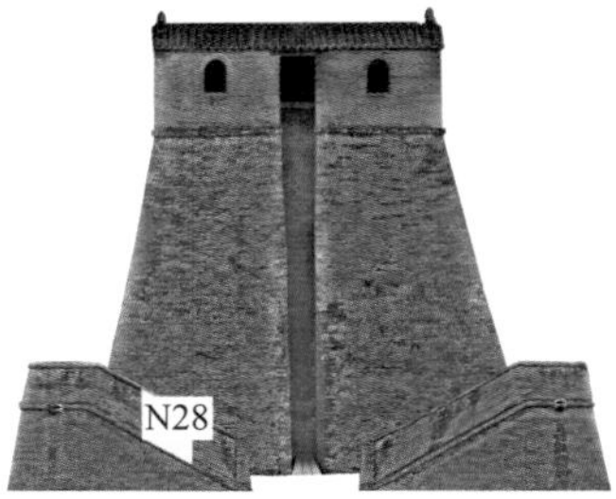

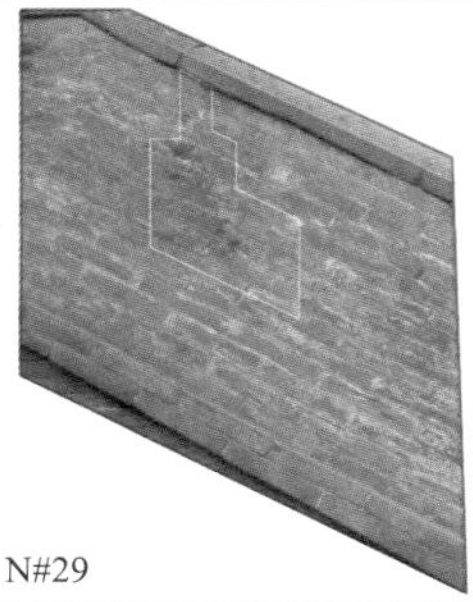

N#29

N29

图片编号:N＃29	拍摄时间:2008 年	图片编号:N29	拍摄时间:2015 年

主要劣化情况比照表		
病害类型	病害状况及成因	劣化程度
微生物滋生	现状:如白线所示,地衣霉菌滋生面积与密度较之前增加。 成因:雨水在表面富集,形成潮湿环境	★
表面风化	现状:如绿线所示,表面风化面积与深度增加,出现剥离。 成因:温湿度变化、太阳辐射及可溶盐作用等	★★

注:劣化程度用“★”的数量表示。由少至多分别表示一般、明显、严重三个程度。

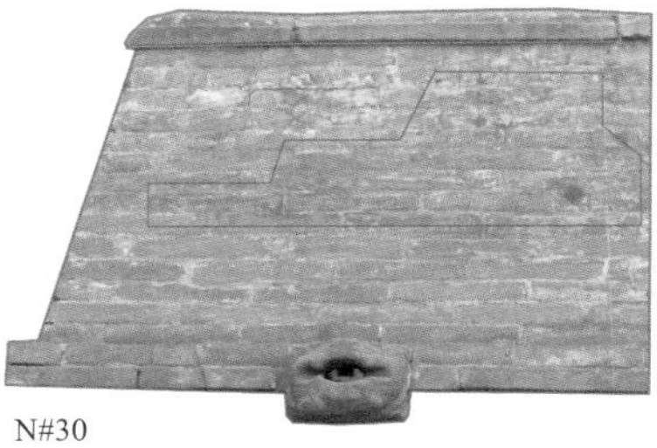

N#30

N30

图片编号:N＃30	拍摄时间:2008 年	图片编号:N30	拍摄时间:2015 年

主要劣化情况比照表		
病害类型	病害状况及成因	劣化程度
表面风化	现状:如橙线所示,压面石表面风化加剧,局部出现破损。 成因:太阳辐射、冻融变化、降水冲淋	★★
微生物滋生	现状:如红线所示,苔藓、地衣滋生面积加大。 成因:降水蓄积形成潮湿环境,导致微生物滋生	★

注:劣化程度用“★”的数量表示。由少至多分别表示一般、明显、严重三个程度。

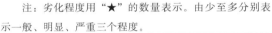

N#31

N31

图片编号：N＃31	拍摄时间：2008 年	图片编号：N31	拍摄时间：2015 年

主要劣化情况比照表		
病害类型	病害状况及成因	劣化程度
—	无明显可识别变化	—

注：劣化程度用“★”的数量表示。由少至多分别表示一般、明显、严重三个程度。

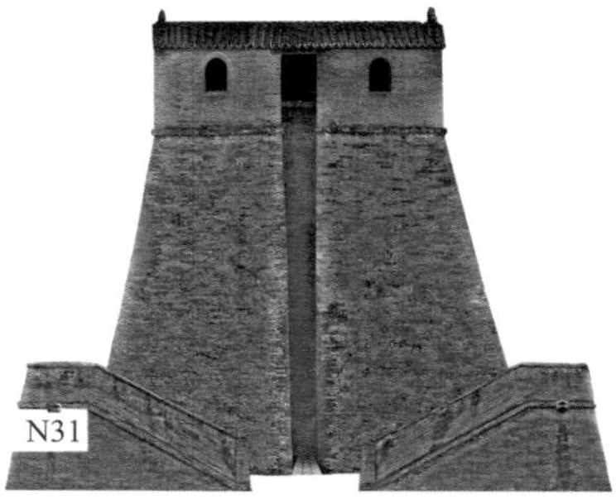

N#32

N32

图片编号：N＃32	拍摄时间：2008 年	图片编号：N32	拍摄时间：2015 年

主要劣化情况比照表		
病害类型	病害状况及成因	劣化程度
—	无明显可识别变化	—

注：劣化程度用“★”的数量表示。由少至多分别表示一般、明显、严重三个程度。

N#33

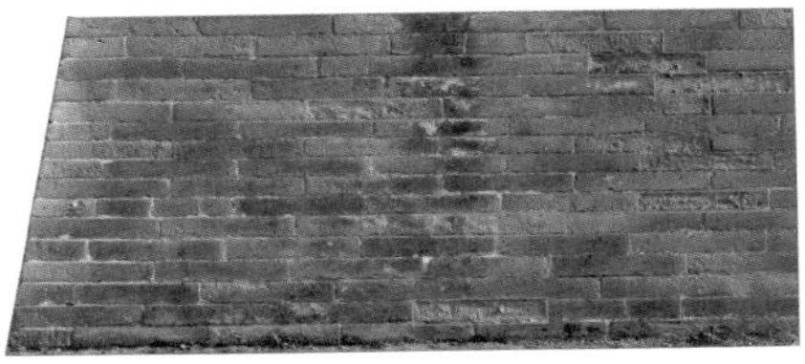

N33

图片编号:N#33	拍摄时间:2008 年	图片编号:N33	拍摄时间:2015 年

主要劣化情况比照表		
病害类型	病害状况及成因	劣化程度
表面风化	现状:砖体表面出现明显风化、酥碱。 成因:太阳辐射、可溶盐作用、冻融变化、降水冲淋	★★★

注:劣化程度用“★”的数量表示。由少至多分别表示一般、明显、严重三个程度。

N33

N#34

N34

图片编号:N#34	拍摄时间:2008 年	图片编号:N34	拍摄时间:2015 年

主要劣化情况比照表		
病害类型	病害状况及成因	劣化程度
表面风化	现状:砖体表面出现明显风化、酥碱,形成空洞状风化面。 成因:太阳辐射、冻融、可溶盐活动、降水冲淋	★★

注:劣化程度用“★”的数量表示。由少至多分别表示一般、明显、严重三个程度。

N34

N#35

N35

图片编号：N＃35	拍摄时间：2008 年	图片编号：N35	拍摄时间：2015 年

主要劣化情况比照表		
病害类型	病害状况及成因	劣化程度
表面剥离	现状：如绿线所示，砖体表面剥离现状较之前严重。 成因：温湿度及可溶盐活动为主因	★

注：劣化程度用“★”的数量表示。由少至多分别表示一般、明显、严重三个程度。

N#36

N36

图片编号：N＃36	拍摄时间：2008 年	图片编号：N36	拍摄时间：2015 年

主要劣化情况比照表		
病害类型	病害状况及成因	劣化程度
—	无明显可辨识变化	—

注：劣化程度用“★”的数量表示。由少至多分别表示一般、明显、严重三个程度。

N#37

N37

图片编号：N＃37	拍摄时间：2008 年	图片编号：N37	拍摄时间：2015 年

主要劣化情况比照表		
病害类型	病害状况及成因	劣化程度
—	无明显可识别变化	—

注：劣化程度用“★”的数量表示。由少至多分别表示一般、明显、严重三个程度。

N#38

N38

图片编号：N＃38	拍摄时间：2008 年	图片编号：N38	拍摄时间：2015 年

主要劣化情况比照表		
病害类型	病害状况及成因	劣化程度
—	无明显可辨识变化	—

注：劣化程度用“★”的数量表示。由少至多分别表示一般、明显、严重三个程度。

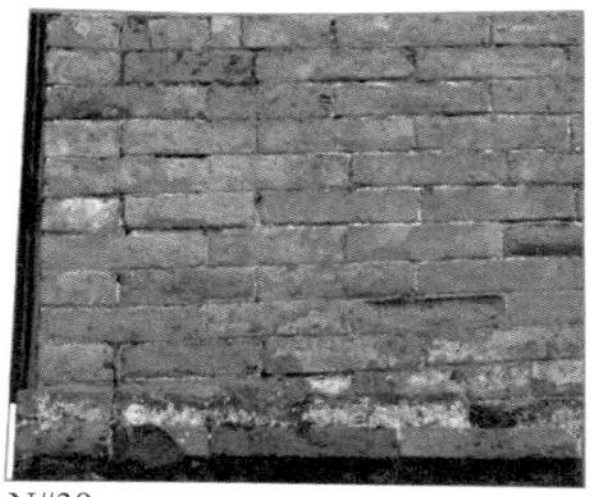

N#39

N39

图片编号：N＃39	拍摄时间：2008 年	图片编号：N39	拍摄时间：2015 年

主要劣化情况比照表		
病害类型	病害状况及成因	劣化程度
—	无明显可辨识变化	—

注：劣化程度用“★”的数量表示。由少至多分别表示一般、明显、严重三个程度。

N#40

N40

图片编号：N＃40	拍摄时间：2008 年	图片编号：N40	拍摄时间：2015 年

主要劣化情况比照表		
病害类型	病害状况及成因	劣化程度
地衣霉菌	现状：棕褐色霉菌较之前有明显扩大趋势。 成因：温湿度为主因，其他因素次之	★

注：劣化程度用“★”的数量表示。由少至多分别表示一般、明显、严重三个程度。

N#41

N41

图片编号：N＃41	拍摄时间：2008 年	图片编号：N41	拍摄时间：2015 年

主要劣化情况比照表		
病害类型	病害状况及成因	劣化程度
—	无明显可辨识变化	—

注：劣化程度用“★”的数量表示。由少至多分别表示一般、明显、严重三个程度。

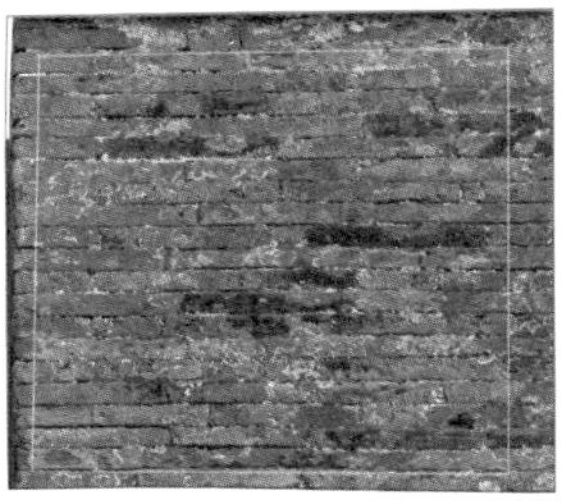

N#42

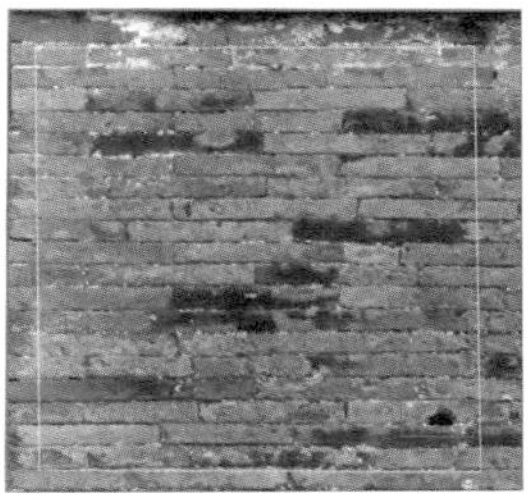

N42

图片编号：N＃42	拍摄时间：2008 年	图片编号：N42	拍摄时间：2015 年

主要劣化情况比照表		
病害类型	病害状况及成因	劣化程度
灰浆流失	现状：砖体表面原本斑驳的白灰层现已流失殆尽。 成因：雨水冲刷为主因，灰浆老化次之	★★
缺失	现状：如紫线所示，原本剥离的部位现已掏蚀呈一较深的坑洞。 成因：风蚀、温湿度和可溶盐作用为主因	★★

注：劣化程度用“★”的数量表示。由少至多分别表示一般、明显、严重三个程度。

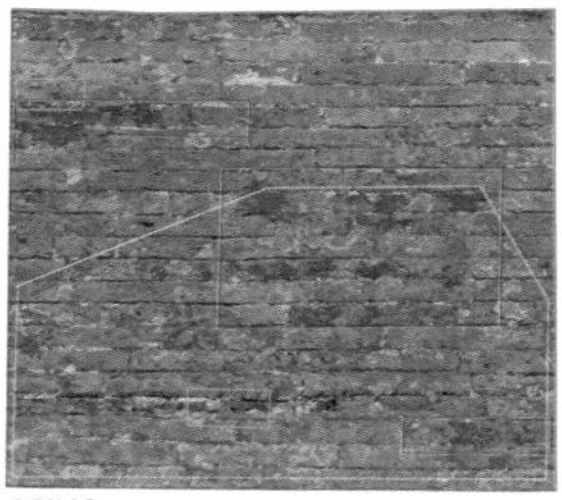

N#43

N43

图片编号：N＃43	拍摄时间：2008 年	图片编号：N43	拍摄时间：2015 年

主要劣化情况比照表

病害类型	病害状况及成因	劣化程度
灰浆流失	现状：如黄线所示，砖体表面原本斑驳的白灰层现已流失殆尽。 成因：雨水冲刷为主因，灰浆老化次之	★★
地衣霉菌	现状：如红线所示，砖体表面原本浅灰色的霉菌现已加深，面积变大。 成因：温湿度为主因	★
裂缝	现状：如蓝线所示，原砖体表面现在可以看到明显的裂缝。 成因：重力和内部应力作用	★

注：劣化程度用“★”的数量表示。由少至多分别表示一般、明显、严重三个程度。

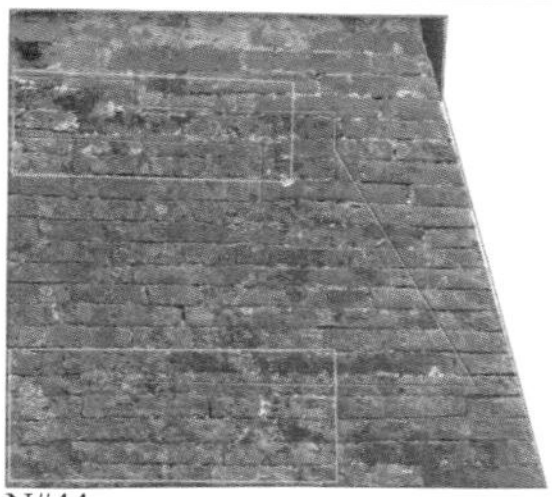

N#44

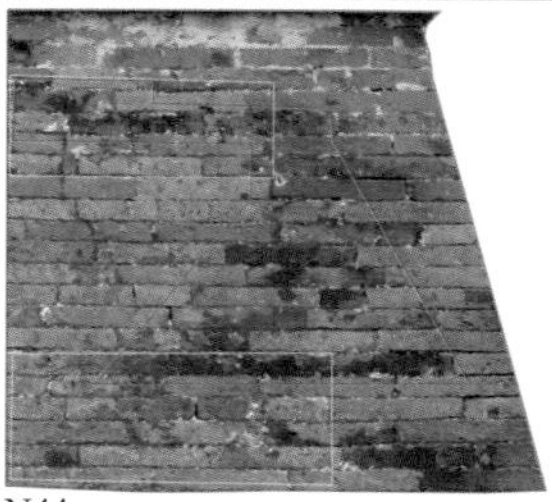

N44

图片编号：N＃44	拍摄时间：2008 年	图片编号：N44	拍摄时间：2015 年

主要劣化情况比照表

病害类型	病害状况及成因	劣化程度
灰浆流失	现状：如黄线所示，砖体表面原本斑驳的白灰层现已流失殆尽。 成因：雨水冲刷为主因，灰浆老化次之	★★
地衣霉菌	现状：如红线所示，砖体表面原本浅灰色的霉菌现已加深，面积变大。 成因：温湿度为主因	★

注：劣化程度用“★”的数量表示。由少至多分别表示一般、明显、严重三个程度。

N#45

N45

图片编号:N＃45	拍摄时间:2008 年	图片编号:N45	拍摄时间:2015 年

主要劣化情况比照表		
病害类型	病害状况及成因	劣化程度
灰浆流失	现状:如黄线所示,砖体表面原本斑驳的白灰层现已流失殆尽。 成因:雨水冲刷为主因,灰浆老化次之	★★

注:劣化程度用“★”的数量表示。由少至多分别表示一般、明显、严重三个程度。

N#46

N46

图片编号:N＃46	拍摄时间:2008 年	图片编号:N46	拍摄时间:2015 年

主要劣化情况比照表		
病害类型	病害状况及成因	劣化程度
灰浆流失	现状:如黄线所示,砖体表面原本斑驳的白灰层现已流失殆尽。 成因:雨水冲刷为主因,灰浆老化次之	★★
表面剥离	现状:如绿线所示,砖体表面原本的小片状剥离已经明显扩大。 成因:温湿度和可溶盐为主因	★

注:劣化程度用“★”的数量表示。由少至多分别表示一般、明显、严重三个程度。

N#47

N47

图片编号:N＃47	拍摄时间:2008 年	图片编号:N47	拍摄时间:2015 年

主要劣化情况比照表		
病害类型	病害状况及成因	劣化程度
灰浆流失	现状:如黄线所示,砖体表面原本斑驳的白灰层现已流失殆尽。 成因:雨水冲刷为主因,灰浆老化次之	★★

注:劣化程度用“★”的数量表示。由少至多分别表示一般、明显、严重三个程度。

N#48

N48

图片编号:N＃48	拍摄时间:2008 年	图片编号:N48	拍摄时间:2015 年

主要劣化情况比照表		
病害类型	病害状况及成因	劣化程度
灰浆流失	现状:如黄线所示,砖体表面原本斑驳的白灰层现已流失殆尽。 成因:雨水冲刷为主因,灰浆老化次之	★
表面剥离	现状:如绿线所示,砖体表面原本的小片状剥离现已明显扩大。 成因:温湿度和可溶盐活动为主因	★
缺失	现状:如紫线所示,砖体表面原本的小片状剥离现已明显扩大。 成因:温湿度和可溶盐活动为主因	★★

注:劣化程度用“★”的数量表示。由少至多分别表示一般、明显、严重三个程度。

N#49

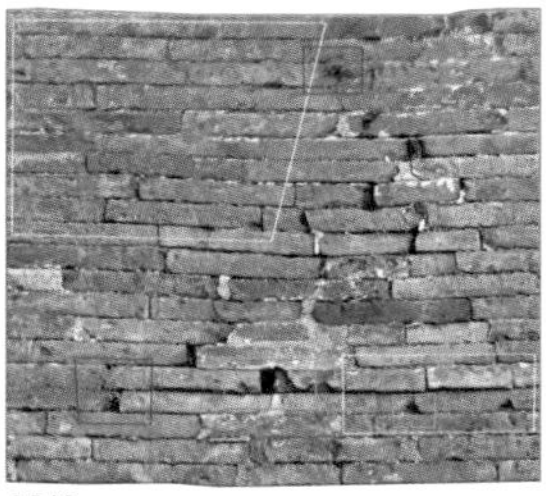

N49

图片编号：N＃49	拍摄时间：2008 年	图片编号：N49	拍摄时间：2015 年

主要劣化情况比照表

病害类型	病害状况及成因	劣化程度
灰浆流失	现状：如黄线所示，砖体表面原本斑驳的白灰层现已流失殆尽。 成因：雨水冲刷为主因，灰浆老化次之	★★
表面剥离	现状：如绿线所示，砖体表面原本的小块状缺失现已明显扩大。 成因：温湿度和可溶盐活动为主因	★
植物滋生	现状：如蓝线所示，砖缝间出现了植物。 成因：与风、温湿度、季节因素有关	★

注：劣化程度用“★”的数量表示。由少至多分别表示一般、明显、严重三个程度。

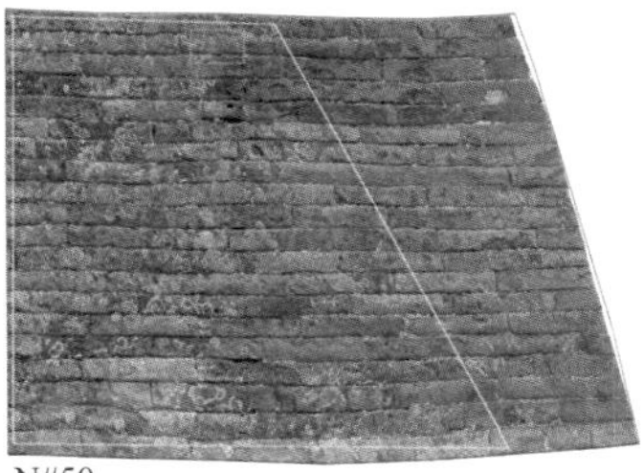

N#50

N50

图片编号：N＃50	拍摄时间：2008 年	图片编号：N50	拍摄时间：2015 年

主要劣化情况比照表

病害类型	病害状况及成因	劣化程度
灰浆流失	现状：砖缝间和砖体表面原本斑驳的白灰层现已流失殆尽。 成因：雨水冲刷为主因，灰浆老化次之	★★
表面剥离	现状：如绿线所示，原本平整的砖体表面现已出现片状剥落。 成因：温湿度和可溶盐活动为主因	★

注：劣化程度用“★”的数量表示。由少至多分别表示一般、明显、严重三个程度。

N#51

N51

图片编号:N♯51	拍摄时间:2008 年	图片编号:N51	拍摄时间:2015 年

主要劣化情况比照表

病害类型	病害状况及成因	劣化程度
灰浆流失	现状:如黄线所示,砖体表面原本斑驳的白灰层现已流失殆尽。 成因:雨水冲刷为主因,灰浆老化次之	★
表面剥离	现状:如绿线所示,原本平整的砖体表面现已出现片状剥落。 成因:温湿度和可溶盐活动为主因	★

注:劣化程度用"★"的数量表示。由少至多分别表示一般、明显、严重三个程度。

N#52

N52

图片编号:N♯52	拍摄时间:2008 年	图片编号:N52	拍摄时间:2015 年

主要劣化情况比照表

病害类型	病害状况及成因	劣化程度
表面剥离	现状:如绿线所示,砖体表面原本的小块状缺失有扩大趋势。 成因:温湿度和可溶盐活动为主因	★
植物滋生	现状:如蓝线所示,砖缝间出现了植物。 成因:与风、温湿度、季节因素有关	★

注:劣化程度用"★"的数量表示。由少至多分别表示一般、明显、严重三个程度。

N#53

N53

图片编号:N♯53	拍摄时间:2008 年	图片编号:N53	拍摄时间:2015 年

主要劣化情况比照表		
病害类型	病害状况及成因	劣化程度
灰浆流失	现状:如黄线所示,砖缝间和砖体表面原本斑驳的白灰层现已出现不同程度流失。 成因:雨水冲刷为主因	★
表面剥离	现状:如绿线所示,原本平整的砖体表面现已出现片状剥落。 成因:温湿度和可溶盐活动为主因	★
植物滋生	现状:如蓝线所示,砖缝间出现了植物。 成因:与风、温湿度、季节因素有关	★

注:劣化程度用“★”的数量表示。由少至多分别表示一般、明显、严重三个程度。

N#54

N54

图片编号:N♯54	拍摄时间:2008 年	图片编号:N54	拍摄时间:2015 年

主要劣化情况比照表		
病害类型	病害状况及成因	劣化程度
表面剥离	现状:如绿线所示,砖体表面原本的小块状缺失现已明显扩大。 成因:温湿度和可溶盐活动为主因	★
裂缝	现状:如蓝线所示,砖体表面原本细小的裂缝现已明显扩大。 成因:与重力和内部应力有关	★
植物滋生	现状:如蓝线所示,砖缝间出现了植物。 成因:与风、温湿度、季节因素有关	★

注:劣化程度用“★”的数量表示。由少至多分别表示一般、明显、严重三个程度。

N#55

N55

图片编号：N#55	拍摄时间：2008 年	图片编号：N55	拍摄时间：2015 年

主要劣化情况比照表

病害类型	病害状况及成因	劣化程度
表面剥离	现状：如绿线所示，砖体表面原本的小块状缺失现已明显扩大。 成因：温湿度和可溶盐活动为主因	★★
裂缝	现状：如蓝线所示，砖体表面原本细小的裂缝现已明显扩大。 成因：与重力和内部应力有关	★★
植物滋生	现状：如蓝线所示，砖缝间出现了植物。 成因：与风、温湿度、季节因素有关	★★

注：劣化程度用“★”的数量表示。由少至多分别表示一般、明显、严重三个程度。

N#56

N56

图片编号：N#56	拍摄时间：2008 年	图片编号：N56	拍摄时间：2015 年

主要劣化情况比照表

病害类型	病害状况及成因	劣化程度
灰浆流失	现状：砖缝间和砖体表面原本斑驳的白灰层现已流失殆尽。 成因：雨水冲刷为主因，灰浆老化次之	★★
植物滋生	现状：如蓝线所示，砖缝间出现了植物。 成因：与风、温湿度、季节因素有关	★

注：劣化程度用“★”的数量表示。由少至多分别表示一般、明显、严重三个程度。

N#57

N57

图片编号:N#57	拍摄时间:2008 年	图片编号:N57	拍摄时间:2015 年

主要劣化情况比照表

病害类型	病害状况及成因	劣化程度
表面剥离	现状:如绿线所示,砖体表面原本的粉状剥离现象现已明显扩大。 成因:温湿度和可溶盐活动为主因	★★

注:劣化程度用“★”的数量表示。由少至多分别表示一般、明显、严重三个程度。

N#58

N58

图片编号:N#58	拍摄时间:2008 年	图片编号:N58	拍摄时间:2015 年

主要劣化情况比照表

病害类型	病害状况及成因	劣化程度
表面剥离	现状:如绿线所示,砖体表面原本的小块状缺失现已明显扩大。 成因:温湿度和可溶盐活动为主因	★★
裂缝	现状:如蓝线所示,砖体表面原本细小的裂缝有扩大趋势。 成因:与重力和内部应力有关	★
缺失	现状:如紫线所示,砖体表面原本完整的地方现已缺失一小块。 成因:多种可能因素	★

注:劣化程度用“★”的数量表示。由少至多分别表示一般、明显、严重三个程度。

N#59

N59

图片编号：N＃59	拍摄时间：2008 年	图片编号：N59	拍摄时间：2015 年

主要劣化情况比照表		
病害类型	病害状况及成因	劣化程度
表面剥离	现状：如绿线所示，砖体表面原本的小坑窝呈现加深趋势。 成因：雨水冲刷、温湿度和可溶盐活动为主因	★

注：劣化程度用“★”的数量表示。由少至多分别表示一般、明显、严重三个程度。

N#60

N60

图片编号：N＃60	拍摄时间：2008 年	图片编号：N60	拍摄时间：2015 年

主要劣化情况比照表		
病害类型	病害状况及成因	劣化程度
表面剥离	现状：如绿线所示，砖体表面的粉状剥离程度有明显加深趋势。 成因：雨水冲刷、温湿度和可溶盐作用为主因	★★
裂缝	现状：如蓝线所示，砖体表面原本细小的裂缝有较明显扩大趋势。 成因：与重力和内部应力有关	★

注：劣化程度用“★”的数量表示。由少至多分别表示一般、明显、严重三个程度。

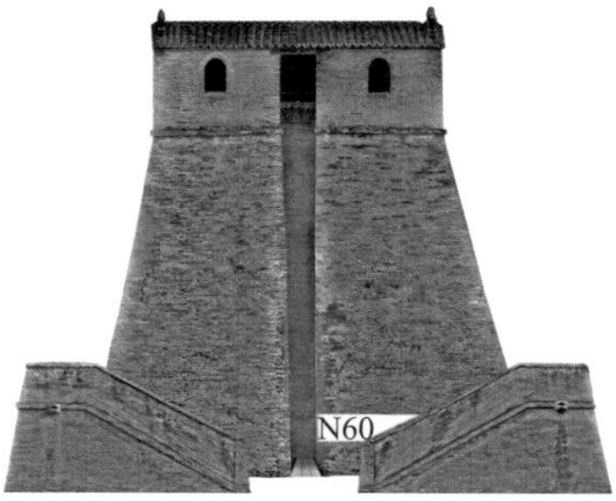

N#61

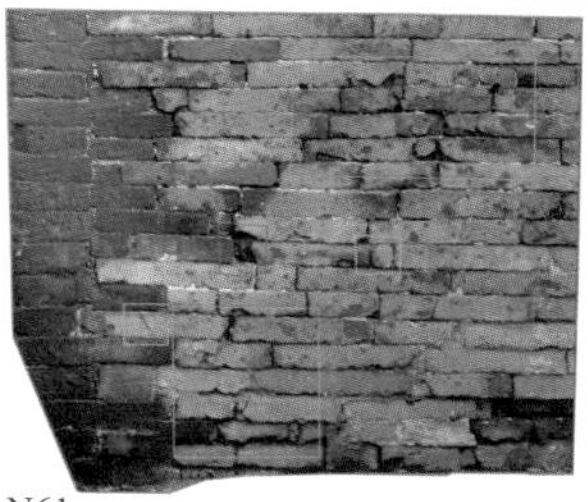

N61

图片编号:N#61	拍摄时间:2008年	图片编号:N61	拍摄时间:2015年

主要劣化情况比照表

病害类型	病害状况及成因	劣化程度
表面剥离	现状:如绿线所示,砖体表面原本的小坑窝呈现加深趋势。 成因:雨水冲刷、温湿度和可溶盐活动为主因	★★
裂缝	现状:如蓝线所示,原本完整的砖体表面出现了几处新的裂缝。 成因:与重力和内部应力有关	★
缺失	现状:如紫线所示,砖体表面原本较为完整的地方现已缺失一小块。 成因:多种可能因素	★

注:劣化程度用“★”的数量表示。由少至多分别表示一般、明显、严重三个程度。

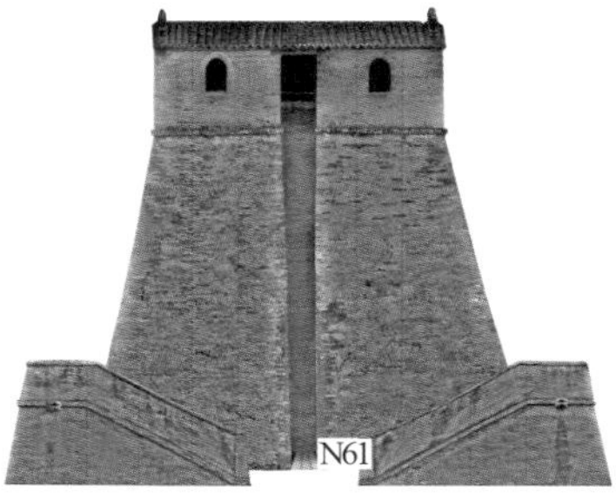

N#62

N62

图片编号:N#62	拍摄时间:2008年	图片编号:N62	拍摄时间:2015年

主要劣化情况比照表

病害类型	病害状况及成因	劣化程度
地衣霉菌	现状:如红线所示,砖体表面有较多黑色霉菌滋生。 成因:温湿度为主因	★
表面剥离	现状:如绿线所示,砖体表面出现了较明显的酥粉现象。 成因:温湿度及可溶盐活动为主因	★
缺失	现状:如紫线所示,压砖石层状节理剥落严重,形成缺失。 成因:自然老化及断裂为主因	★★

注:劣化程度用“★”的数量表示。由少至多分别表示一般、明显、严重三个程度。

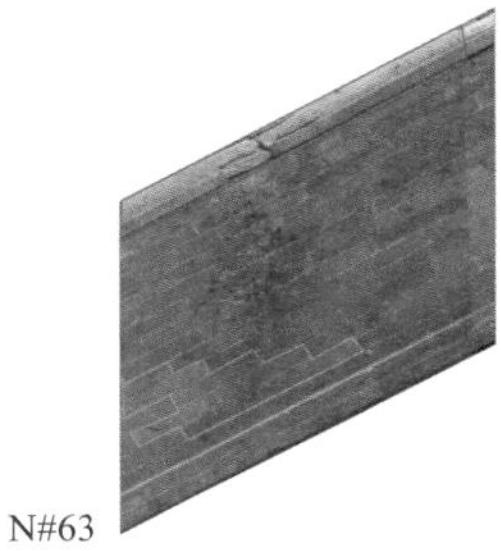

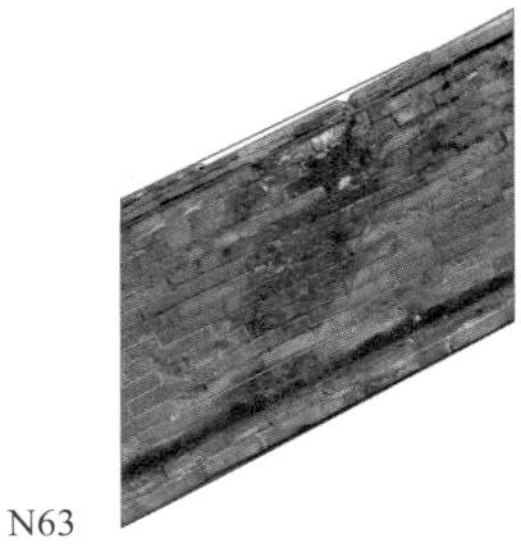

图片编号:N＃63	拍摄时间:2008 年	图片编号:N63	拍摄时间:2015 年

主要劣化情况比照表		
病害类型	病害状况及成因	劣化程度
缺失	现状:如紫线所示,压砖石层状节理剥落严重,造成缺失。 成因:自然老化及断裂为主因	★★
表面剥离	现状:如绿线所示,砖体表面酥碱粉化状况加重。 成因:温湿度及可溶盐活动为主因	★
地衣霉菌	现状:如红线所示,砖体表面有黑色霉菌滋生。 成因:温湿度为主因	★

注:劣化程度用“★”的数量表示。由少至多分别表示一般、明显、严重三个程度。

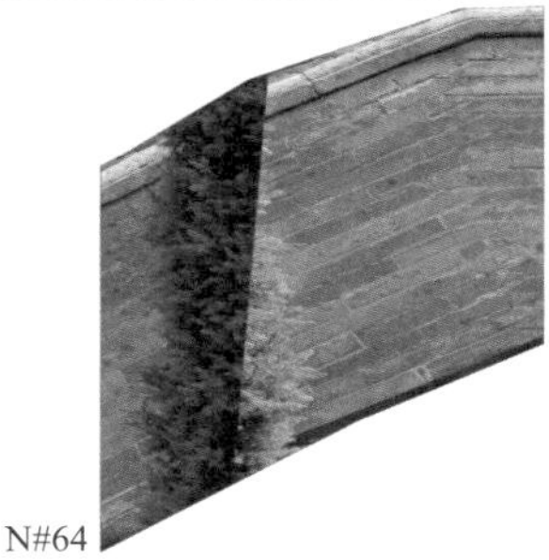

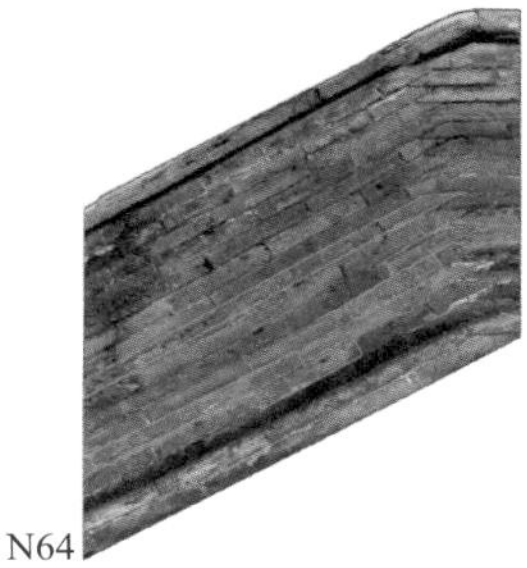

图片编号:N＃64	拍摄时间:2008 年	图片编号:N64	拍摄时间:2015 年

主要劣化情况比照表		
病害类型	病害状况及成因	劣化程度
表面剥离	现状:局部砖体表面酥碱较之前严重。 成因:温湿度及可溶盐活动为主因	★

注:劣化程度用“★”的数量表示。由少至多分别表示一般、明显、严重三个程度。

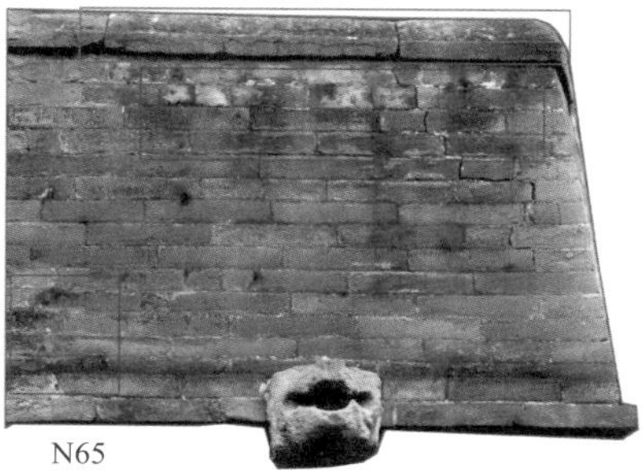

图片编号：N＃65	拍摄时间：2008 年	图片编号：N65	拍摄时间：2015 年

主要劣化情况比照表		
病害类型	病害状况及成因	劣化程度
地衣霉菌	现状：砖体表面有少量黑色霉菌滋生。 成因：温湿度为主因	★

注：劣化程度用“★”的数量表示。由少至多分别表示一般、明显、严重三个程度。

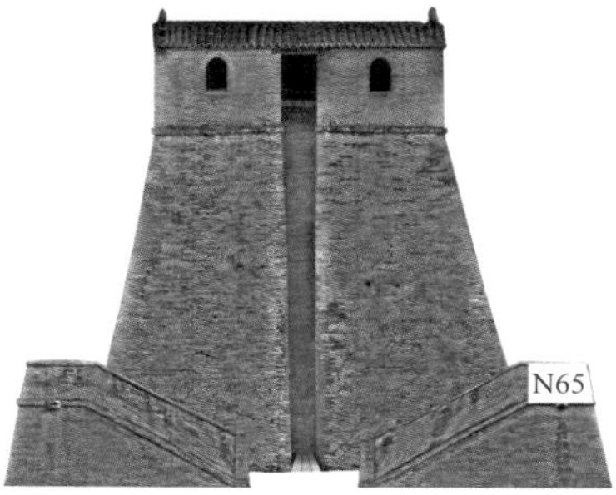

图片编号：N＃66	拍摄时间：2008 年	图片编号：N66	拍摄时间：2015 年

主要劣化情况比照表		
病害类型	病害状况及成因	劣化程度
地衣霉菌	现状：如红线所示，砖体表面有少量黑色霉菌滋生。 成因：温湿度为主因	★
表面剥离	现状：如绿线所示，砖体表面酥粉现象较之前严重。 成因：温湿度及可溶盐活动为主因	★

注：劣化程度用“★”的数量表示。由少至多分别表示一般、明显、严重三个程度。

N#67

N67

图片编号:N＃67	拍摄时间:2008 年	图片编号:N67	拍摄时间:2015 年

主要劣化情况比照表		
病害类型	病害状况及成因	劣化程度
灰浆流失	现状:排水口下面砖体表面黑色霉菌数量变多。 成因:温湿度及季节为主因	★

注：劣化程度用“★”的数量表示。由少至多分别表示一般、明显、严重三个程度。

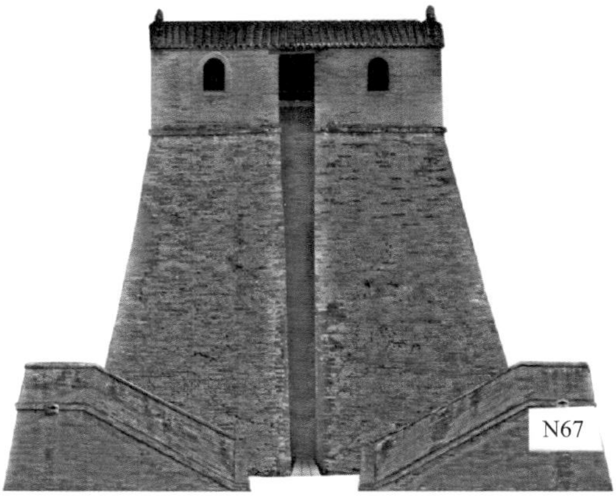

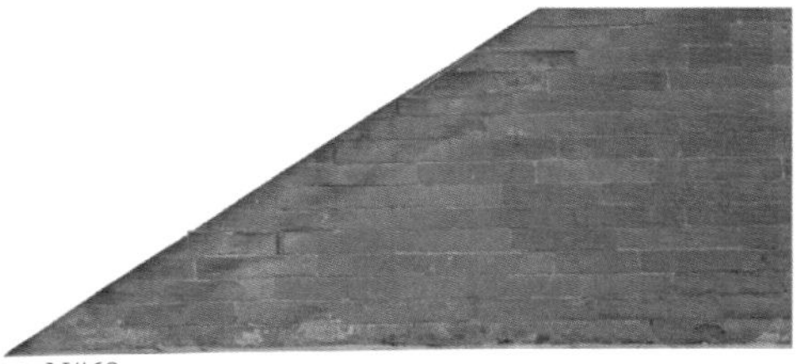

N#68

N68

图片编号:N＃68	拍摄时间:2008 年	图片编号:N68	拍摄时间:2015 年

主要劣化情况比照表		
病害类型	病害状况及成因	劣化程度
缺失	现状:砖体表面酥粉现象严重，造成表面缺失。 成因:温湿度及可溶盐活动为主因	★

注：劣化程度用“★”的数量表示。由少至多分别表示一般、明显、严重三个程度。

N#69

N69

图片编号：N＃69	拍摄时间：2008 年	图片编号：N69	拍摄时间：2015 年

主要劣化情况比照表		
病害类型	病害状况及成因	劣化程度
—	无明显可识别变化	—

注：劣化程度用“★”的数量表示。由少至多分别表示一般、明显、严重三个程度。

N#70

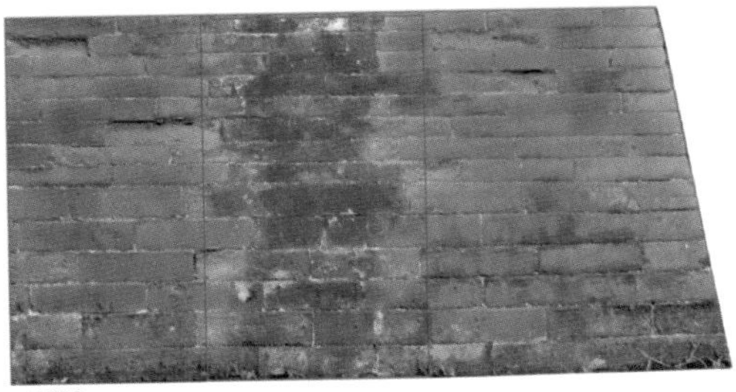

N70

图片编号：N＃70	拍摄时间：2008 年	图片编号：N70	拍摄时间：2015 年

主要劣化情况比照表		
病害类型	病害状况及成因	劣化程度
地衣霉菌	现状：砖体表面黑色霉菌较之前变多。 成因：与温湿度及季节有关	★★

注：劣化程度用“★”的数量表示。由少至多分别表示一般、明显、严重三个程度。

3.2 南立面病害调查及对比分析

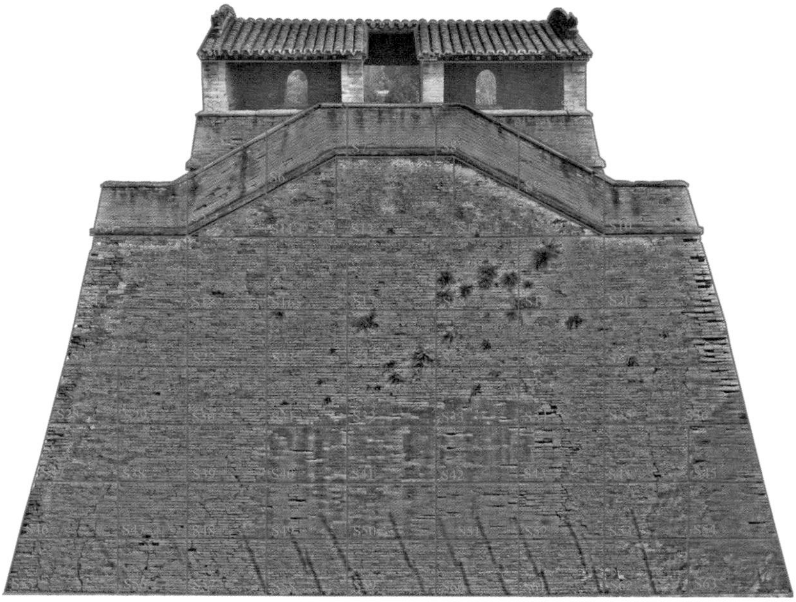

南立面索引

S#4

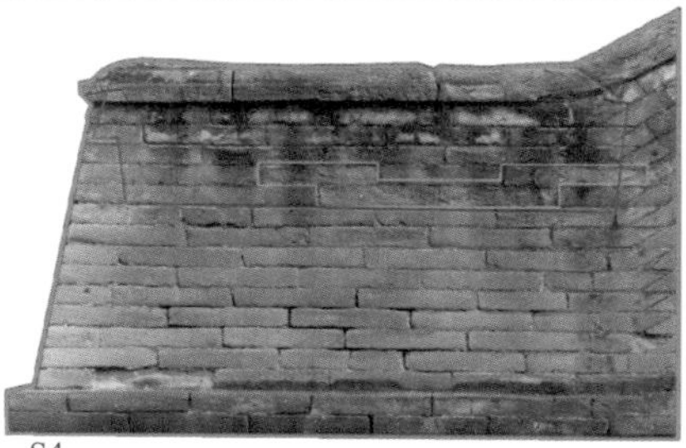

S4

图片编号:S#4	拍摄时间:2008年	图片编号:S4	拍摄时间:2015年

主要劣化情况比照表		
病害类型	病害状况及成因	劣化程度
表面剥离	现状:如绿线所示,砖体表面粉状酥碱程度加深。 成因:温湿度及可溶盐活动为主因	★
地衣霉菌	现状:如红线所示,地衣霉菌滋生体量较之前有明显的扩大。 成因:潮湿环境为主因,其他因素次之	★★

注:劣化程度用“★”的数量表示。由少至多分别表示一般、明显、严重三个程度。

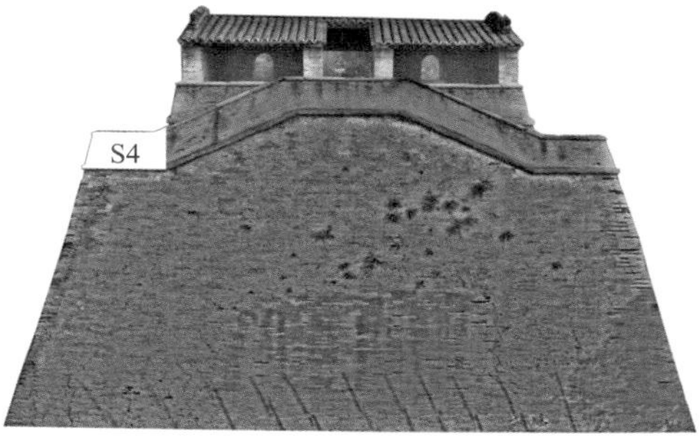

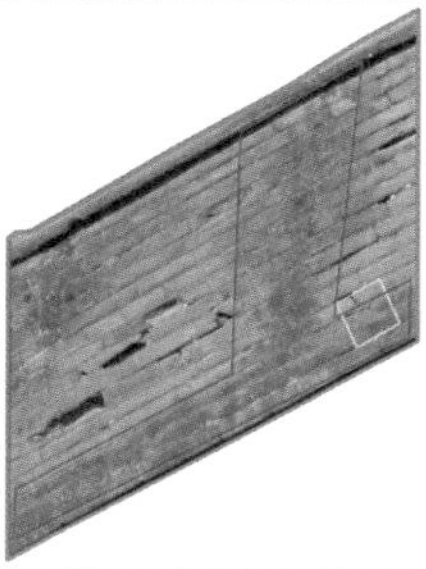

S#5

S5

图片编号:S♯5	拍摄时间:2008年	图片编号:S5	拍摄时间:2015年

主要劣化情况比照表

病害类型	病害状况及成因	劣化程度
灰浆流失	现状:如黄线所示,砖体间原本涂抹的灰缝浆流失明显。 成因:雨水冲刷为主,灰浆老化次之	★★
地衣霉菌	现状:如红线所示,地衣霉菌滋生体量较之前有明显扩大。 成因:潮湿环境为主因,其他因素次之	★★
表面剥离	现状:如绿线所示,砖体粉状剥落程度明显加深。 成因:温湿度及可溶盐活动为主因	★

注:劣化程度用“★”的数量表示。由少至多分别表示一般、明显、严重三个程度。

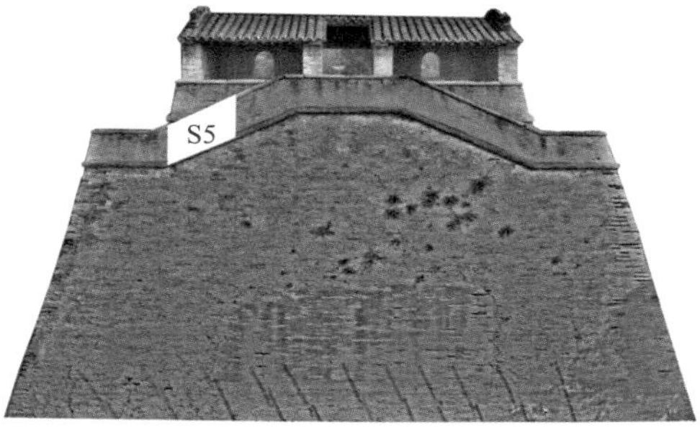

S#6

S6

图片编号:S♯6	拍摄时间:2008年	图片编号:S6	拍摄时间:2015年

主要劣化情况比照表

病害类型	病害状况及成因	劣化程度
缺失	现状:如紫线所示,宇墙压面石块状剥落缺失。 成因:外力作用、雨水冲刷及冻融破坏等综合作用	★★
地衣霉菌	现状:如红线所示,地衣霉菌体量较之前有明显的增多。 成因:潮湿环境为主因,其他因素次之	★

注:劣化程度用“★”的数量表示。由少至多分别表示一般、明显、严重三个程度。

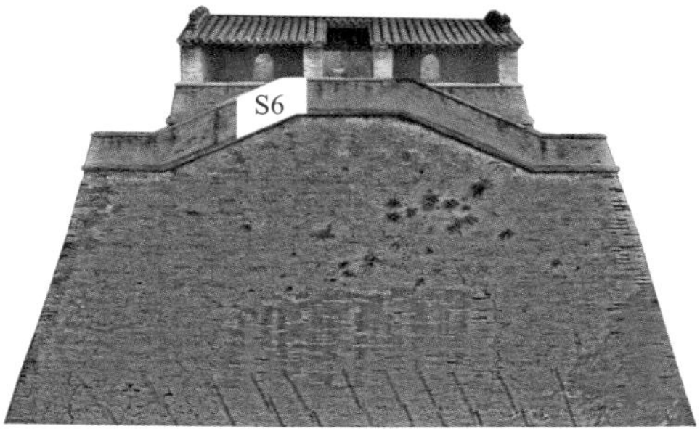

S#7

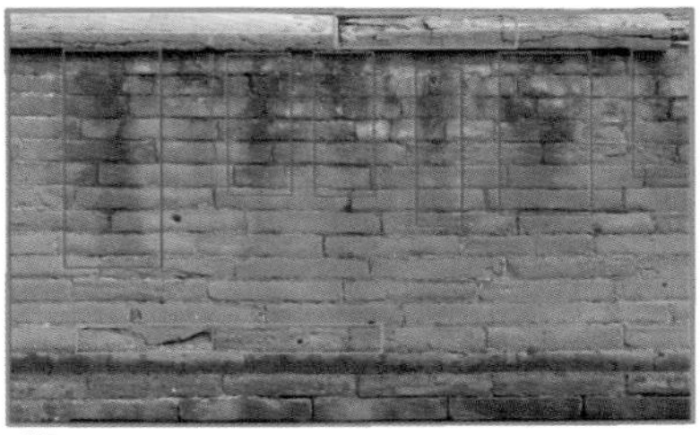

S7

图片编号:S#7	拍摄时间:2008 年	图片编号:S7	拍摄时间:2015 年

主要劣化情况比照表		
病害类型	病害状况及成因	劣化程度
表面剥离	现状:如绿线所示,砖体表面粉状、片状剥落加深;压面石表层剥落程度加深。 成因:潮湿环境及可溶盐活动为主因	★
地衣霉菌	现状:如红线所示,地衣霉菌滋生体量较之前明显。 成因:潮湿环境为主因,其他因素次之	★

注:劣化程度用“★”的数量表示。由少至多分别表示一般、明显、严重三个程度。

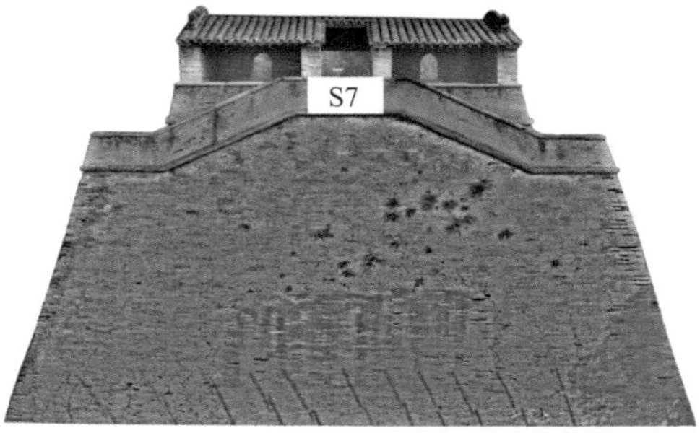

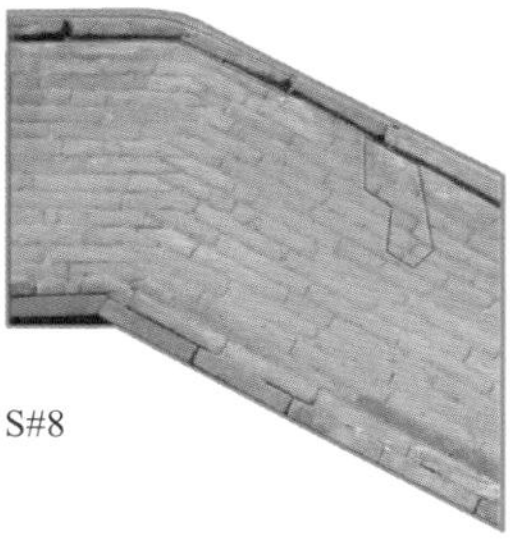

S#8

S8

图片编号:S#8	拍摄时间:2008 年	图片编号:S8	拍摄时间:2015 年

主要劣化情况比照表		
病害类型	病害状况及成因	劣化程度
缺失	现状:如紫线所示,宇墙压面石出现多块缺失。 成因:外力、雨水冲刷及冻融等各种因素作用	★★
地衣霉菌	现状:如红线所示,宇墙压面石断裂位置出现了明显的微生物滋生。 成因:潮湿环境为主因,其他因素次之	★

注:劣化程度用“★”的数量表示。由少至多分别表示一般、明显、严重三个程度。

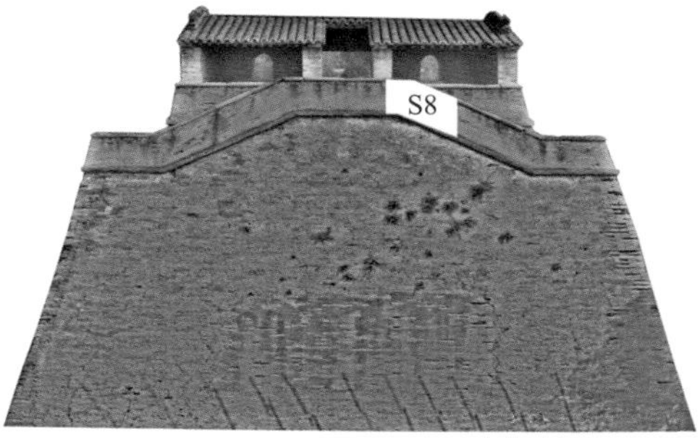

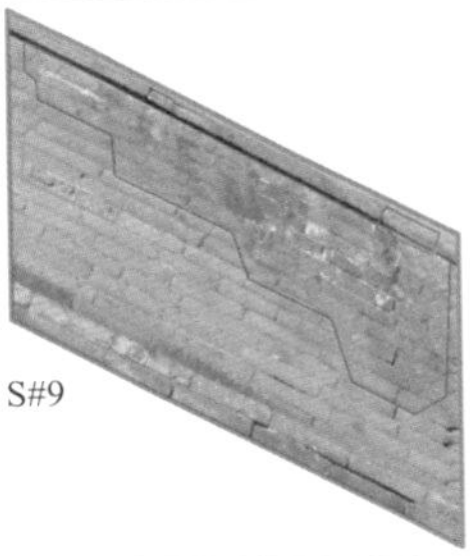

S#9

S9

图片编号：S＃9	拍摄时间：2008 年	图片编号：S9	拍摄时间：2015 年

主要劣化情况比照表

病害类型	病害状况及成因	劣化程度
表面剥离	现状：如绿线所示，砖体表面粉状剥离程度持续加深。 成因：温湿度及可溶盐活动为主因	★★
地衣霉菌	现状：如红线所示，地衣霉菌面积较之前有明显的扩大趋势。 成因：潮湿环境为主因，其他因素次之	★★
缺失	现状：如紫线所示，压面石与砖体衔接处出现明显缺失。 成因：外力、雨水冲刷及冻融等各种因素作用	★★

注：劣化程度用“★”的数量表示。由少至多分别表示一般、明显、严重三个程度。

S#10

S10

图片编号：S＃10	拍摄时间：2008 年	图片编号：S10	拍摄时间：2015 年

主要劣化情况比照表

病害类型	病害状况及成因	劣化程度
表面剥离	现状：如绿线所示，砖体表面粉状剥离加深，岩溶坑有明显扩大缺失。 成因：温湿度及可溶盐活动为主因	★
地衣霉菌	现状：如红线所示，地衣霉菌面积及体量较之前有明显的扩大。 成因：潮湿环境为主因，其他因素次之	★★
缺失	现状：如紫线所示，原砖体粉化酥碱较之前严重，已形成缺失。 成因：温湿度及可溶盐综合作用形成	★

注：劣化程度用“★”的数量表示。由少至多分别表示一般、明显、严重三个程度。

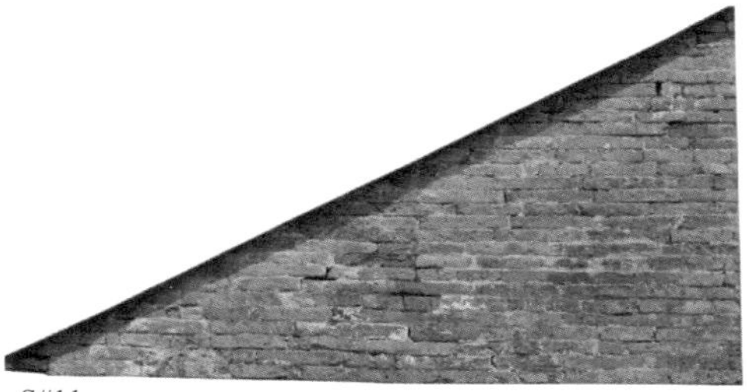

S#11

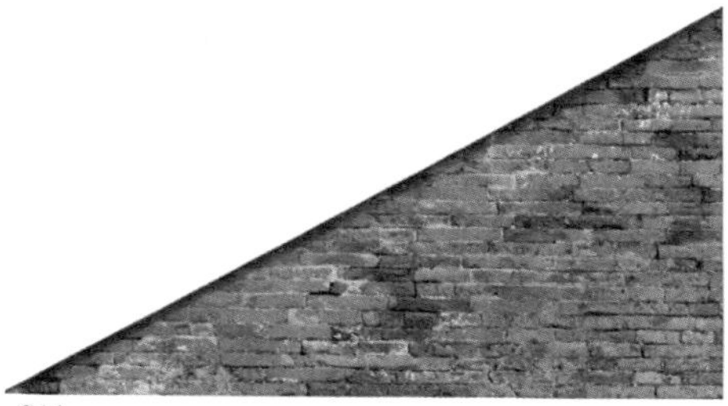

S11

图片编号:S＃11	拍摄时间:2008 年	图片编号:S11	拍摄时间:2015 年

主要劣化情况比照表

病害类型	病害状况及成因	劣化程度
灰浆流失	现状:砖体间原本密实的灰浆出现了明显的空隙。 成因:雨水冲刷为主因,灰浆老化次之	★★
地衣霉菌	现状:地衣霉菌面积较之前有明显扩大趋势。 成因:潮湿环境为主因,其他因素次之	★

注:劣化程度用“★”的数量表示。由少至多分别表示一般、明显、严重三个程度。

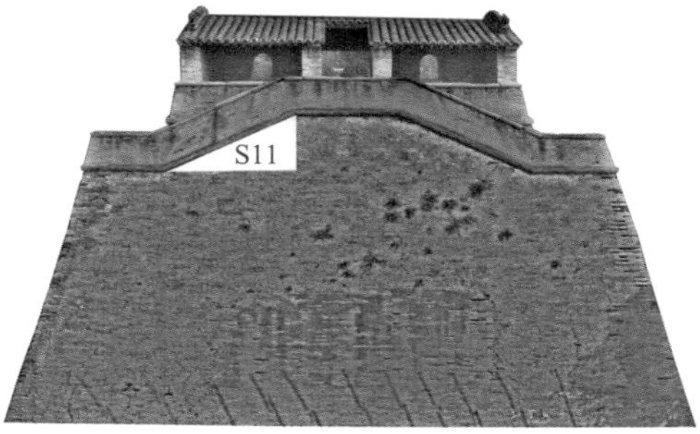

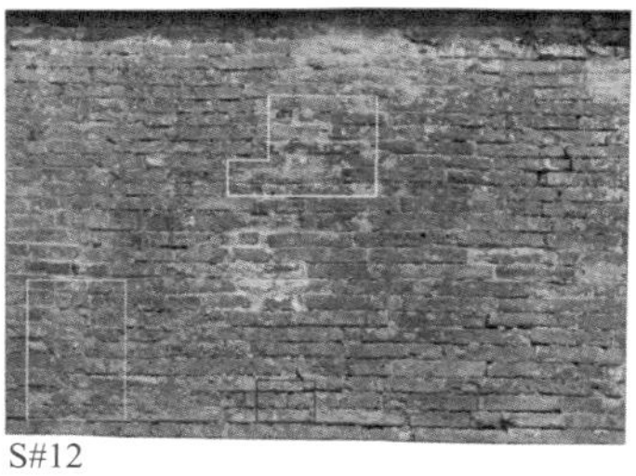

S#12

S12

图片编号:S＃12	拍摄时间:2008 年	图片编号:S12	拍摄时间:2015 年

主要劣化情况比照表

病害类型	病害状况及成因	劣化程度
灰浆流失	现状:如黄线所示,砖体间原本密实的灰浆出现了明显的空隙。 成因:雨水冲刷为主因,灰浆老化次之	★
植物滋生	现状:如蓝线所示,砖缝间有草本植物生长。 成因:与潮湿环境、季节、风向有关	★

注:劣化程度用“★”的数量表示。由少至多分别表示一般、明显、严重三个程度。

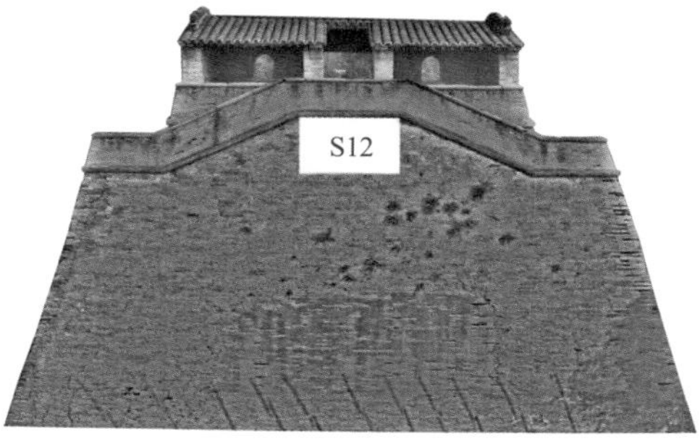

S#13

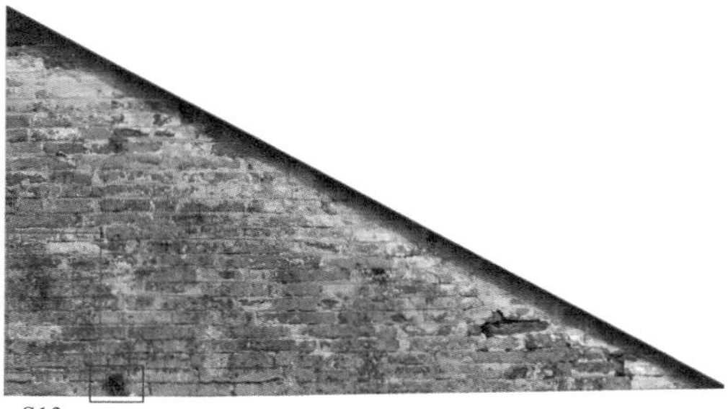

S13

图片编号：S＃13	拍摄时间：2008年	图片编号：S13	拍摄时间：2015年

主要劣化情况比照表		
病害类型	病害状况及成因	劣化程度
地衣霉菌	现状：如红线所示，砖体表面明显有地衣霉菌生长。 成因：潮湿环境及温度为主因，其他因素次之	★
植物滋生	现状：如蓝线所示，砖缝间有枯死植物。 成因：与温湿度、季节、风向有关	★

注：劣化程度用“★”的数量表示。由少至多分别表示一般、明显、严重三个程度。

S#15

S15

图片编号：S＃15	拍摄时间：2008年	图片编号：S15	拍摄时间：2015年

主要劣化情况比照表		
病害类型	病害状况及成因	劣化程度
—	无明显可识别变化	—

注：劣化程度用“★”的数量表示。由少至多分别表示一般、明显、严重三个程度。

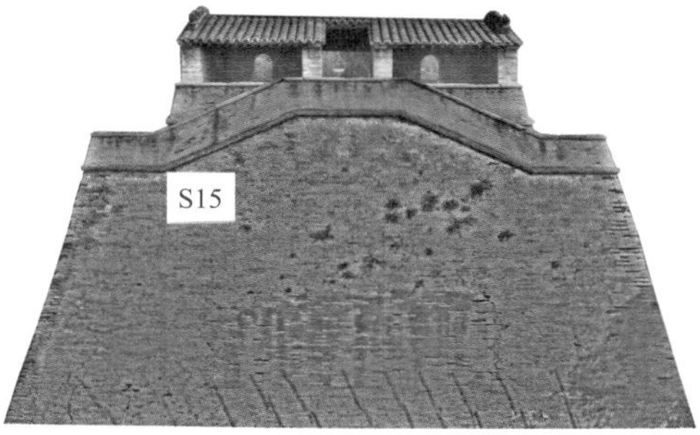

S#16

S16

图片编号:S#16	拍摄时间:2008年	图片编号:S16	拍摄时间:2015年

主要劣化情况比照表		
病害类型	病害状况及成因	劣化程度
表面剥离	现状:砖体表面有岩溶坑洞出现。 成因:温湿度及可溶盐活动为主因	★

注:劣化程度用“★”的数量表示。由少至多分别表示一般、明显、严重三个程度。

S#17

S17

图片编号:S#17	拍摄时间:2008年	图片编号:S17	拍摄时间:2015年

主要劣化情况比照表		
病害类型	病害状况及成因	劣化程度
表面剥离	现状:如绿线所示,部分砖体表面层状剥离加重,部分有新的岩溶坑出现。 成因:温湿度及可溶盐活动为主因	★
地衣霉菌	现状:如红线所示,砖表面较之前有较多地衣霉菌生长。 成因:潮湿环境及温度为主因,其他因素次之	★

注:劣化程度用“★”的数量表示。由少至多分别表示一般、明显、严重三个程度。

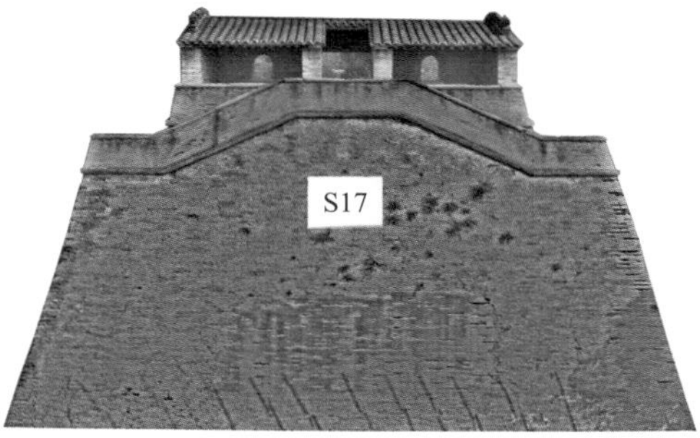

图片编号：S＃18	拍摄时间：2008 年	图片编号：S18	拍摄时间：2015 年

主要劣化情况比照表

病害类型	病害状况及成因	劣化程度
灰浆流失	现状：如黄线所示，砖体表面原本白灰层出现流失。 成因：雨水冲刷为主因，灰浆老化次之	★
植物滋生	现状：如蓝线所示，砖缝间有多株植物生长。 成因：与温湿度、季节、风向等因素有关	★★
表面剥离	现状：如绿线所示，砖体表面有较多小岩溶坑洞出现。 成因：温湿度及可溶盐活动为主因	★

注：劣化程度用"★"的数量表示。由少至多分别表示一般、明显、严重三个程度。

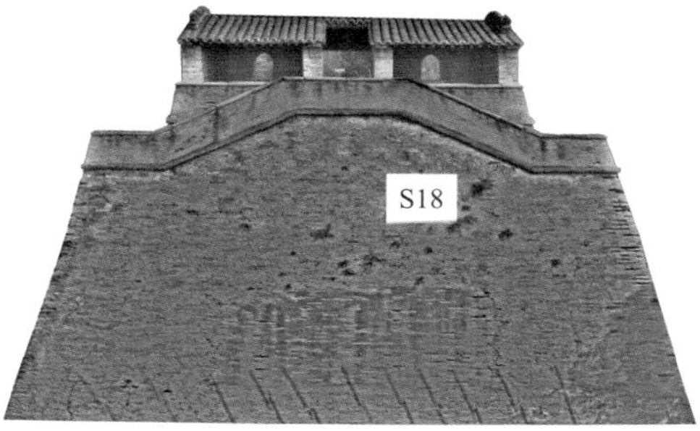

图片编号：S＃19	拍摄时间：2008 年	图片编号：S19	拍摄时间：2015 年

主要劣化情况比照表

病害类型	病害状况及成因	劣化程度
灰浆流失	现状：如黄线所示，砖体表面原本白灰层有明显流失。 成因：雨水冲刷为主因，灰浆老化次之	★
植物滋生	现状：如蓝线所示，砖缝间有多株植物生长。 成因：与温湿度、季节、风向有关	★★

注：劣化程度用"★"的数量表示。由少至多分别表示一般、明显、严重三个程度。

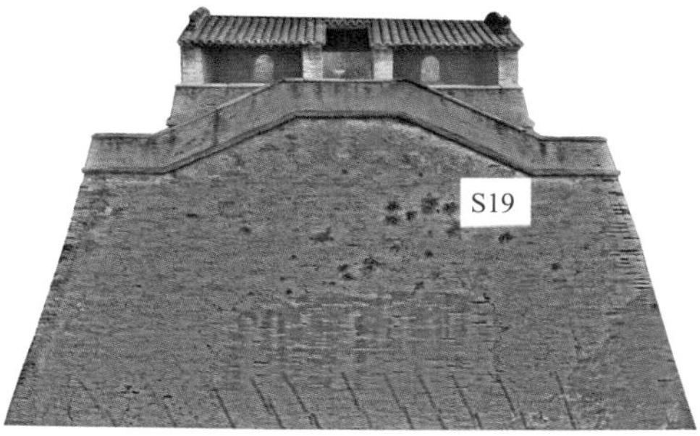

S#20

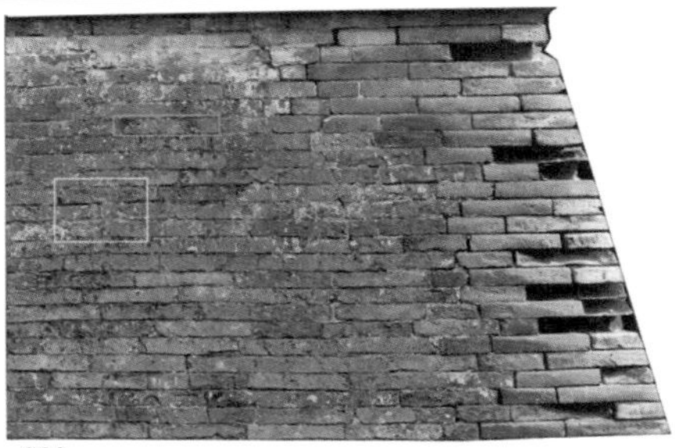
S20

图片编号:S♯20	拍摄时间:2008 年	图片编号:S20	拍摄时间:2015 年

主要劣化情况比照表		
病害类型	病害状况及成因	劣化程度
灰浆流失	现状:如黄线所示,砖体表面原本白灰层出现了明显流失。 成因:雨水冲刷为主因,灰浆老化次之	★
表面剥离	现状:如绿线所示,砖体表面岩溶坑洞变深,面积变大。 成因:温湿度及可溶盐活动为主因	★

注：劣化程度用“★”的数量表示。由少至多分别表示一般、明显、严重三个程度。

S#22

S22

图片编号:S♯22	拍摄时间:2008 年	图片编号:S22	拍摄时间:2015 年

主要劣化情况比照表		
病害类型	病害状况及成因	劣化程度
灰浆流失	现状:如黄线所示,砖体间原本的灰浆出现了明显的空隙。 成因:雨水冲刷为主因,灰浆老化次之	★
表面剥离	现状:如绿线所示,砖体表面剥离现象变严重,盐溶坑面积扩大。 成因:温湿度及可溶盐活动为主因	★

注：劣化程度用“★”的数量表示。由少至多分别表示一般、明显、严重三个程度。

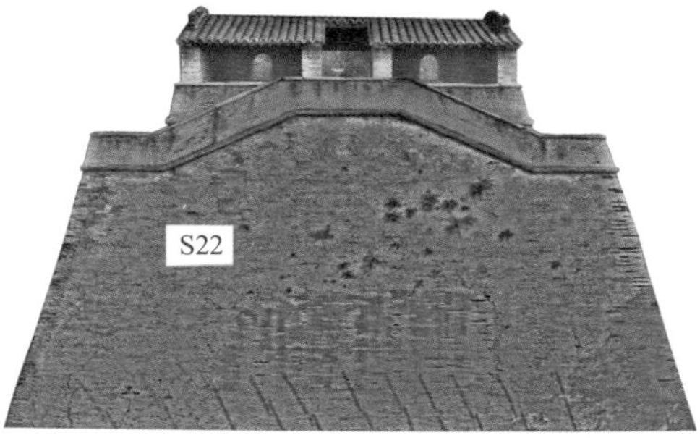

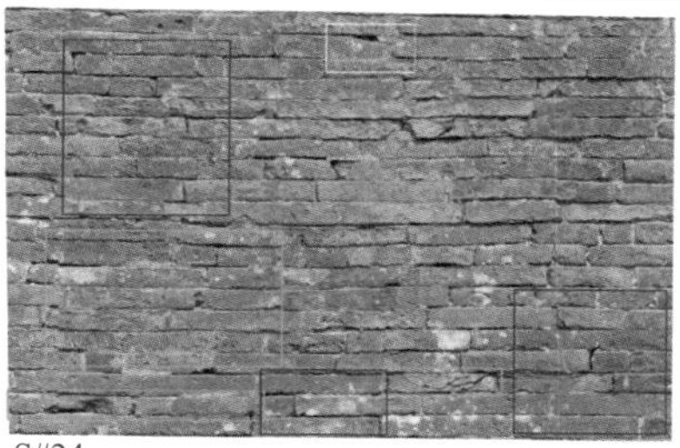

S#24

S24

图片编号:S#24	拍摄时间:2008年	图片编号:S24	拍摄时间:2015年

主要劣化情况比照表		
病害类型	病害状况及成因	劣化程度
灰浆流失	现状:如绿线所示,砖体表面片状剥离与盐溶坑的剥离程度均有所加重。 成因:温湿度及可溶盐活动为主因	★★
植物滋生	现状:如蓝线所示,砖体间有多株植物滋生。 成因:与风向、季节、温湿度有关	★
灰浆流失	现状:如黄线所示,砖体表面原本敷裹的白灰层出现了明显的流失。 成因:雨水冲刷为主因,灰浆老化次之	★

注:劣化程度用"★"的数量表示。由少至多分别表示一般、明显、严重三个程度。

S#25

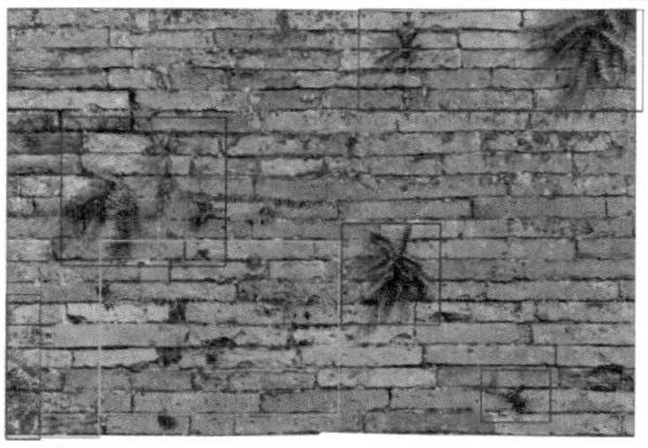

S25

图片编号:S#25	拍摄时间:2008年	图片编号:S25	拍摄时间:2015年

主要劣化情况比照表		
病害类型	病害状况及成因	劣化程度
灰浆流失	现状:如黄线所示,砖体表面原本敷裹的白灰层出现了流失。 成因:雨水冲刷为主因,灰浆老化次之	★★
植物滋生	现状:如蓝线所示,砖缝间有多株植物生长。 成因:与风向、季节与温湿度有关	★

注:劣化程度用"★"的数量表示。由少至多分别表示一般、明显、严重三个程度。

S#26

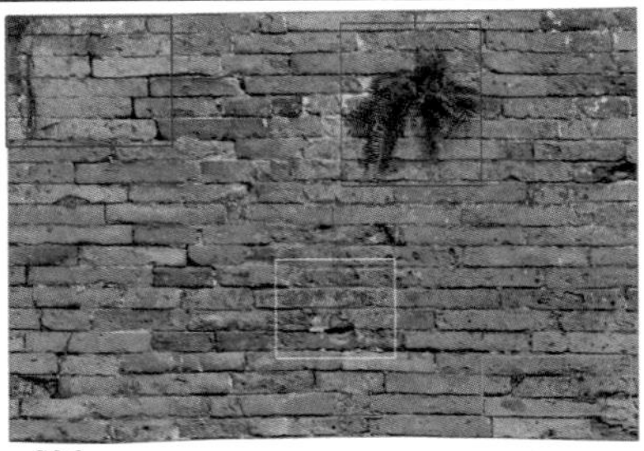

S26

图片编号:S＃26	拍摄时间:2008 年	图片编号:S26	拍摄时间:2015 年

主要劣化情况比照表		
病害类型	病害状况及成因	劣化程度
灰浆流失	现状:如黄线所示,砖体表面敷裹的白灰层出现了明显的流失。 成因:雨水冲刷为主因,灰浆老化次之	★★
表面剥离	现状:如绿线所示,砖体间表面剥离程度较之前加重。 成因:温湿度及可溶盐活动为主因	★
植物滋生	现状:如蓝线所示,砖体间有多株植物生长。 成因:与风向、季节和温湿度有关	★★

注:劣化程度用“★”的数量表示。由少至多分别表示一般、明显、严重三个程度。

S#28

S28

图片编号:S＃28	拍摄时间:2008 年	图片编号:S28	拍摄时间:2015 年

主要劣化情况比照表		
病害类型	病害状况及成因	劣化程度
灰浆流失	现状:如黄线所示,砖体间原本密实的灰浆出现了明显的空隙。 成因:雨水冲刷为主因,灰浆老化次之	★★
地衣霉菌	现状:如蓝线所示,砖体表面出现了新裂缝。 成因:重力及内部应力综合作用	★★

注:劣化程度用“★”的数量表示。由少至多分别表示一般、明显、严重三个程度。

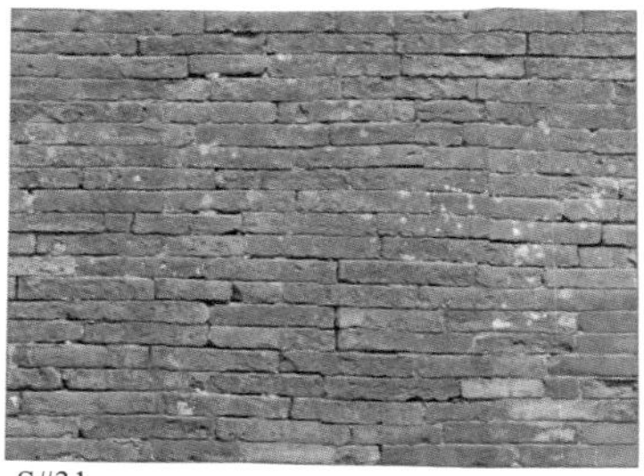

S#31

S31

图片编号:S＃31	拍摄时间:2008 年	图片编号:S31	拍摄时间:2015 年

主要劣化情况比照表		
病害类型	病害状况及成因	劣化程度
灰浆流失	现状:如黄线所示,砖体间原本密实的灰浆出现了明显的空隙。 成因:雨水冲刷为主因,灰浆老化次之	★
植物滋生	现状:如蓝线所示,砖缝间有多株植物生长。 成因:与风向、温湿度及季节有关	★
表面剥离	现状:如绿线所示,砖体表面剥离程度变大,盐溶坑变大。 成因:温湿度及可溶盐活动为主因	★

注:劣化程度用“★”的数量表示。由少至多分别表示一般、明显、严重三个程度。

S#32

S32

图片编号:S＃32	拍摄时间:2008 年	图片编号:S32	拍摄时间:2015 年

主要劣化情况比照表		
病害类型	病害状况及成因	劣化程度
表面剥离	现状:如绿线所示,砖体表面剥离程度加重,有新的岩溶坑出现。 成因:温湿度及可溶盐活动为主因	★★
植物滋生	现状:如蓝线所示,砖缝间有多株植物生长。 成因:与季节、温湿度有关	★

注:劣化程度用“★”的数量表示。由少至多分别表示一般、明显、严重三个程度。

S#33

S33

图片编号:S♯33	拍摄时间:2008 年	图片编号:S33	拍摄时间:2015 年

主要劣化情况比照表		
病害类型	病害状况及成因	劣化程度
灰浆流失	现状:如黄线所示,砖体表面敷裹灰浆层有流失现象。 成因:雨水冲刷为主因,灰浆老化次之	★
植物滋生	现状:如蓝线所示,砖缝间有植物生长。 成因:与温湿度、季节有关	★

注:劣化程度用“★”的数量表示。由少至多分别表示一般、明显、严重三个程度。

S#34

S34

图片编号:S♯34	拍摄时间:2008 年	图片编号:S34	拍摄时间:2015 年

主要劣化情况比照表		
病害类型	病害状况及成因	劣化程度
灰浆流失	现状:如黄线所示,砖体表面及砖缝间均有灰浆流失。 成因:雨水冲刷为主因,灰浆老化次之	★
植物滋生	现状:如蓝线所示,砖缝间有多株植物滋生。 成因:与季节、温湿度有关	★

注:劣化程度用“★”的数量表示。由少至多分别表示一般、明显、严重三个程度。

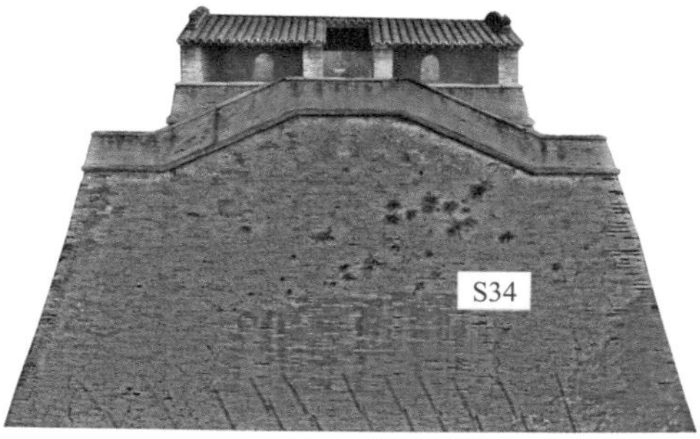

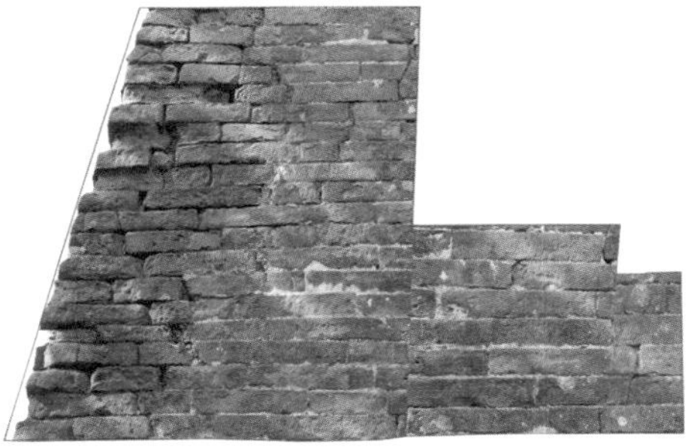

S#37

S37

图片编号:S＃37	拍摄时间:2008 年	图片编号:S37	拍摄时间:2015 年

主要劣化情况比照表		
病害类型	病害状况及成因	劣化程度
—	无明显可识别变化	—

注：劣化程度用“★”的数量表示。由少至多分别表示一般、明显、严重三个程度。

S#38

S38

图片编号:S＃38	拍摄时间:2008 年	图片编号:S38	拍摄时间:2015 年

主要劣化情况比照表		
病害类型	病害状况及成因	劣化程度
表面剥离	现状:砖体表面片状剥离区域变大,部分有新的岩溶坑洞出现。 成因:温湿度及可溶盐活动为主因	★

注：劣化程度用“★”的数量表示。由少至多分别表示一般、明显、严重三个程度。

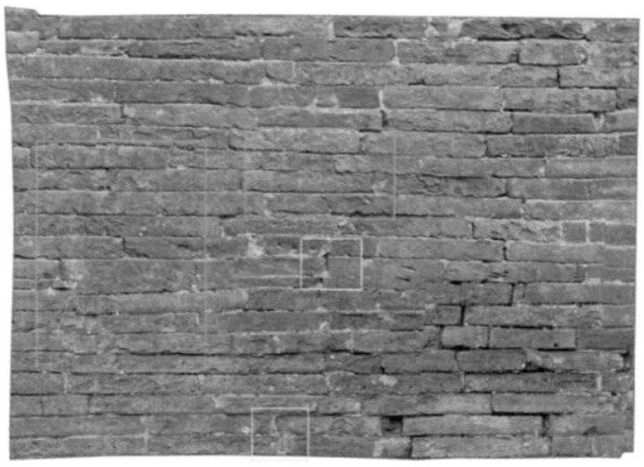
S#39

S39

图片编号:S＃39	拍摄时间:2008 年	图片编号:S39	拍摄时间:2015 年

主要劣化情况比照表		
病害类型	病害状况及成因	劣化程度
灰浆流失	现状:如黄线所示,砖体间仅表面灰浆出现流失。 成因:雨水冲刷为主因,灰浆老化次之	★
表面剥离	现状:如绿线所示,砖体表面有新的盐溶坑出现,表面剥离程度变大。 成因:温湿度及可溶盐活动为主因	★

注:劣化程度用“★”的数量表示。由少至多分别表示一般、明显、严重三个程度。

S#40

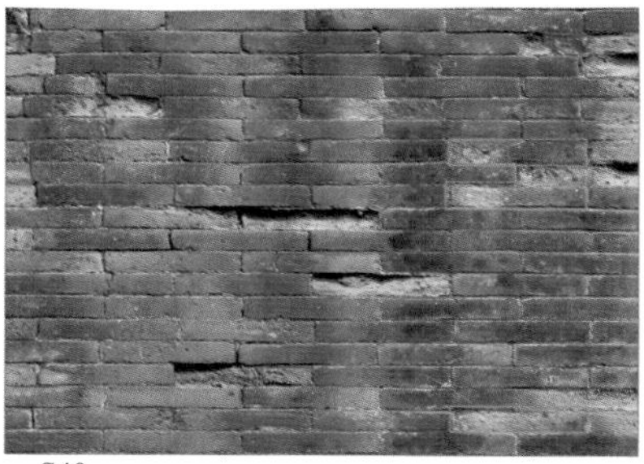
S40

图片编号:S＃40	拍摄时间:2008 年	图片编号:S40	拍摄时间:2015 年

主要劣化情况比照表		
病害类型	病害状况及成因	劣化程度
表面剥离	现状:砖体表面开始出现粉化酥碱或粉化酥碱程度加深。 成因:温湿度及可溶盐活动为主因	★

注:劣化程度用“★”的数量表示。由少至多分别表示一般、明显、严重三个程度。

S#41

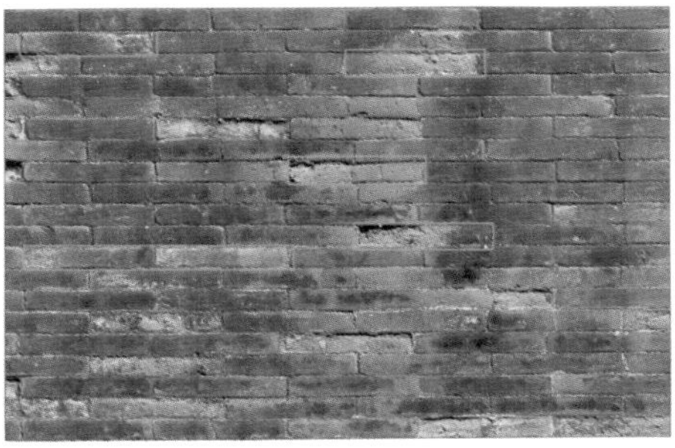

S41

图片编号:S♯41	拍摄时间:2008 年	图片编号:S41	拍摄时间:2015 年

主要劣化情况比照表

病害类型	病害状况及成因	劣化程度
表面剥离	现状:砖体表面粉化酥碱程度加深。 成因:温湿度及可溶盐活动为主因	★

注:劣化程度用“★”的数量表示。由少至多分别表示一般、明显、严重三个程度。

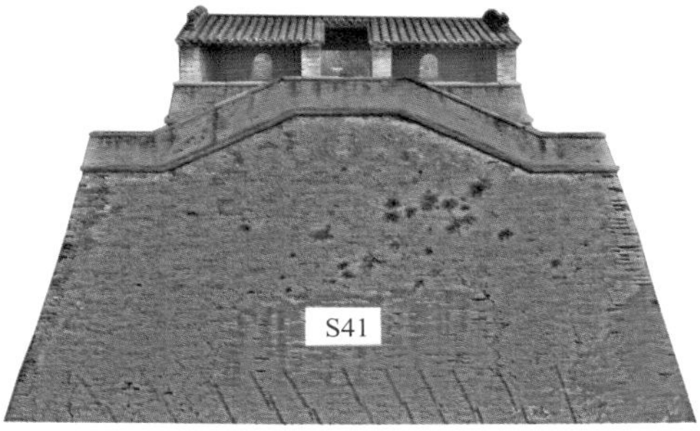

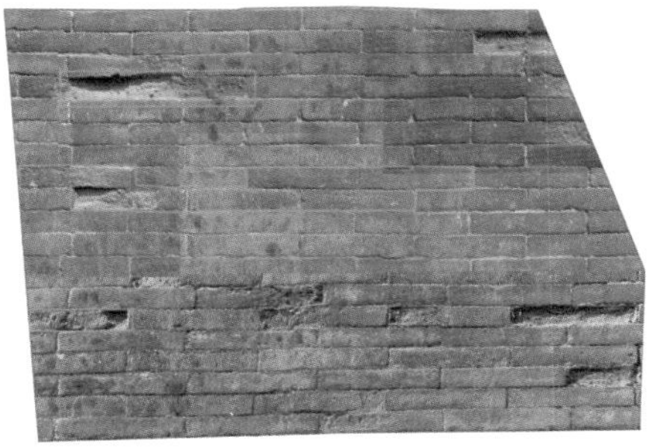

S#42

S42

图片编号:S♯42	拍摄时间:2008 年	图片编号:S42	拍摄时间:2015 年

主要劣化情况比照表

病害类型	病害状况及成因	劣化程度
表面剥离	现状:砖体表面酥碱粉化现象加重。 成因:温湿度与可溶盐活动为主因	★

注:劣化程度用“★”的数量表示。由少至多分别表示一般、明显、严重三个程度。

S#43

S43

图片编号:S#43	拍摄时间:2008 年	图片编号:S43	拍摄时间:2015 年

主要劣化情况比照表

病害类型	病害状况及成因	劣化程度
灰浆流失	现状:如黄线所示,砖体间原本密实的灰浆出现了明显的空隙。 成因:雨水冲刷为主因,灰浆老化次之	★

注:劣化程度用“★”的数量表示。由少至多分别表示一般、明显、严重三个程度。

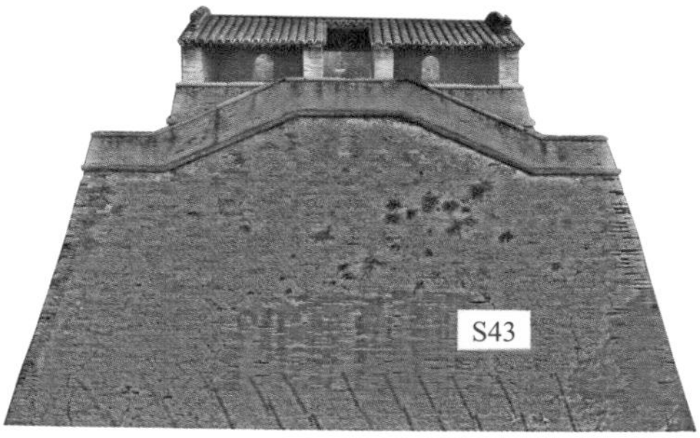

S#44

S44

图片编号:S#44	拍摄时间:2008 年	图片编号:S44	拍摄时间:2015 年

主要劣化情况比照表

病害类型	病害状况及成因	劣化程度
植物滋生	现状:砖缝间有草本植物生长。 成因:与温湿度、季节有关	★

注:劣化程度用“★”的数量表示。由少至多分别表示一般、明显、严重三个程度。

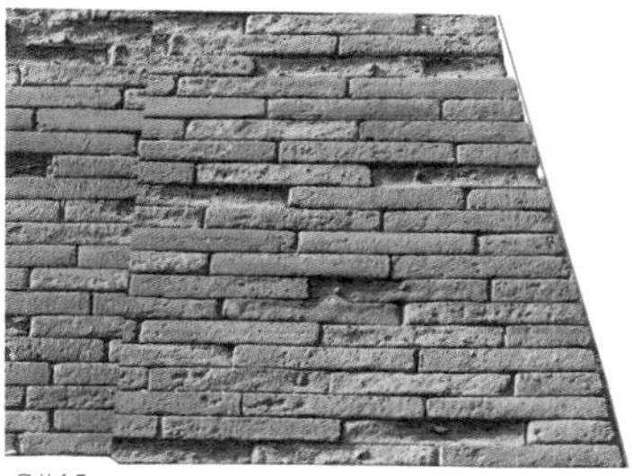
S#45

S45

图片编号：S#45	拍摄时间：2008 年	图片编号：S45	拍摄时间：2015 年

主要劣化情况比照表		
病害类型	病害状况及成因	劣化程度
—	无明显可识别变化	—

注：劣化程度用“★”的数量表示。由少至多分别表示一般、明显、严重三个程度。

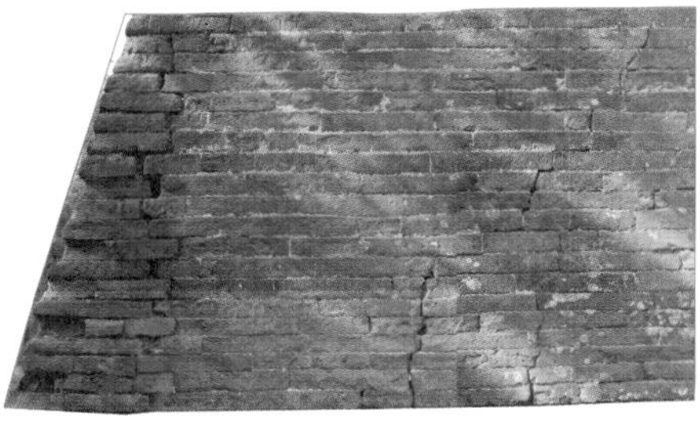
S#46

S46

图片编号：S#46	拍摄时间：2008 年	图片编号：S46	拍摄时间：2015 年

主要劣化情况比照表		
病害类型	病害状况及成因	劣化程度
—	无明显可识别变化	—

注：劣化程度用“★”的数量表示。由少至多分别表示一般、明显、严重三个程度。

S#47

S47

图片编号：S＃47	拍摄时间：2008 年	图片编号：S47	拍摄时间：2015 年

主要劣化情况比照表		
病害类型	病害状况及成因	劣化程度
—	无明显可识别变化	—

注：劣化程度用“★”的数量表示。由少至多分别表示一般、明显、严重三个程度。

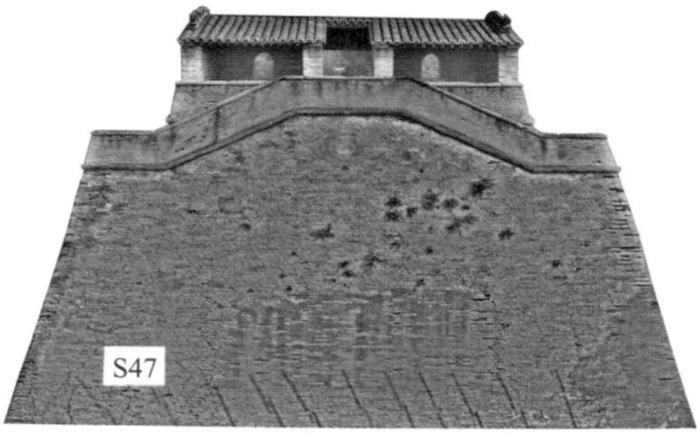

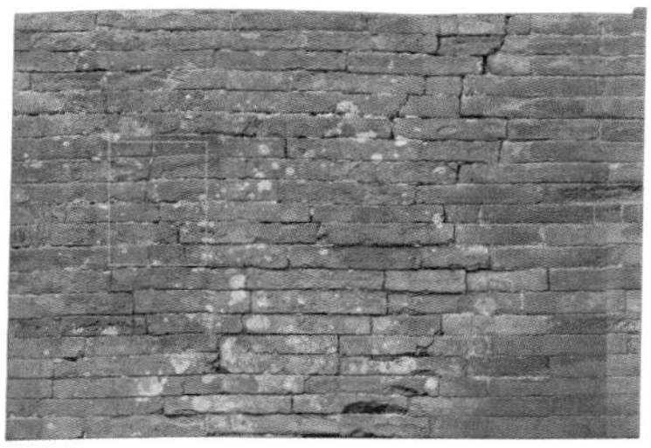

S#48

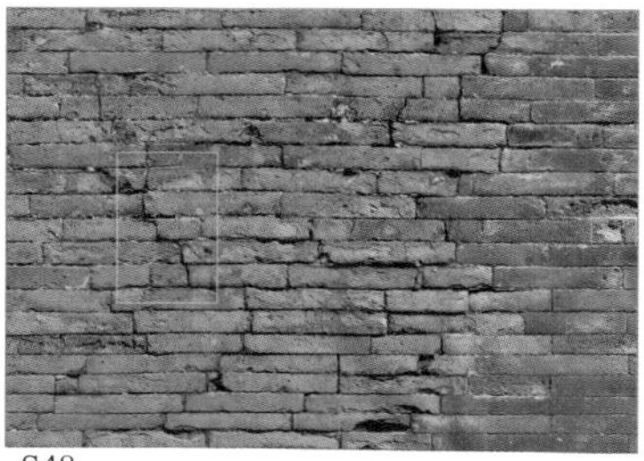

S48

图片编号：S＃48	拍摄时间：2008 年	图片编号：S48	拍摄时间：2015 年

主要劣化情况比照表		
病害类型	病害状况及成因	劣化程度
表面剥离	现状：如绿线所示，砖体表面出现新的粉化区块。 成因：雨水冲刷为主，灰浆老化次之	★
裂缝	现状：砖体勾缝灰流失严重，形成裂缝。 成因：雨水冲刷为主因，灰浆老化次之	★

注：劣化程度用“★”的数量表示。由少至多分别表示一般、明显、严重三个程度。

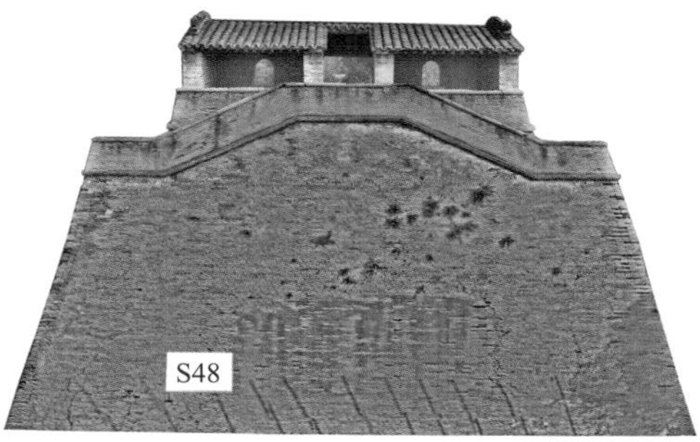

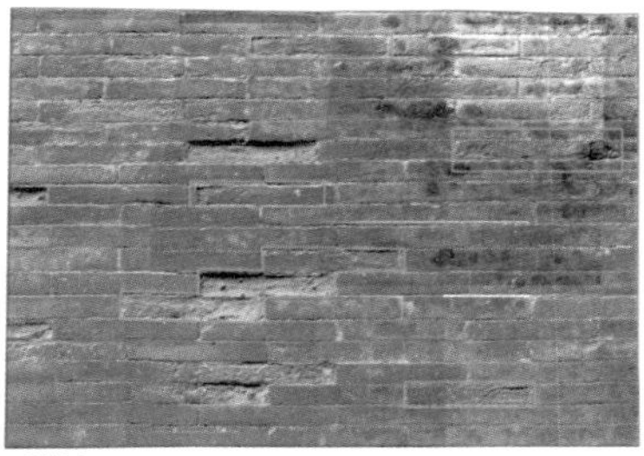

S#49

S49

图片编号:S#49	拍摄时间:2008 年	图片编号:S49	拍摄时间:2015 年

主要劣化情况比照表		
病害类型	病害状况及成因	劣化程度
表面剥离	现状:砖体表面酥碱粉化程度加重。 成因:温湿度及冻融为主因	★

注：劣化程度用“★”的数量表示。由少至多分别表示一般、明显、严重三个程度。

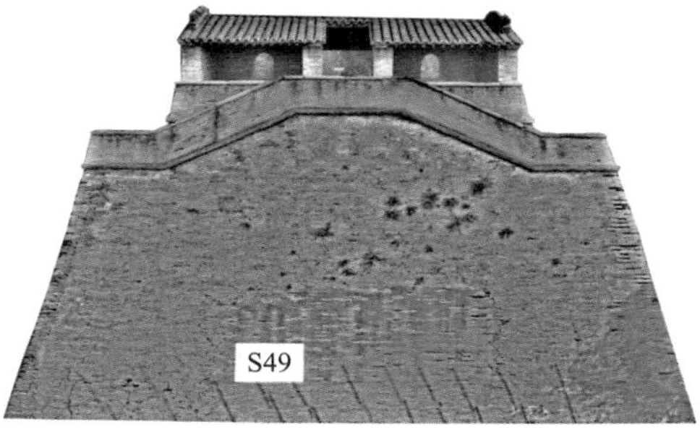

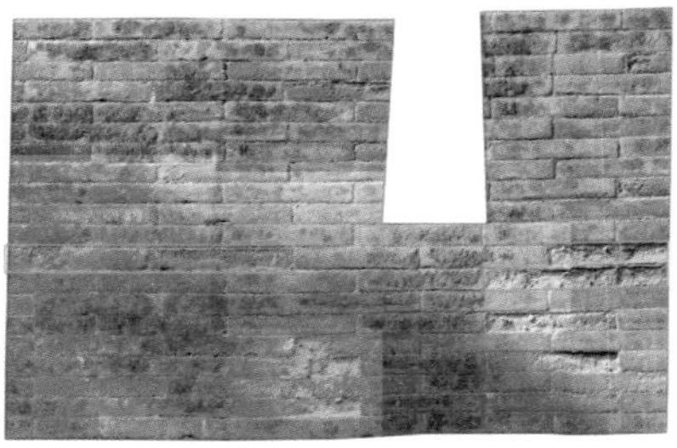

S#50

S50

图片编号:S#50	拍摄时间:2008 年	图片编号:S50	拍摄时间:2015 年

主要劣化情况比照表		
病害类型	病害状况及成因	劣化程度
表面剥离	现状:砖体表面酥碱粉化现象加重。 成因:温湿度及可溶盐活动为主因	★

注：劣化程度用“★”的数量表示。由少至多分别表示一般、明显、严重三个程度。

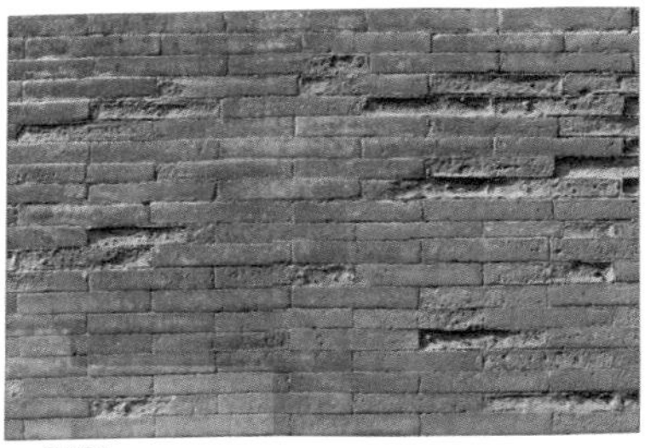

S#51

S51

图片编号：S#51	拍摄时间：2008 年	图片编号：S51	拍摄时间：2015 年

主要劣化情况比照表		
病害类型	病害状况及成因	劣化程度
—	无明显可识别变化	—

注：劣化程度用“★”的数量表示。由少至多分别表示一般、明显、严重三个程度。

S#52

S52

图片编号：S#52	拍摄时间：2008 年	图片编号：S52	拍摄时间：2015 年

主要劣化情况比照表		
病害类型	病害状况及成因	劣化程度
—	无明显可识别变化	—

注：劣化程度用“★”的数量表示。由少至多分别表示一般、明显、严重三个程度。

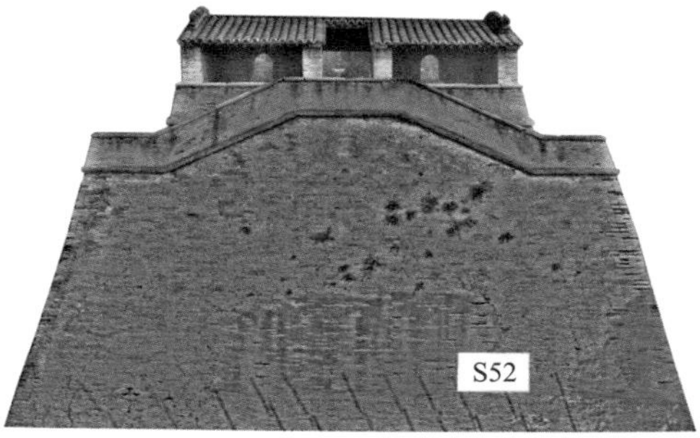

S#53

S53

图片编号:S＃53	拍摄时间:2008 年	图片编号:S53	拍摄时间:2015 年

主要劣化情况比照表		
病害类型	病害状况及成因	劣化程度
植物滋生	现状:砖缝间有草本植物生长。 成因:与季节、温湿度有关	★

注：劣化程度用“★”的数量表示。由少至多分别表示一般、明显、严重三个程度。

S#54

S54

图片编号:S＃54	拍摄时间:2008 年	图片编号:S54	拍摄时间:2015 年

主要劣化情况比照表		
病害类型	病害状况及成因	劣化程度
植物滋生	现状:砖缝间有植物生长。 成因:与温湿度及季节有关	★

注：劣化程度用“★”的数量表示。由少至多分别表示一般、明显、严重三个程度。

S#55

S55

图片编号:S♯55	拍摄时间:2008 年	图片编号:S55	拍摄时间:2015 年

主要劣化情况比照表		
病害类型	病害状况及成因	劣化程度
表面剥离	现状:砖体表面粉化酥碱及片状剥落程度均变大。 成因:温湿度及可溶盐活动为主因	★★

注:劣化程度用“★”的数量表示。由少至多分别表示一般、明显、严重三个程度。

S55

S#56

S56

图片编号:S♯56	拍摄时间:2008 年	图片编号:S56	拍摄时间:2015 年

主要劣化情况比照表		
病害类型	病害状况及成因	劣化程度
表面剥离	现状:如绿线所示,砖体表面片状剥落变深,并出现新的盐溶坑洞。 成因:温湿度和可溶盐活动为主因	★★
缺失	现状:如粉线所示,砖体原缺失部位有新砖块掉落。 成因:自然风化及断裂等因素造成缺失	★★

注:劣化程度用“★”的数量表示。由少至多分别表示一般、明显、严重三个程度。

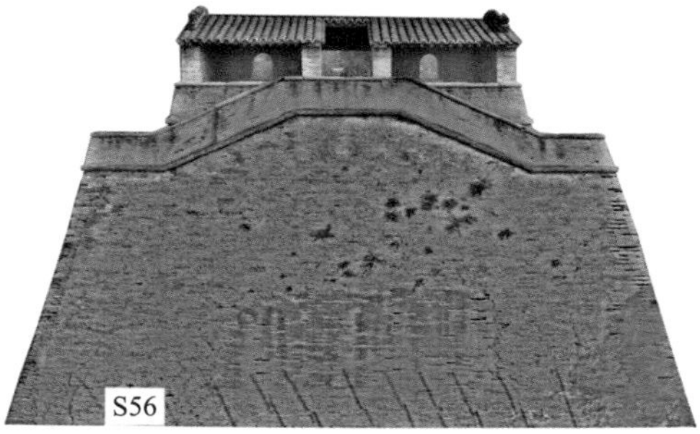

S56

S#57

S57

图片编号：S＃57	拍摄时间：2008 年	图片编号：S57	拍摄时间：2015 年

主要劣化情况比照表

病害类型	病害状况及成因	劣化程度
表面剥离	现状：砖体表面剥离程度变大，盐溶坑面积变大、变深，片状剥落面积变大。 成因：温湿度及可溶盐活动为主因	★★

注：劣化程度用“★”的数量表示。由少至多分别表示一般、明显、严重三个程度。

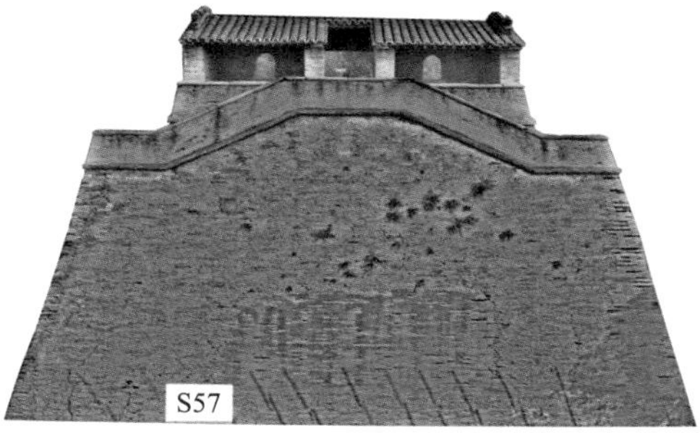

S57

S#58

S58

图片编号：S＃58	拍摄时间：2008 年	图片编号：S58	拍摄时间：2015 年

主要劣化情况比照表

病害类型	病害状况及成因	劣化程度
—	无明显可识别变化	—

注：劣化程度用“★”的数量表示。由少至多分别表示一般、明显、严重三个程度。

S58

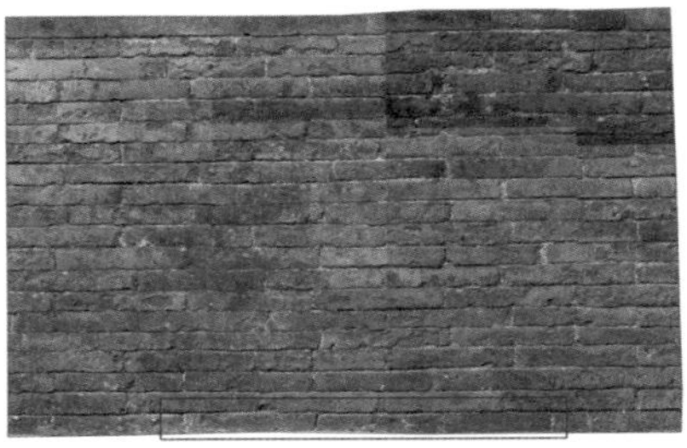
S#59

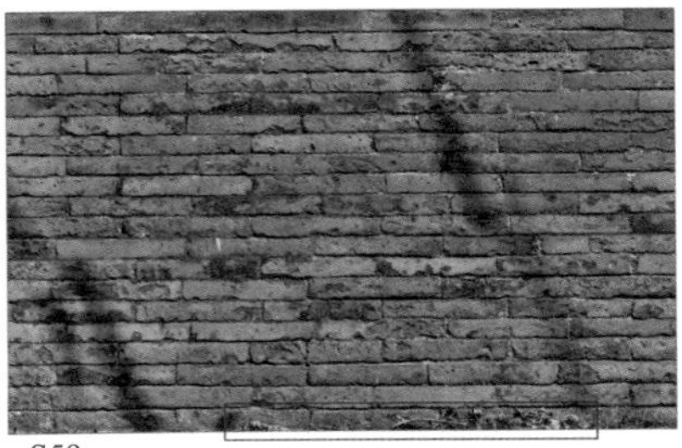
S59

图片编号:S#59	拍摄时间:2008年	图片编号:S59	拍摄时间:2015年

主要劣化情况比照表		
病害类型	病害状况及成因	劣化程度
植物滋生	现状:砖体与地面的连接处有植物生长。 成因:与季节、温湿度有关	★

注:劣化程度用“★”的数量表示。由少至多分别表示一般、明显、严重三个程度。

S59

S#60

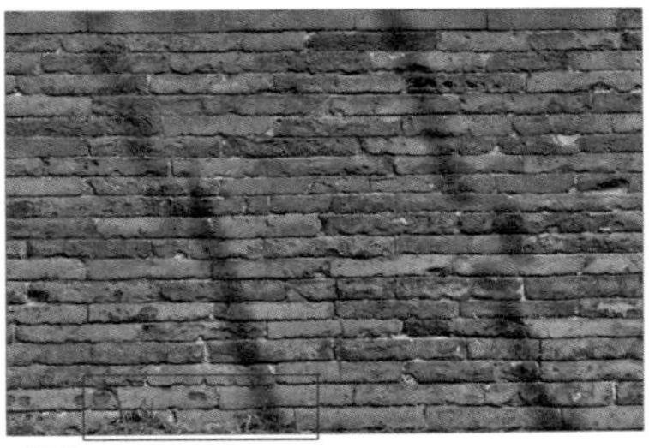
S60

图片编号:S#60	拍摄时间:2008年	图片编号:S60	拍摄时间:2015年

主要劣化情况比照表		
病害类型	病害状况及成因	劣化程度
植物滋生	现状:砖体与地面连接处有植物生长。 成因:与温湿度及季节有关	★

注:劣化程度用“★”的数量表示。由少至多分别表示一般、明显、严重三个程度。

S60

S#61

S61

图片编号:S#61	拍摄时间:2008年	图片编号:S61	拍摄时间:2015年

主要劣化情况比照表		
病害类型	病害状况及成因	劣化程度
—	无明显可识别变化	—

注：劣化程度用“★”的数量表示。由少至多分别表示一般、明显、严重三个程度。

S61

S#62

S62

图片编号:S#62	拍摄时间:2008年	图片编号:S62	拍摄时间:2015年

主要劣化情况比照表		
病害类型	病害状况及成因	劣化程度
灰浆流失	现状:砖体间表面原本白灰层出现了明显的流失。 成因:雨水冲刷为主因,灰浆老化次之	★★

注：劣化程度用“★”的数量表示。由少至多分别表示一般、明显、严重三个程度。

S62

S#63

S63

图片编号：S＃63	拍摄时间：2008 年	图片编号：S63	拍摄时间：2015 年

主要劣化情况比照表		
病害类型	病害状况及成因	劣化程度
—	无明显可识别变化	—

注：劣化程度用“★”的数量表示。由少至多分别表示一般、明显、严重三个程度。

3.3 西立面病害调查及对比分析

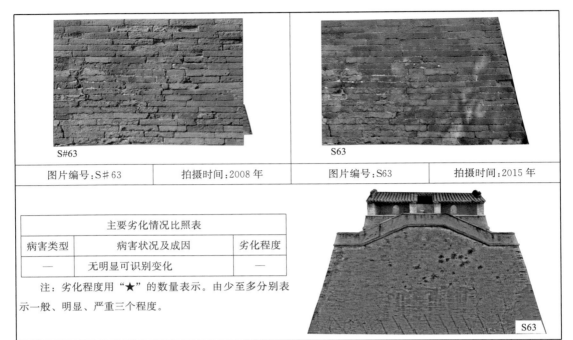

西立面索引

W#0

W0

图片编号：W＃0	拍摄时间：2008 年	图片编号：W0	拍摄时间：2015 年

主要劣化情况比照表		
病害类型	病害状况及成因	劣化程度
—	无明显可识别变化	—

注：劣化程度用“★”的数量表示。由少至多分别表示一般、明显、严重三个程度。

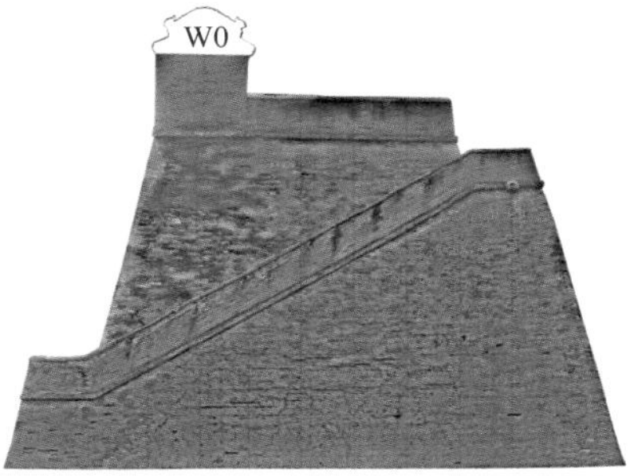

W#1

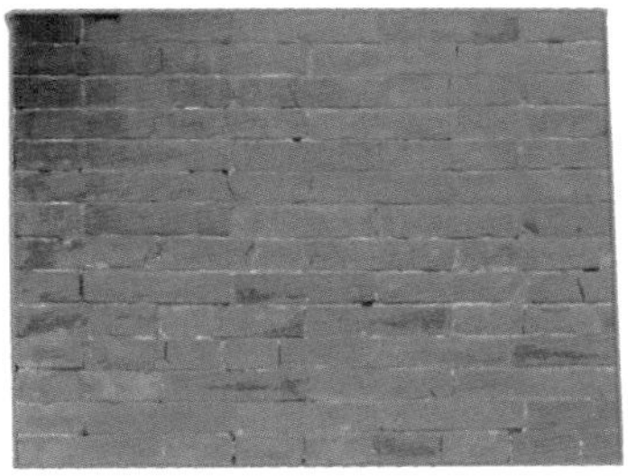
W1

图片编号：W＃1	拍摄时间：2008 年	图片编号：W1	拍摄时间：2015 年

主要劣化情况比照表		
病害类型	病害状况及成因	劣化程度
—	无明显可识别变化	—

注：劣化程度用“★”的数量表示。由少至多分别表示一般、明显、严重三个程度。

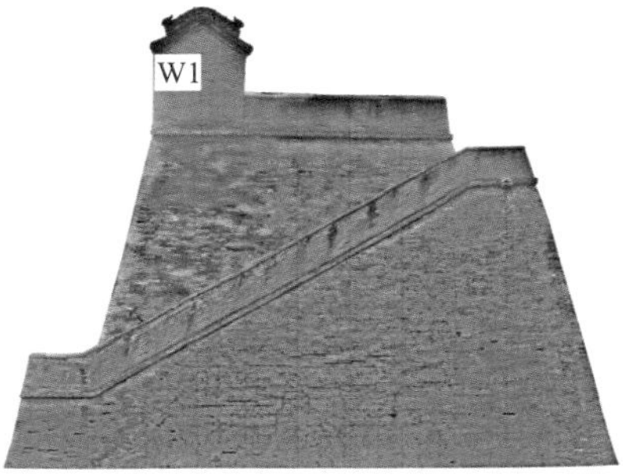

W#2

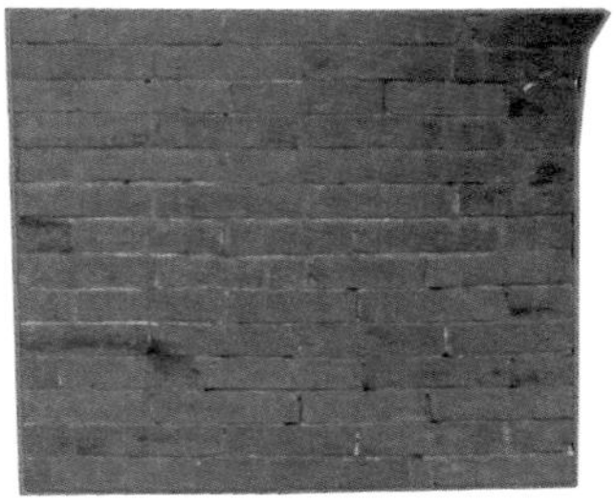
W2

图片编号：W＃2	拍摄时间：2008 年	图片编号：W2	拍摄时间：2015 年

主要劣化情况比照表		
病害类型	病害状况及成因	劣化程度
—	无明显可识别变化	—

注：劣化程度用“★”的数量表示。由少至多分别表示一般、明显、严重三个程度。

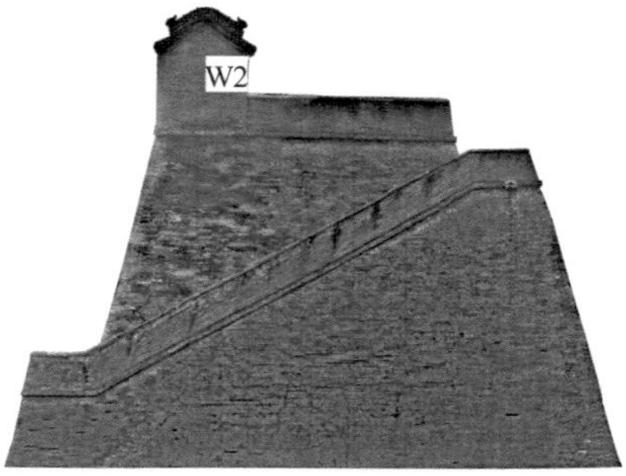

W#3

W3

图片编号：W＃3	拍摄时间：2008 年	图片编号：W3	拍摄时间：2015 年

主要劣化情况比照表		
病害类型	病害状况及成因	劣化程度
表面剥离	现状：如绿线所示，砖体表面粉状酥碱剥离加深。 成因：温湿度及可溶盐活动为主因	★
缺失	现状：如紫线所示，砖体边角缺失区域加大。 成因：外力作用，温湿度及可溶盐造成	★

注：劣化程度用“★”的数量表示。由少至多分别表示一般、明显、严重三个程度。

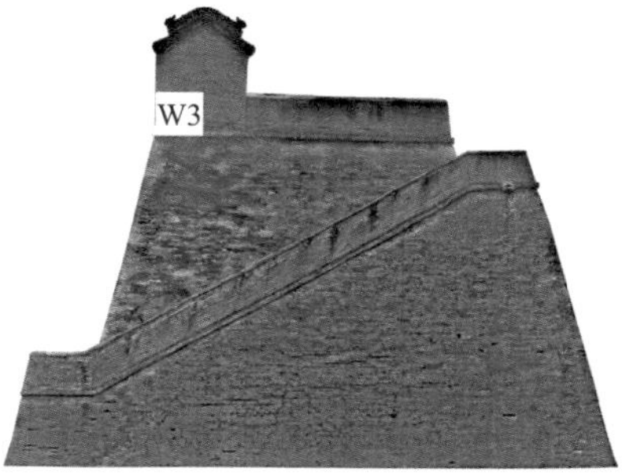

W#4

W4

图片编号：W＃4	拍摄时间：2008 年	图片编号：W4	拍摄时间：2015 年

主要劣化情况比照表		
病害类型	病害状况及成因	劣化程度
灰浆流失	现状：如黄线所示，砖体间灰浆空隙较之前增大。 成因：雨水冲刷为主因，灰浆老化次之	★

注：劣化程度用“★”的数量表示。由少至多分别表示一般、明显、严重三个程度。

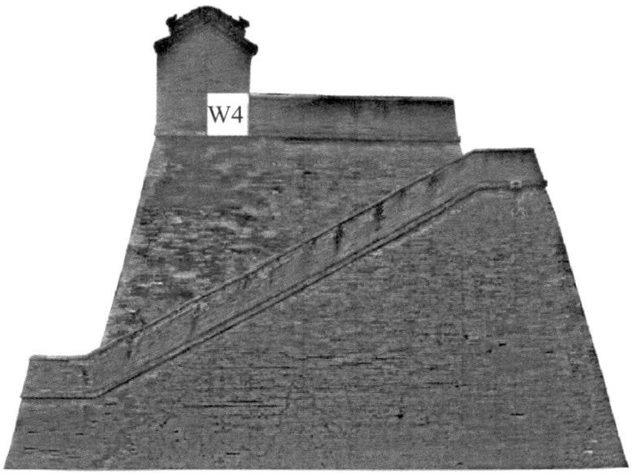

W#5

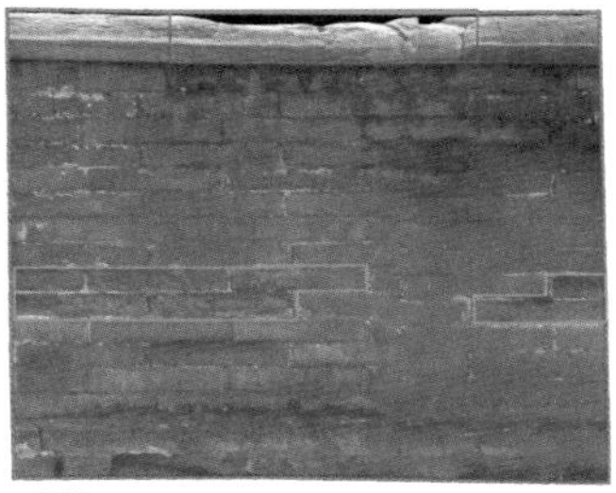
W5

图片编号：W＃5	拍摄时间：2008 年	图片编号：W5	拍摄时间：2015 年

主要劣化情况比照表		
病害类型	病害状况及成因	劣化程度
表面剥离	现状：如绿线所示，砖体表面粉状酥碱程度加深。 成因：温湿度及可溶盐活动为主因	★
缺失	现状：如紫线所示，宇墙压面石表面局部缺失。 成因：外力、温湿度及可溶盐等各种因素作用	★★

注：劣化程度用“★”的数量表示。由少至多分别表示一般、明显、严重三个程度。

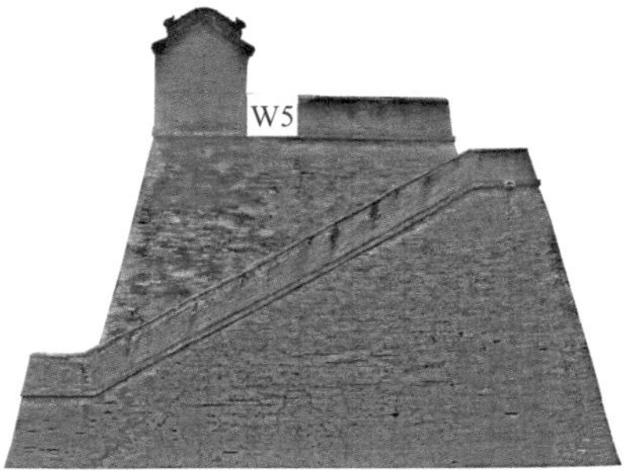

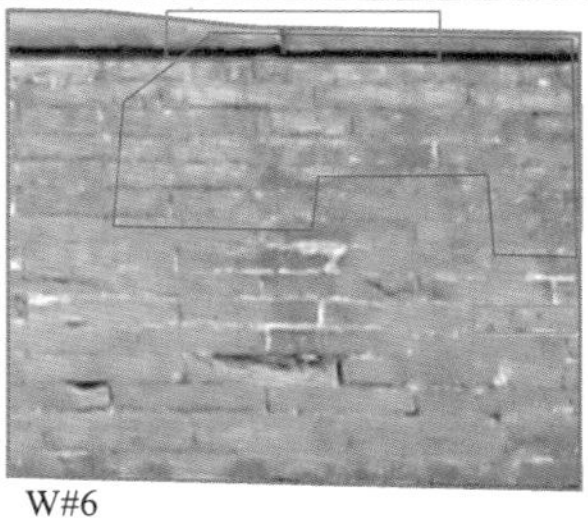
W#6

W6

图片编号：W＃6	拍摄时间：2008 年	图片编号：W6	拍摄时间：2015 年

主要劣化情况比照表

病害类型	病害状况及成因	劣化程度
缺失	现状：如紫线所示，宇墙压面石表面明显残缺。 成因：外力作用，雨水冲刷及冻融破坏	★★
地衣霉菌	现状：如红线所示，地衣霉菌滋生体量较之前明显扩大。 成因：潮湿环境为主因，其他因素次之	★
表面剥离	现状：如绿线所示，砖体表面酥碱剥离程度加重。 成因：温湿度及可溶盐活动为主因	★

注：劣化程度用“★”的数量表示。由少至多分别表示一般、明显、严重三个程度。

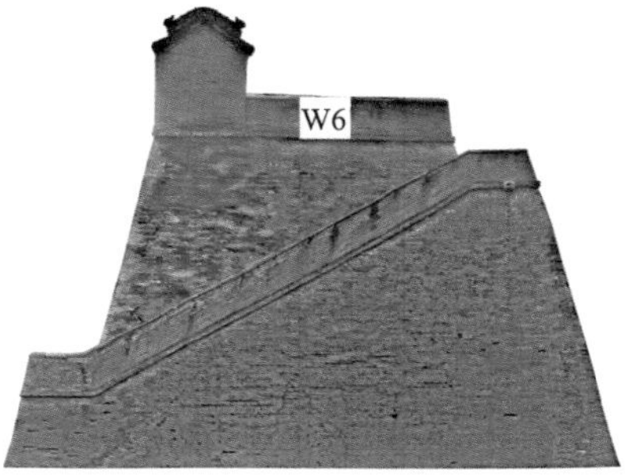

W#7

W7

图片编号：W＃7	拍摄时间：2008 年	图片编号：W7	拍摄时间：2015 年

主要劣化情况比照表

病害类型	病害状况及成因	劣化程度
表面剥离	现状：如绿线所示，砖体表面粉状酥碱程度加深；压面石开始出现片状剥离。 成因：温湿度及可溶盐活动为主因	★★
地衣霉菌	现状：如红线所示，地衣霉菌滋生体量较之前明显扩大。 成因：潮湿环境为主因，其他因素次之	★

注：劣化程度用“★”的数量表示。由少至多分别表示一般、明显、严重三个程度。

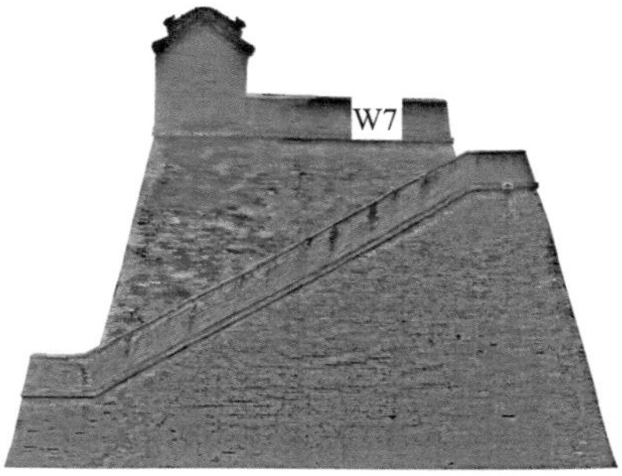

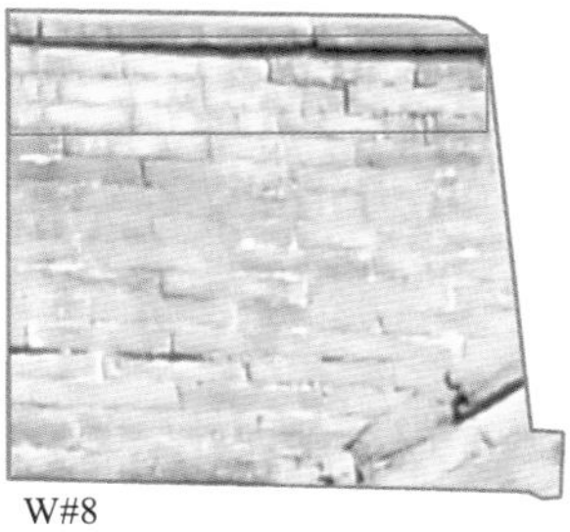

W#8

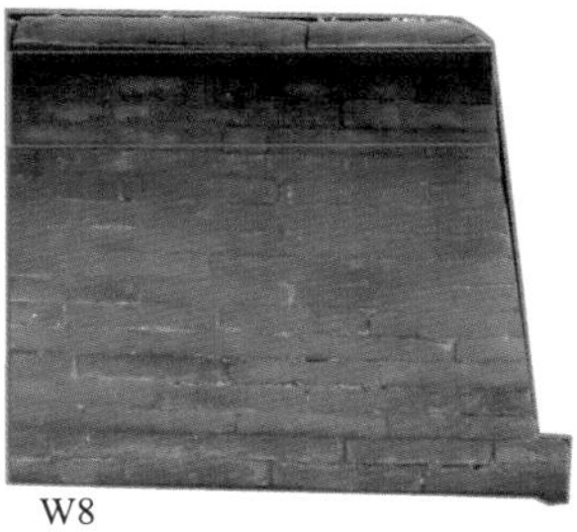

W8

图片编号：W＃8	拍摄时间：2008 年	图片编号：W8	拍摄时间：2015 年

主要劣化情况比照表		
病害类型	病害状况及成因	劣化程度
地衣霉菌	现状：如红线所示，砖体表面地衣霉菌的滋生体量明显扩大。 成因：潮湿环境为主因，其他因素次之	★

注：劣化程度用“★”的数量表示。由少至多分别表示一般、明显、严重三个程度。

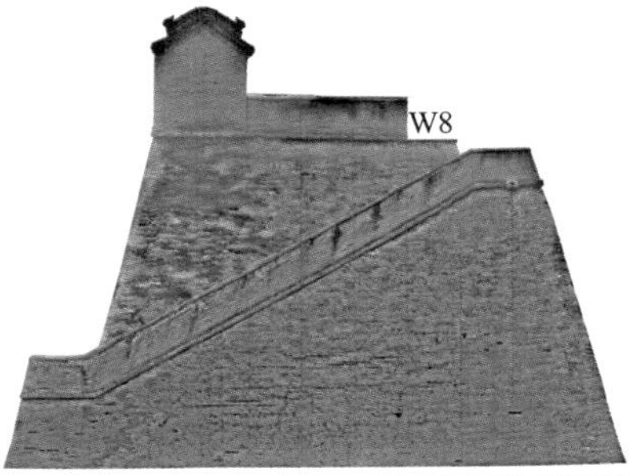

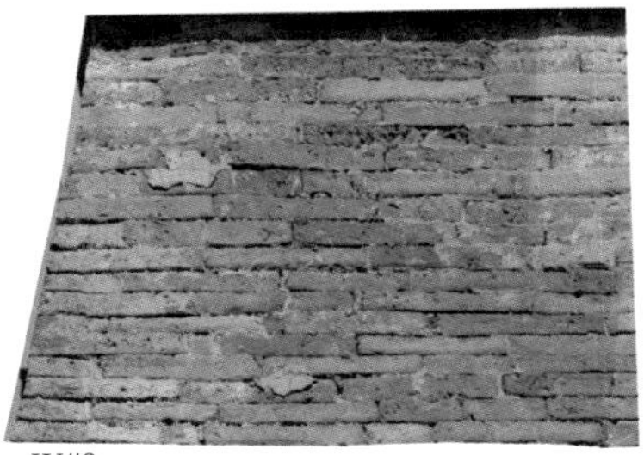

W#9

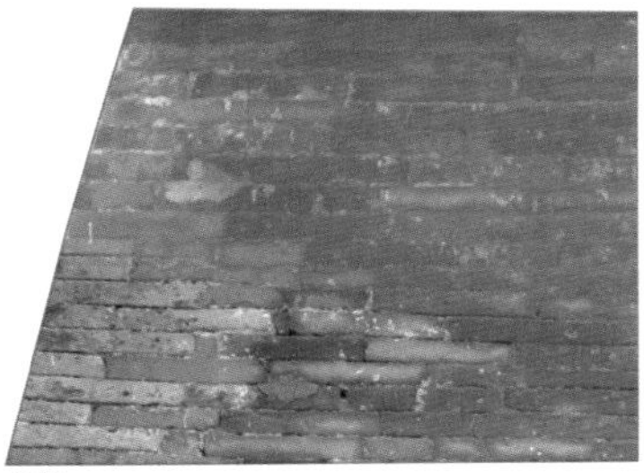

W9

图片编号：W＃9	拍摄时间：2008 年	图片编号：W9	拍摄时间：2015 年

主要劣化情况比照表		
病害类型	病害状况及成因	劣化程度
—	无明显可识别变化	—

注：劣化程度用“★”的数量表示。由少至多分别表示一般、明显、严重三个程度。

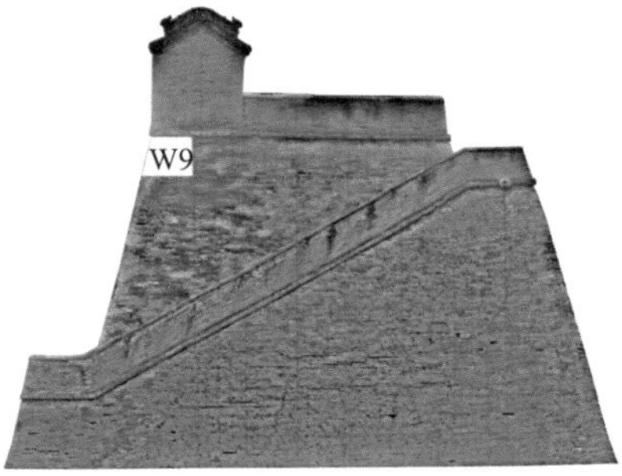

W#10

W10

图片编号：W＃10	拍摄时间：2008 年	图片编号：W10	拍摄时间：2015 年

主要劣化情况比照表		
病害类型	病害状况及成因	劣化程度
—	无明显可识别变化	—

注：劣化程度用“★”的数量表示。由少至多分别表示一般、明显、严重三个程度。

W#11

W11

图片编号：W＃11	拍摄时间：2008 年	图片编号：W11	拍摄时间：2015 年

主要劣化情况比照表		
病害类型	病害状况及成因	劣化程度
—	无明显可识别变化	—

注：劣化程度用“★”的数量表示。由少至多分别表示一般、明显、严重三个程度。

W#15

W15

图片编号:W＃15	拍摄时间:2008 年	图片编号:W15	拍摄时间:2015 年

主要劣化情况比照表

病害类型	病害状况及成因	劣化程度
表面剥离	现状:如绿线所示,砖体表面粉状和片状剥离加深,盐溶坑呈扩大趋势。 成因:温湿度及可溶盐活动为主因	★
缺失	现状:如紫线所示,砖体原本的断裂块现已消失。 成因:外力作用,雨水冲刷等多种可能因素	★★

注:劣化程度用“★”的数量表示。由少至多分别表示一般、明显、严重三个程度。

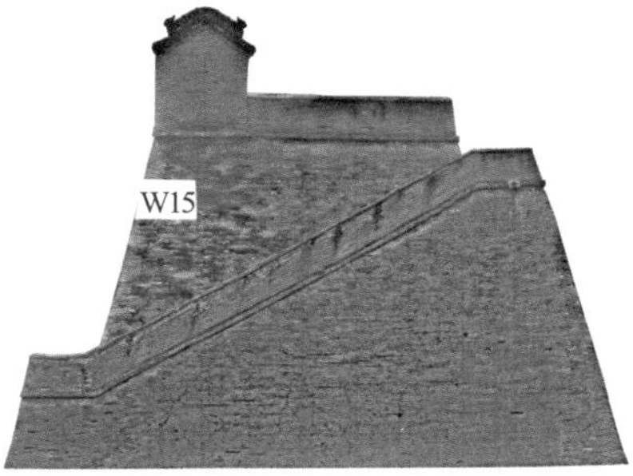

W#16

W16

图片编号:W＃16	拍摄时间:2008 年	图片编号:W16	拍摄时间:2015 年

主要劣化情况比照表

病害类型	病害状况及成因	劣化程度
—	无明显可识别变化	—

注:劣化程度用“★”的数量表示。由少至多分别表示一般、明显、严重三个程度。

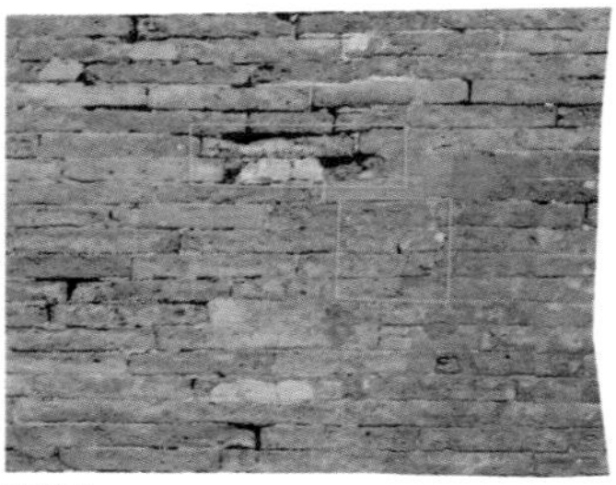

W#17

W17

图片编号:W♯17	拍摄时间:2008 年	图片编号:W17	拍摄时间:2015 年

主要劣化情况比照表

病害类型	病害状况及成因	劣化程度
表面剥离	现状:如绿线所示,砖体表面粉状和片状剥离有所加深。 成因:温湿度及可溶盐活动为主因	★

注:劣化程度用“★”的数量表示。由少至多分别表示一般、明显、严重三个程度。

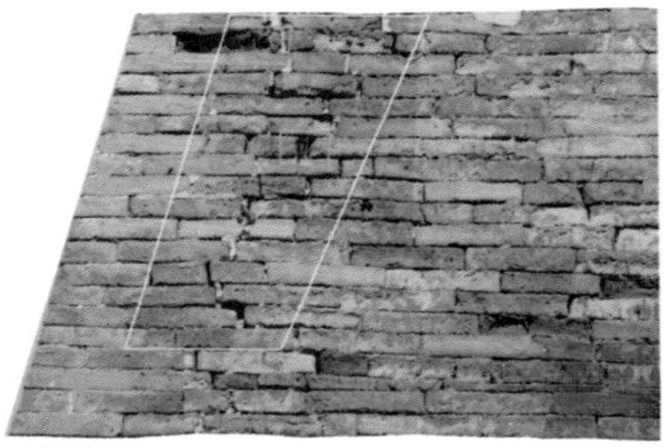

W#20

W20

图片编号:W♯20	拍摄时间:2008 年	图片编号:W20	拍摄时间:2015 年

主要劣化情况比照表

病害类型	病害状况及成因	劣化程度
灰浆流失	现状:如黄线所示,裂缝间原本夹裹的灰浆现已流失殆尽,裂缝空隙愈发明显。 成因:雨水冲刷为主因	★★
表面剥离	现状:如绿线所示,砖体原本的粉状剥离程度继续加深。 成因:潮湿环境和可溶盐活动为主因	★

注:劣化程度用“★”的数量表示。由少至多分别表示一般、明显、严重三个程度。

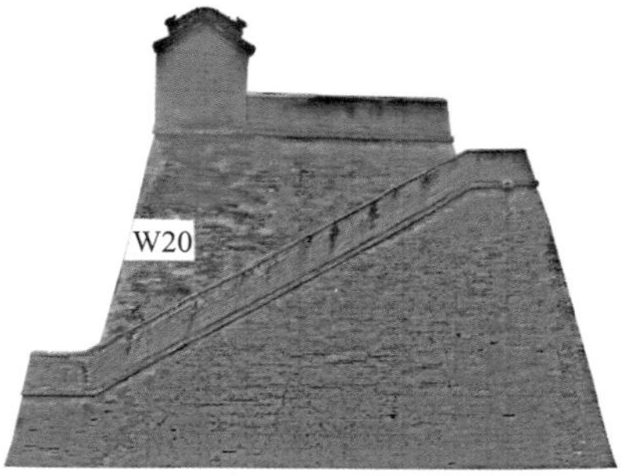

图片编号：W＃21	拍摄时间：2008 年	图片编号：W21	拍摄时间：2015 年

主要劣化情况比照表		
病害类型	病害状况及成因	劣化程度
灰浆流失	现状：如黄线所示，砖体表面后期修补的灰浆现已大量流失。 成因：雨水冲刷为主因，灰浆老化次之	★★
表面剥离	现状：如绿线所示，砖体原本的粉状剥离程度继续加深。 成因：潮湿环境和可溶盐活动为主因	★
缺失	现状：如紫线所示，原本完整的砖体边角处现已消失。 成因：外力破坏可能性较大	★★

注：劣化程度用“★”的数量表示。由少至多分别表示一般、明显、严重三个程度。

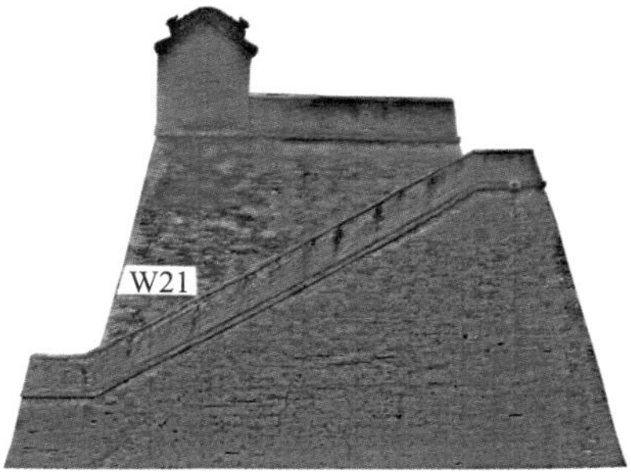

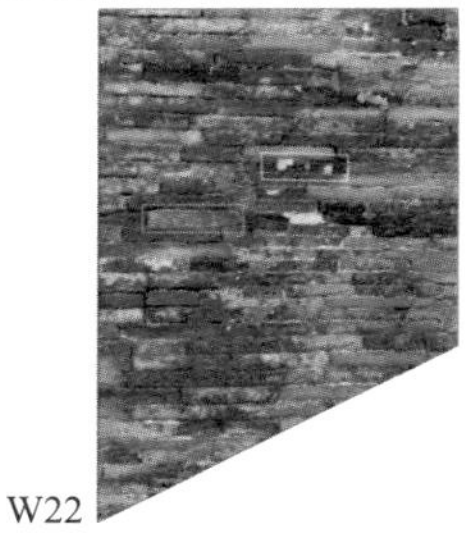

图片编号：W＃22	拍摄时间：2008 年	图片编号：W22	拍摄时间：2015 年

主要劣化情况比照表		
病害类型	病害状况及成因	劣化程度
灰浆流失	现状：如黄线所示，砖体表面后期修补的灰浆现已大量流失。 成因：雨水冲刷为主因，灰浆老化次之	★★
表面剥离	现状：如绿线所示，砖体原本的粉状剥离程度继续加深。 成因：潮湿环境和可溶盐活动为主因	★

注：劣化程度用“★”的数量表示。由少至多分别表示一般、明显、严重三个程度。

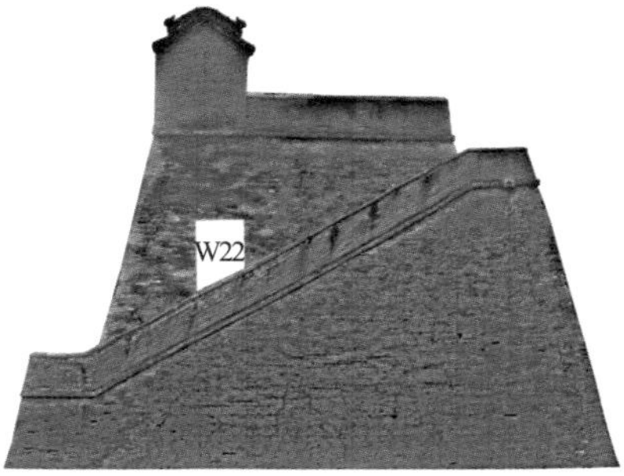

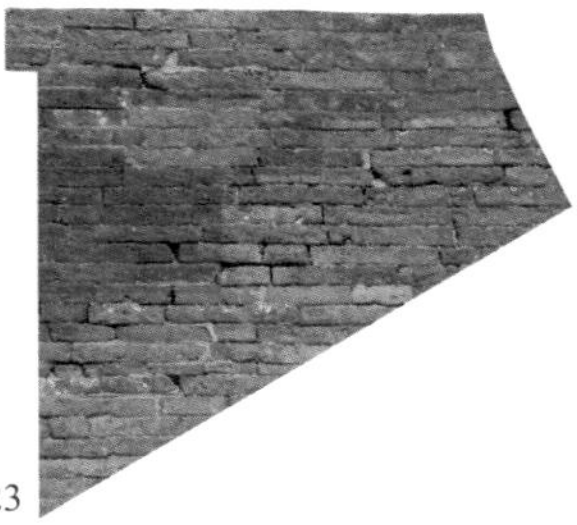
W#23

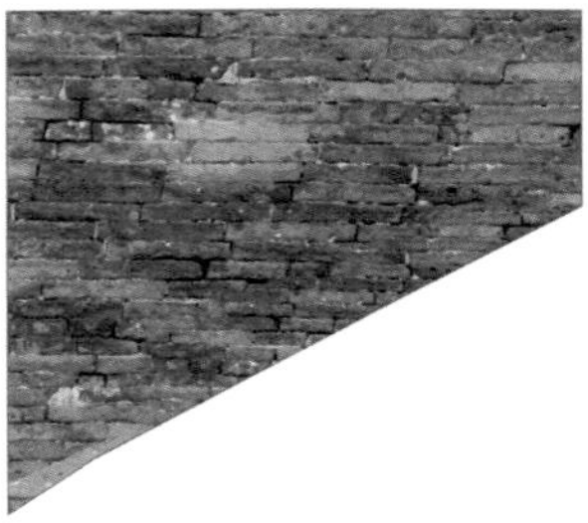
W23

图片编号:W＃23	拍摄时间:2008 年	图片编号:W23	拍摄时间:2015 年

主要劣化情况比照表		
病害类型	病害状况及成因	劣化程度
—	无明显可识别变化	—

注：劣化程度用“★”的数量表示。由少至多分别表示一般、明显、严重三个程度。

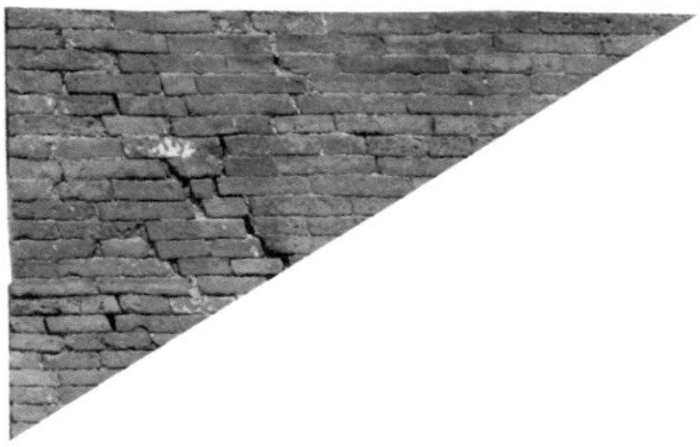
W#24

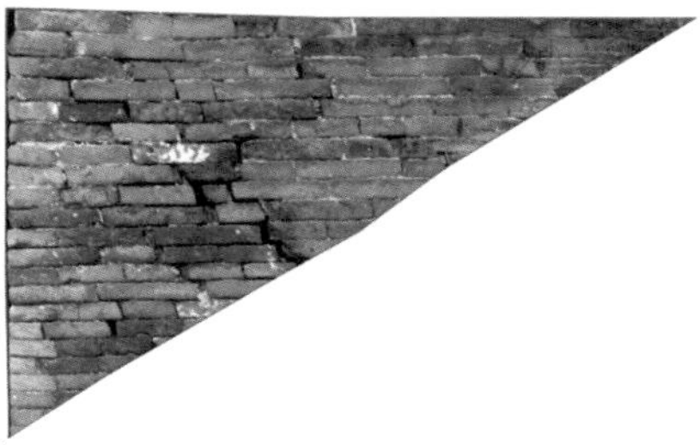
W24

图片编号:W＃24	拍摄时间:2008 年	图片编号:W24	拍摄时间:2015 年

主要劣化情况比照表		
病害类型	病害状况及成因	劣化程度
—	无明显可识别变化	—

注：劣化程度用“★”的数量表示。由少至多分别表示一般、明显、严重三个程度。

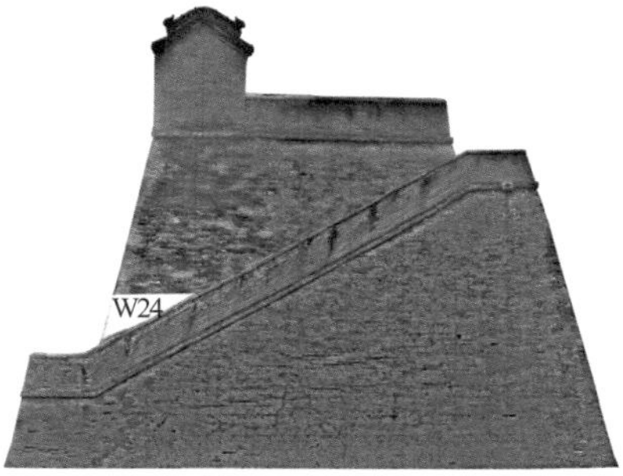

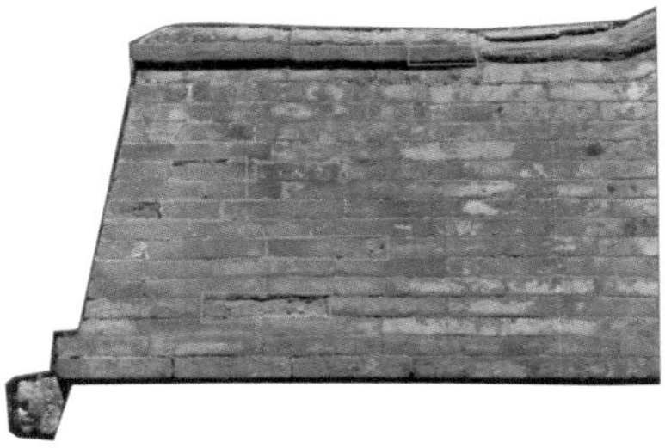

W#25

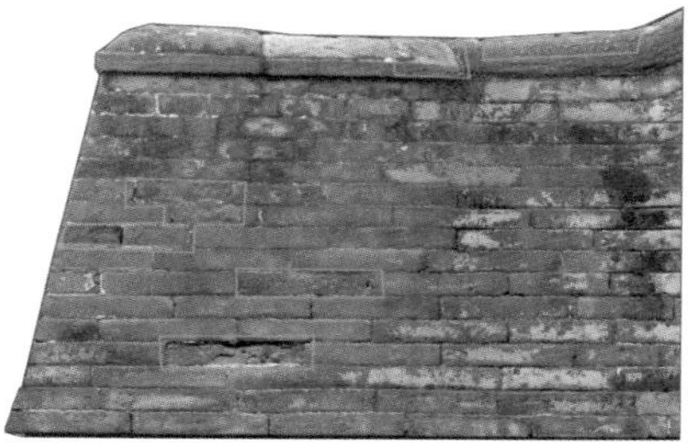

W25

图片编号：W＃25	拍摄时间：2008 年	图片编号：W25	拍摄时间：2015 年

主要劣化情况比照表		
病害类型	病害状况及成因	劣化程度
表面剥离	现状：如绿线所示，砖体粉状剥离继续加深，压砖石层状剥离最为严重。 成因：温湿度和可溶盐活动为主因	★★★

注：劣化程度用“★”的数量表示。由少至多分别表示一般、明显、严重三个程度。

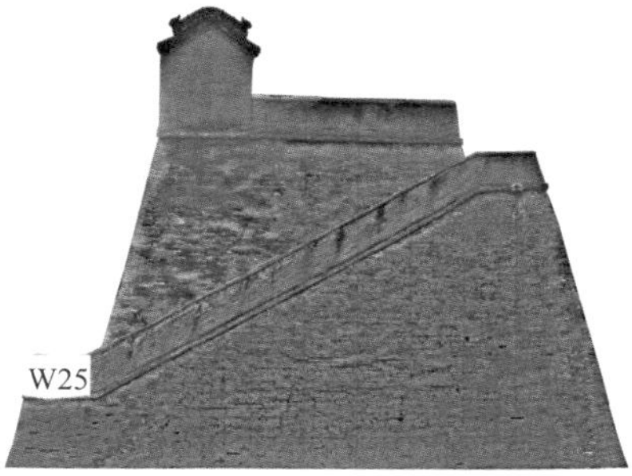

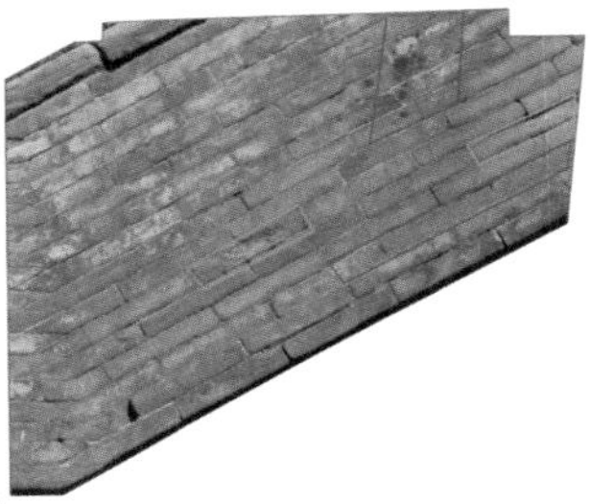

W#26

W26

图片编号：W＃26	拍摄时间：2008 年	图片编号：W26	拍摄时间：2015 年

主要劣化情况比照表		
病害类型	病害状况及成因	劣化程度
表面剥离	现状：如绿线所示，砖体原本的粉状剥离程度继续加深。 成因：潮湿环境和可溶盐活动为主因	★★
地衣霉菌	现状：如红线所示，砖体表面深色的霉菌面积已明显扩大。 成因：潮湿环境和可溶盐活动为主因	★★

注：劣化程度用“★”的数量表示。由少至多分别表示一般、明显、严重三个程度。

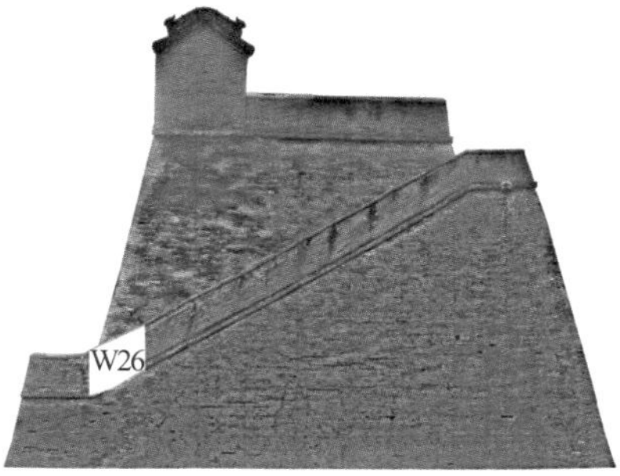

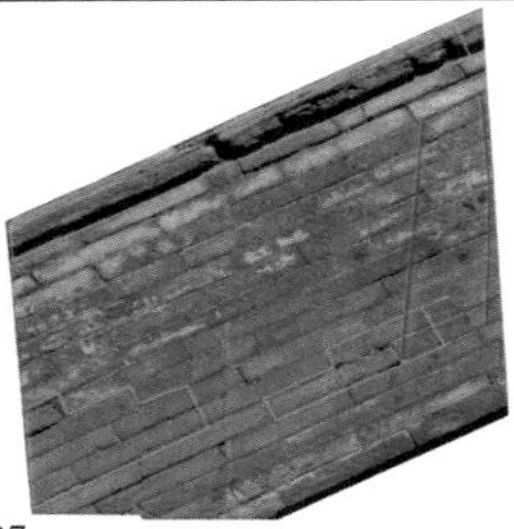

W#27

W27

图片编号：W＃27	拍摄时间：2008 年	图片编号：W27	拍摄时间：2015 年

主要劣化情况比照表

病害类型	病害状况及成因	劣化程度
表面剥离	现状：如绿线所示，砖体粉状剥离继续加深，压砖石层状剥离最为严重。 成因：温湿度和可溶盐活动为主因	★★★
地衣霉菌	现状：如红线所示，地衣霉菌面积较之前有明显的扩大趋势。 成因：潮湿环境为主因，其他因素次之	★★

注：劣化程度用“★”的数量表示。由少至多分别表示一般、明显、严重三个程度。

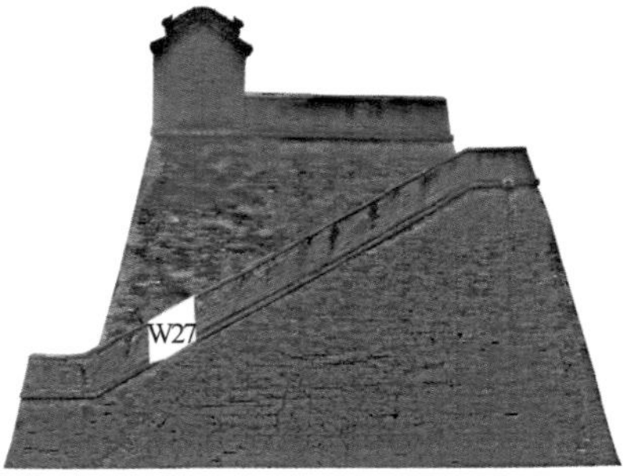

W#28

W28

图片编号：W＃28	拍摄时间：2008 年	图片编号：W28	拍摄时间：2015 年

主要劣化情况比照表

病害类型	病害状况及成因	劣化程度
表面剥离	现状：如绿线所示，砖体原本的粉状剥离程度继续加深。 成因：潮湿环境和可溶盐活动为主因	★★
地衣霉菌	现状：如红线所示，地衣霉菌面积较之前有明显的扩大趋势。 成因：潮湿环境为主因，其他因素次之	★★

注：劣化程度用“★”的数量表示。由少至多分别表示一般、明显、严重三个程度。

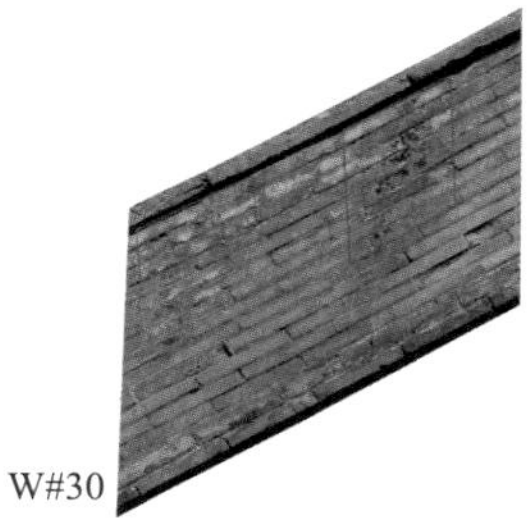

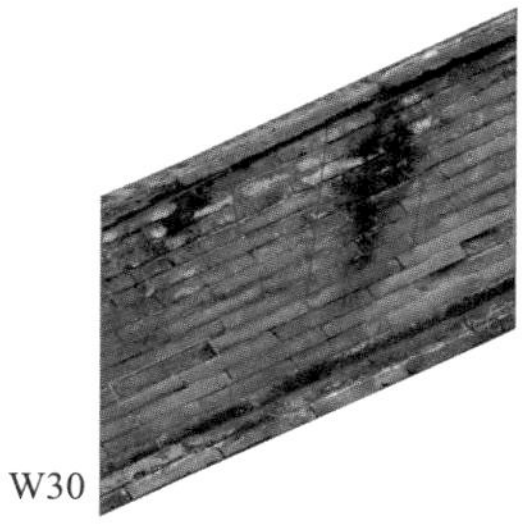

图片编号:W＃30	拍摄时间:2008 年	图片编号:W30	拍摄时间:2015 年

主要劣化情况比照表		
病害类型	病害状况及成因	劣化程度
表面剥离	现状:如绿线所示,砖体原本的粉状剥离程度继续加深。 成因:潮湿环境和可溶盐活动为主因	★★
地衣霉菌	现状:如红线所示,地衣霉菌面积较之前有明显的扩大趋势。 成因:潮湿环境为主因,其他因素次之	★★

注:劣化程度用“★”的数量表示。由少至多分别表示一般、明显、严重三个程度。

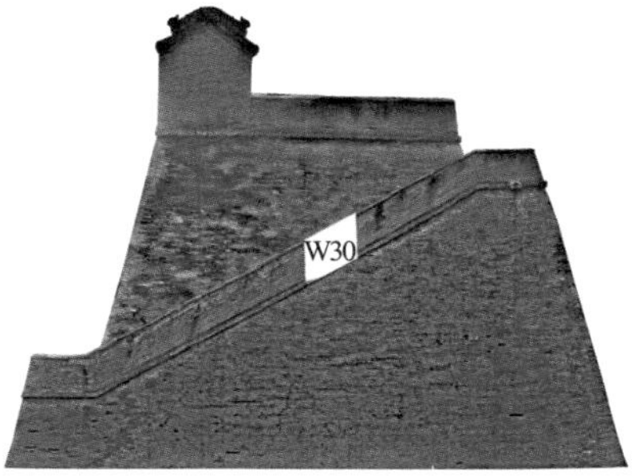

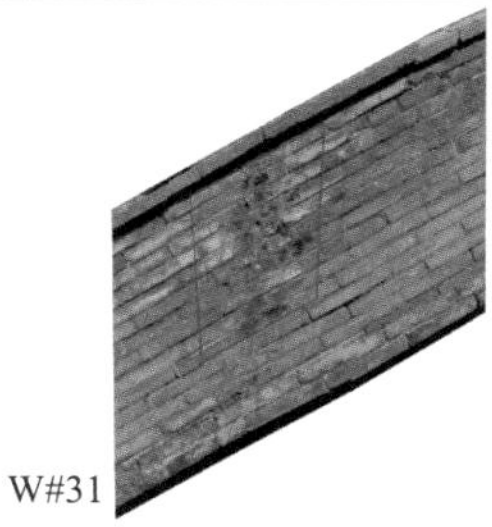

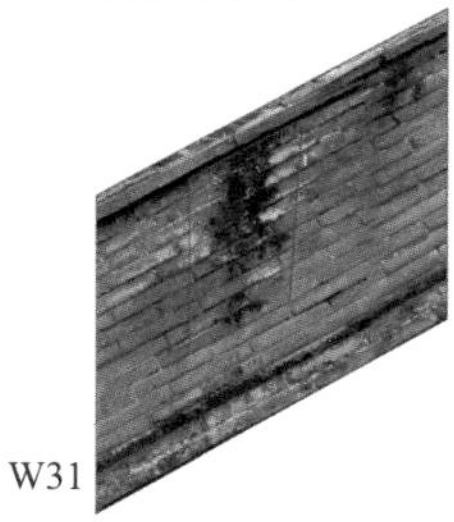

图片编号:W＃31	拍摄时间:2008 年	图片编号:W31	拍摄时间:2015 年

主要劣化情况比照表		
病害类型	病害状况及成因	劣化程度
表面剥离	现状:如绿线所示,砖体原本的粉状剥离程度继续加深。 成因:潮湿环境和可溶盐活动为主因	★★
地衣霉菌	现状:如红线所示,地衣霉菌面积较之前有明显的扩大趋势。 成因:潮湿环境为主因,其他因素次之	★★

注:劣化程度用“★”的数量表示。由少至多分别表示一般、明显、严重三个程度。

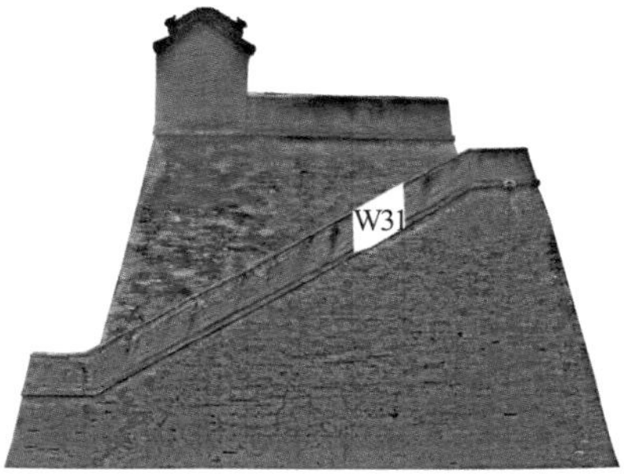

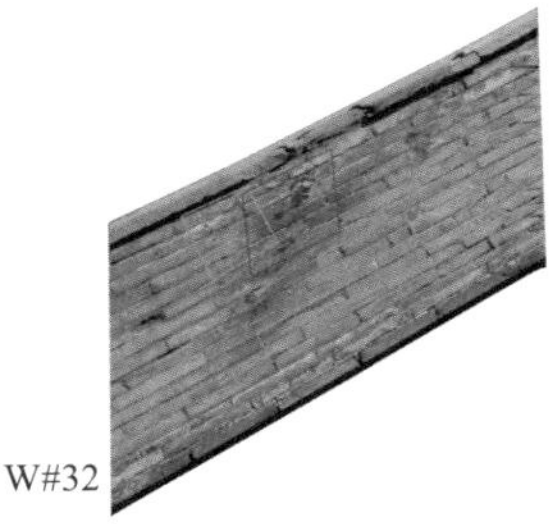

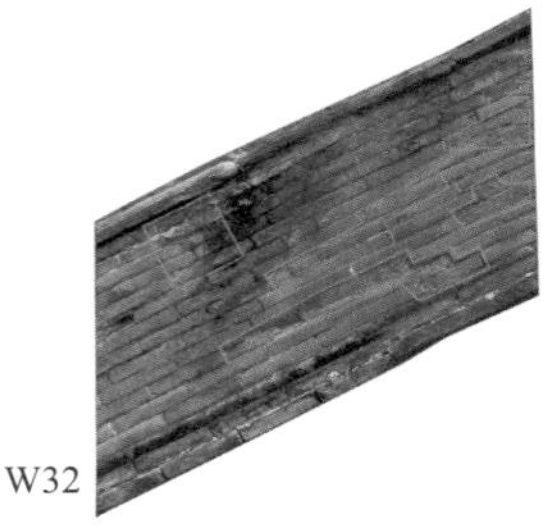

图片编号:W♯32	拍摄时间:2008 年	图片编号:W32	拍摄时间:2015 年

主要劣化情况比照表		
病害类型	病害状况及成因	劣化程度
表面剥离	现状:如绿线所示,砖体原本的粉状剥离程度继续加深。 成因:潮湿环境和可溶盐活动为主因	★★
地衣霉菌	现状:如红线所示,地衣霉菌面积较之前有明显的扩大趋势。 成因:潮湿环境为主因,其他因素次之	★

注:劣化程度用“★”的数量表示。由少至多分别表示一般、明显、严重三个程度。

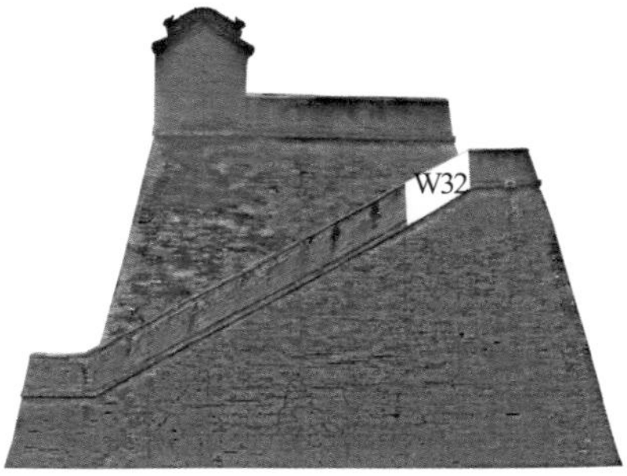

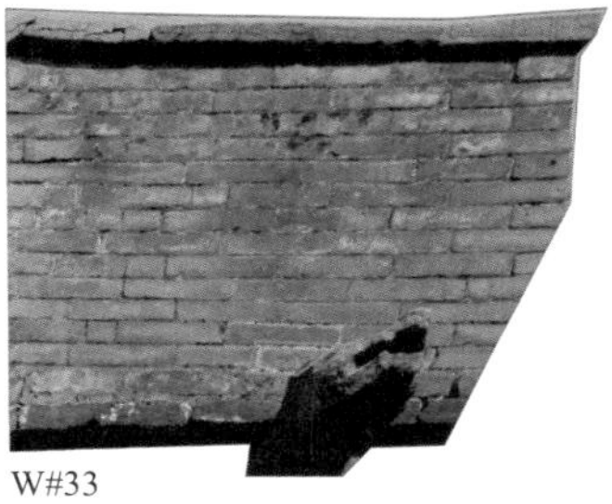

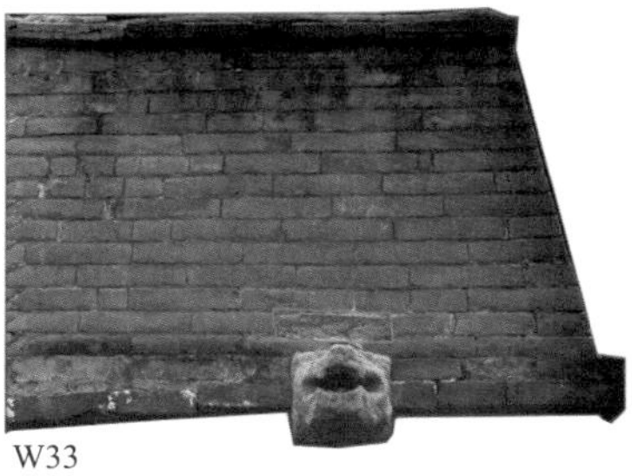

图片编号:W♯33	拍摄时间:2008 年	图片编号:W33	拍摄时间:2015 年

主要劣化情况比照表		
病害类型	病害状况及成因	劣化程度
表面剥离	现状:如绿线所示,砖体原本的粉状剥离程度有所加深。 成因:潮湿环境和可溶盐活动为主因	★

注:劣化程度用“★”的数量表示。由少至多分别表示一般、明显、严重三个程度。

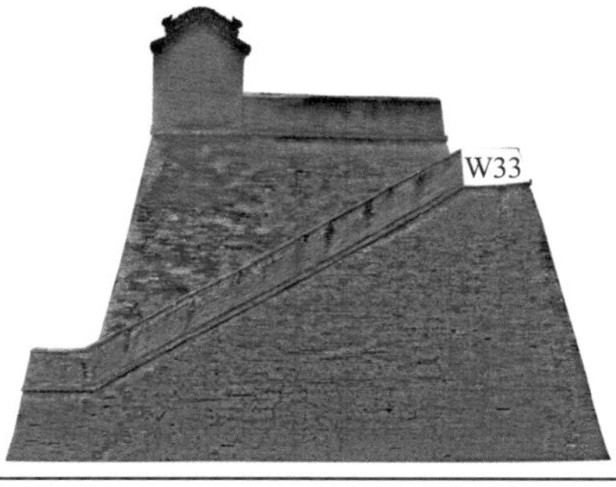

W#34

W34

图片编号:W＃34	拍摄时间:2008 年	图片编号:W34	拍摄时间:2015 年

主要劣化情况比照表

病害类型	病害状况及成因	劣化程度
—	无明显可识别变化	—

注：劣化程度用“★”的数量表示。由少至多分别表示一般、明显、严重三个程度。

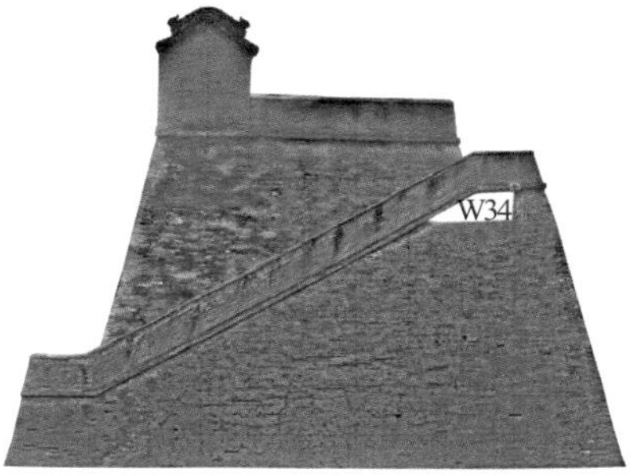

W#35

W35

图片编号:W＃35	拍摄时间:2008 年	图片编号:W35	拍摄时间:2015 年

主要劣化情况比照表

病害类型	病害状况及成因	劣化程度
—	无明显可识别变化	—

注：劣化程度用“★”的数量表示。由少至多分别表示一般、明显、严重三个程度。

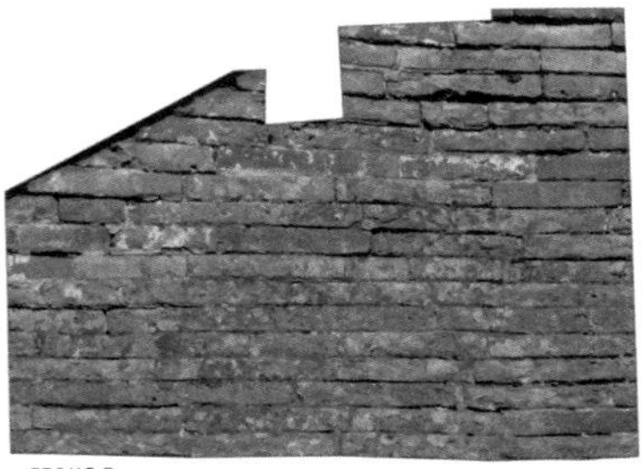

W#38

W38

图片编号:W＃38	拍摄时间:2008 年	图片编号:W38	拍摄时间:2015 年

主要劣化情况比照表

病害类型	病害状况及成因	劣化程度
—	无明显可识别变化	—

注：劣化程度用“★”的数量表示。由少至多分别表示一般、明显、严重三个程度。

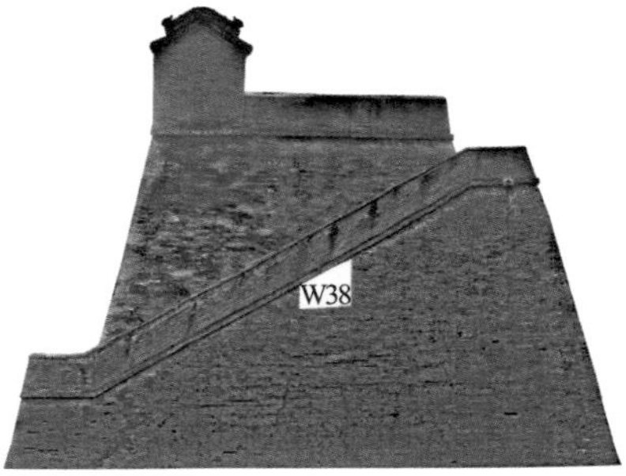

W#39

W39

图片编号:W＃39	拍摄时间:2008 年	图片编号:W39	拍摄时间:2015 年

主要劣化情况比照表

病害类型	病害状况及成因	劣化程度
表面剥离	现状:如绿线所示,砖体原本的片状剥离程度继续加深。 成因:潮湿环境和可溶盐活动为主因	★

注：劣化程度用“★”的数量表示。由少至多分别表示一般、明显、严重三个程度。

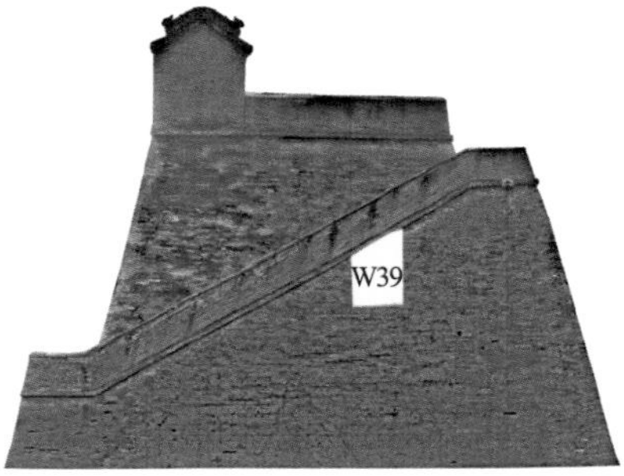

W#43

W43

图片编号：W＃43	拍摄时间：2008 年	图片编号：W43	拍摄时间：2015 年

主要劣化情况比照表		
病害类型	病害状况及成因	劣化程度
表面剥离	现状：如绿线所示，砖体原本的片状剥离程度继续加深。 成因：潮湿环境和可溶盐活动为主因	★

注：劣化程度用“★”的数量表示。由少至多分别表示一般、明显、严重三个程度。

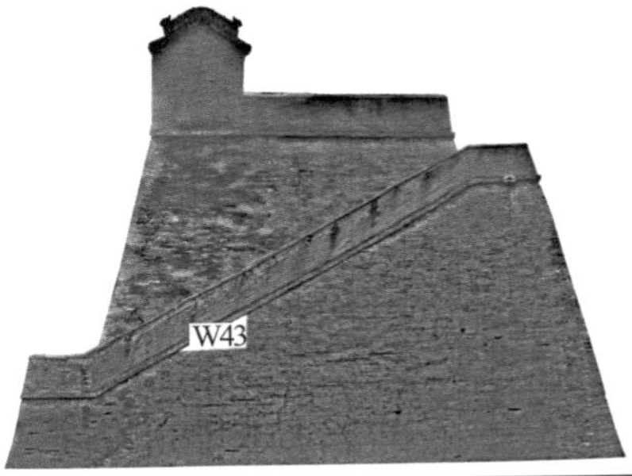

W#44

W44

图片编号：W＃44	拍摄时间：2008 年	图片编号：W44	拍摄时间：2015 年

主要劣化情况比照表		
病害类型	病害状况及成因	劣化程度
灰浆流失	现状：砖体间原本密实的灰浆出现了明显的空隙。 成因：雨水冲刷为主因，灰浆老化次之	★★
地衣霉菌	现状：地衣霉菌面积较之前有明显的扩大趋势。 成因：潮湿环境为主因，其他因素次之	★

注：劣化程度用“★”的数量表示。由少至多分别表示一般、明显、严重三个程度。

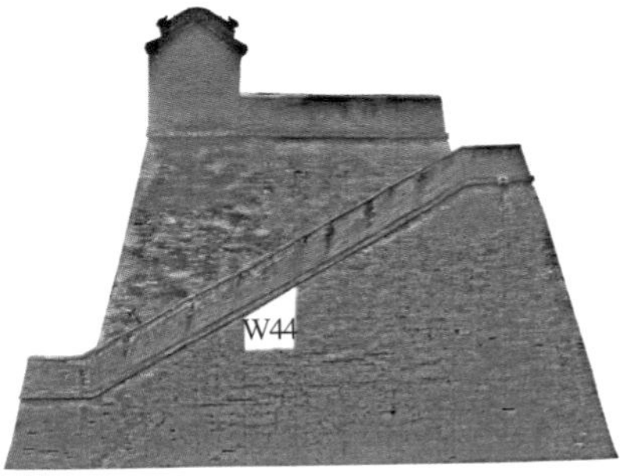

W#45

W45

图片编号：W＃45	拍摄时间：2008 年	图片编号：W45	拍摄时间：2015 年

主要劣化情况比照表		
病害类型	病害状况及成因	劣化程度
表面剥离	现状：如绿线所示，砖体原本的片状剥离程度继续加深。 成因：潮湿环境和可溶盐活动为主因	★

注：劣化程度用“★”的数量表示。由少至多分别表示一般、明显、严重三个程度。

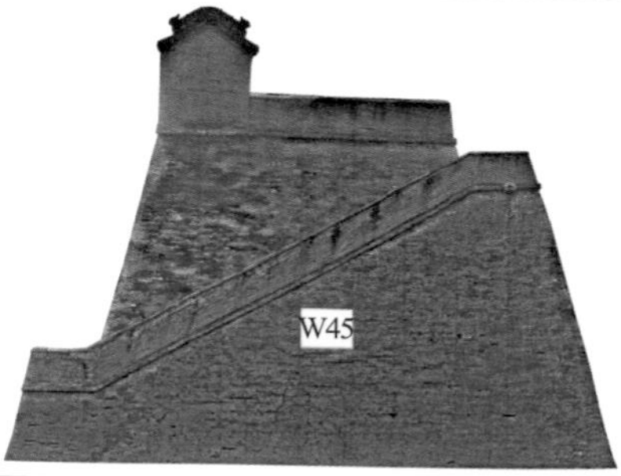

W#46

W46

图片编号：W＃46	拍摄时间：2008 年	图片编号：W46	拍摄时间：2015 年

主要劣化情况比照表		
病害类型	病害状况及成因	劣化程度
表面剥离	现状：如绿线所示，砖体原本的片状剥离程度继续加深。 成因：潮湿环境和可溶盐活动为主因	★

注：劣化程度用“★”的数量表示。由少至多分别表示一般、明显、严重三个程度。

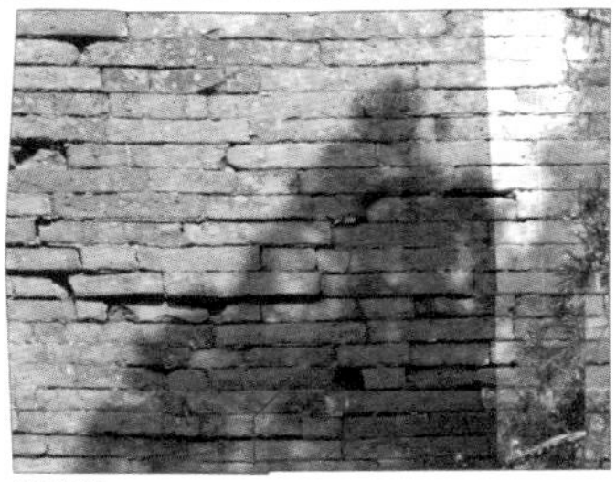

W#47

W47

图片编号：W＃47	拍摄时间：2008 年	图片编号：W47	拍摄时间：2015 年

主要劣化情况比照表		
病害类型	病害状况及成因	劣化程度
植物滋生	现状：如蓝线所示，砖体缝隙间有植物生长。 成因：与风、温湿度和季节变化有关	★

注：劣化程度用“★”的数量表示。由少至多分别表示一般、明显、严重三个程度。

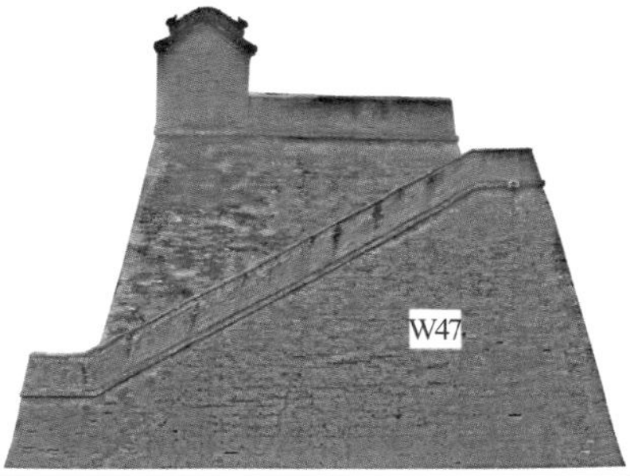

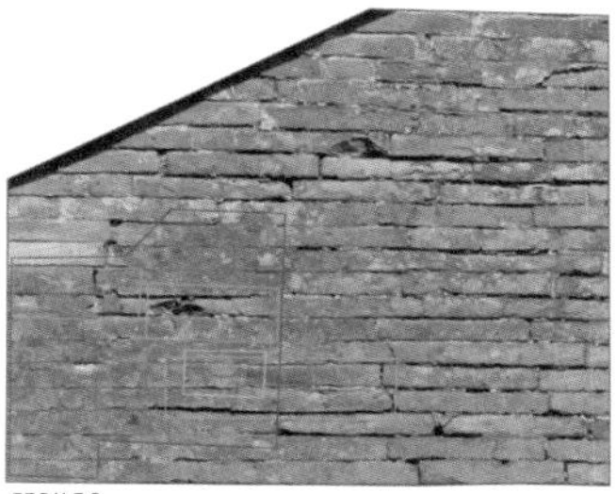

W#50

W50

图片编号：W＃50	拍摄时间：2008 年	图片编号：W50	拍摄时间：2015 年

主要劣化情况比照表		
病害类型	病害状况及成因	劣化程度
表面剥离	现状：如绿线所示，砖体原本的片状剥离程度继续加深。 成因：潮湿环境和可溶盐活动为主因	★★
地衣霉菌	现状：如红线所示，霉菌面积较之前有明显的扩大趋势。 成因：潮湿环境为主因，其他因素次之	★★
裂缝	现状：如蓝线所示，砖体表面出现了新的裂缝。 成因：与重力和内部应力关联较大	★

注：劣化程度用“★”的数量表示。由少至多分别表示一般、明显、严重三个程度。

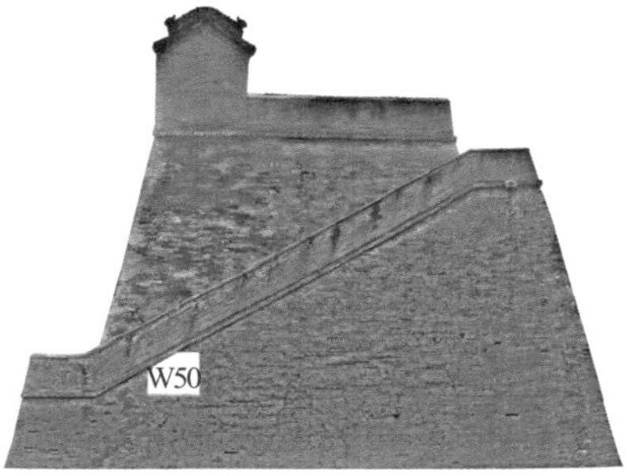

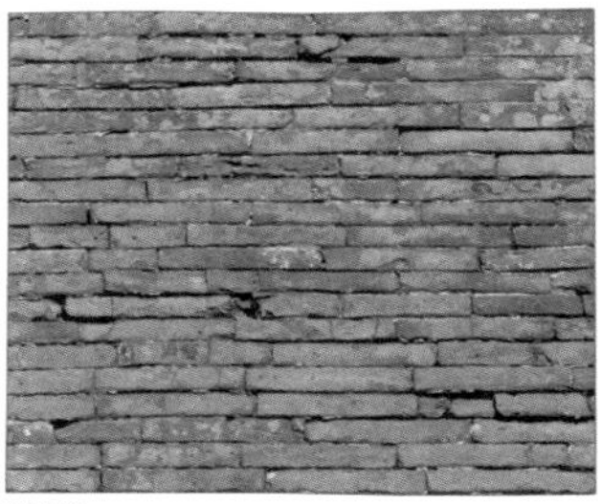
W#51

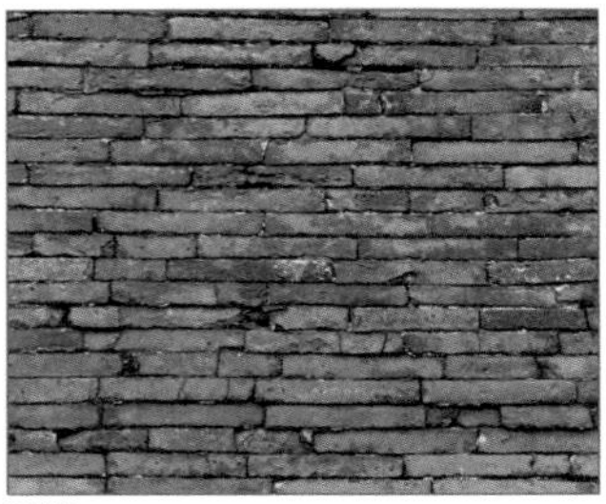
W51

图片编号：W＃51	拍摄时间：2008 年	图片编号：W51	拍摄时间：2015 年

主要劣化情况比照表		
病害类型	病害状况及成因	劣化程度
—	无明显可识别变化	—

注：劣化程度用“★”的数量表示。由少至多分别表示一般、明显、严重三个程度。

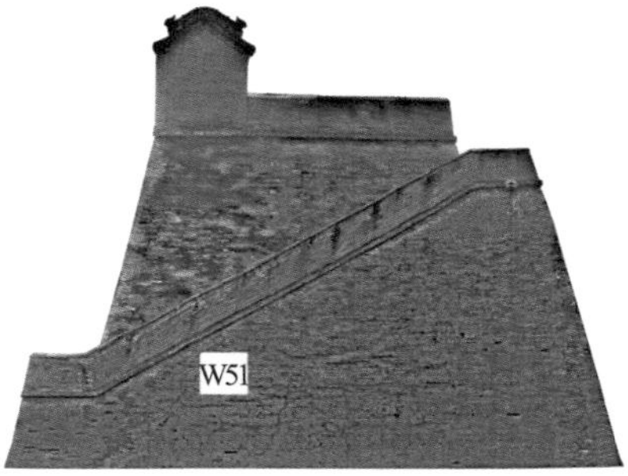

W#52

W52

图片编号：W＃52	拍摄时间：2008 年	图片编号：W52	拍摄时间：2015 年

主要劣化情况比照表		
病害类型	病害状况及成因	劣化程度
灰浆流失	现状：如黄线所示，砖体间的灰浆出现不同程度的流失。 成因：雨水冲刷为主因，灰浆老化次之	★
表面剥离	现状：如绿线所示，砖体原本的片状剥离程度继续加深。 成因：潮湿环境和可溶盐活动为主因	★
缺失	现状：如紫线所示，砖体原有的断裂块砖现已消失。 成因：存在人为破坏、雨水冲刷等多种可能因素	★★

注：劣化程度用“★”的数量表示。由少至多分别表示一般、明显、严重三个程度。

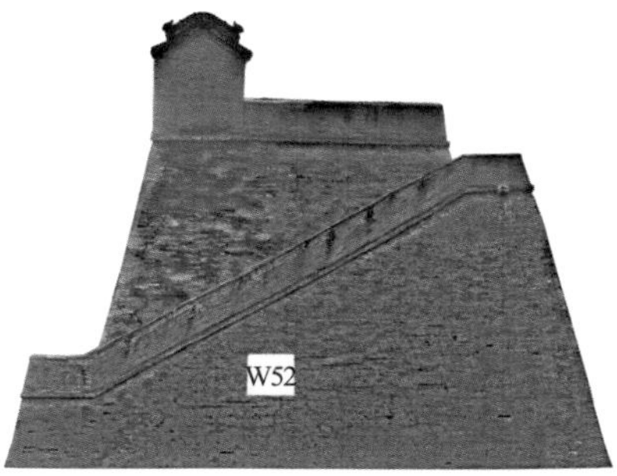

W#53

W53

图片编号:W#53	拍摄时间:2008年	图片编号:W53	拍摄时间:2015年

主要劣化情况比照表

病害类型	病害状况及成因	劣化程度
灰浆流失	现状:砖体间原本密实的灰浆出现了明显的空隙。 成因:雨水冲刷为主因,灰浆老化次之	★★
地衣霉菌	现状:地衣霉菌面积较之前有明显的扩大趋势。 成因:潮湿环境为主因,其他因素次之	★

注:劣化程度用“★”的数量表示。由少至多分别表示一般、明显、严重三个程度。

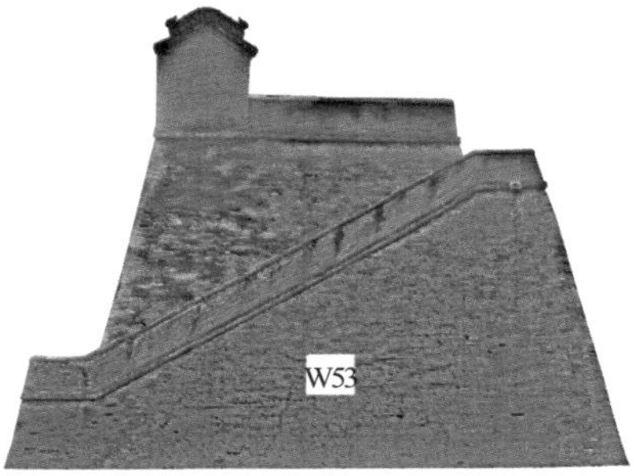

W#54

W54

图片编号:W#54	拍摄时间:2008年	图片编号:W54	拍摄时间:2015年

主要劣化情况比照表

病害类型	病害状况及成因	劣化程度
表面剥离	现状:如绿线所示,砖体原本的片状剥离程度继续加深。 成因:潮湿环境和可溶盐活动为主因	★

注:劣化程度用“★”的数量表示。由少至多分别表示一般、明显、严重三个程度。

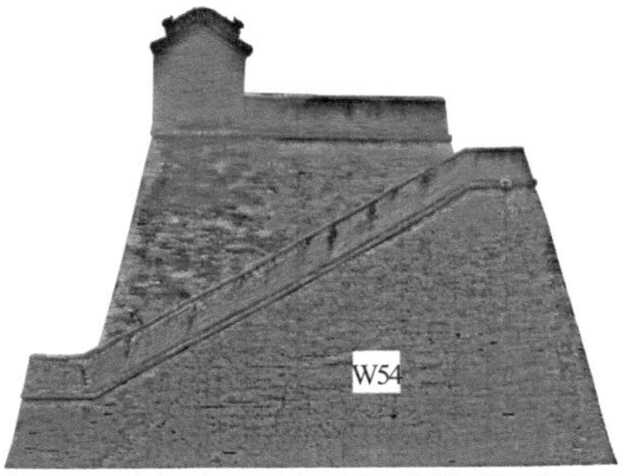

W#55

W55

图片编号:W#55	拍摄时间:2008 年	图片编号:W55	拍摄时间:2015 年

主要劣化情况比照表		
病害类型	病害状况及成因	劣化程度
灰浆流失	现状:如黄线所示,砖体间灰浆空隙变大。 成因:雨水冲刷为主因,灰浆老化次之	★

注:劣化程度用"★"的数量表示。由少至多分别表示一般、明显、严重三个程度。

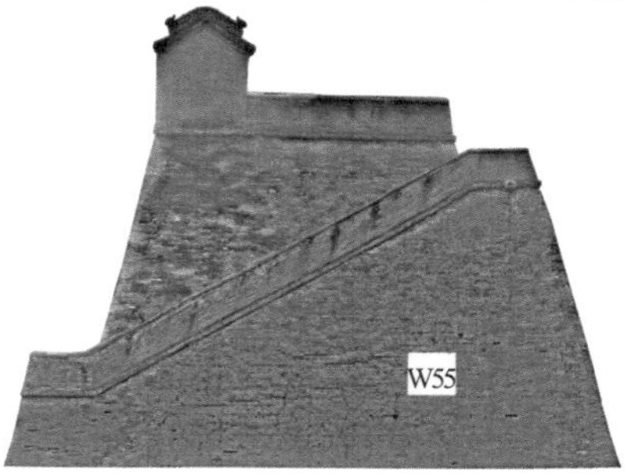

W#56

W56

图片编号:W#56	拍摄时间:2008 年	图片编号:W56	拍摄时间:2015 年

主要劣化情况比照表		
病害类型	病害状况及成因	劣化程度
表面剥离	现状:如绿线所示,部分砖块酥碱较之前严重,局部砖体表面有盐溶坑出现。 成因:温湿度及可溶盐活动为主因	★

注:劣化程度用"★"的数量表示。由少至多分别表示一般、明显、严重三个程度。

W#57

W57

图片编号：W＃57	拍摄时间：2008 年	图片编号：W57	拍摄时间：2015 年

主要劣化情况比照表		
病害类型	病害状况及成因	劣化程度
—	无明显可识别变化	—

注：劣化程度用“★”的数量表示。由少至多分别表示一般、明显、严重三个程度。

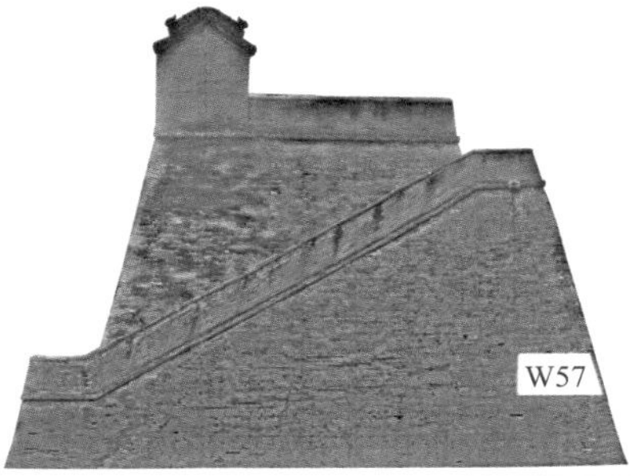

W#58

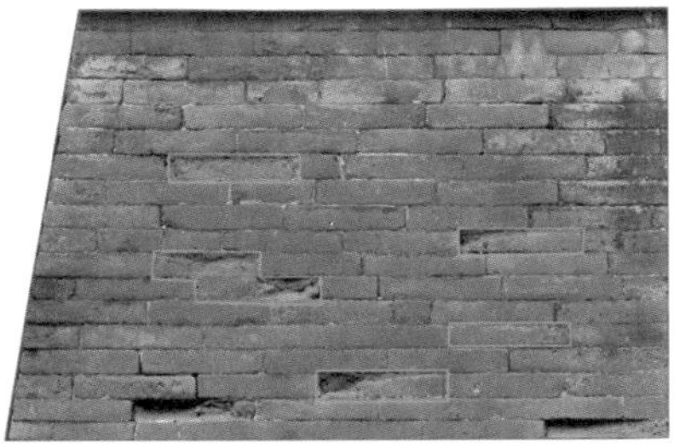
W58

图片编号：W＃58	拍摄时间：2008 年	图片编号：W58	拍摄时间：2015 年

主要劣化情况比照表		
病害类型	病害状况及成因	劣化程度
表面剥离	现状：如绿线所示，砖体粉化酥碱较之前严重。 成因：温湿度及可溶盐活动为主因	★

注：劣化程度用“★”的数量表示。由少至多分别表示一般、明显、严重三个程度。

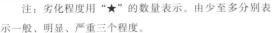

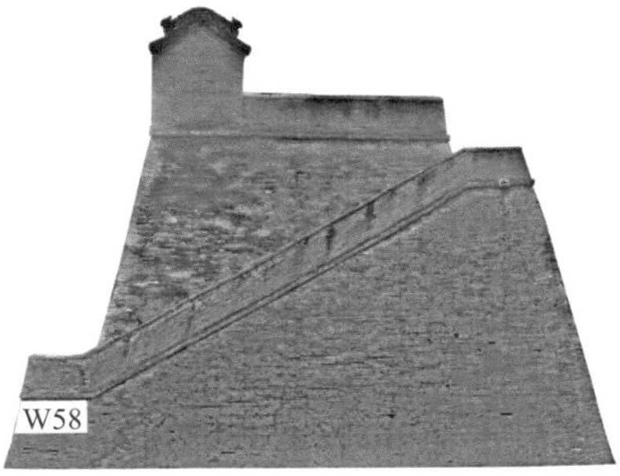

W#59

W59

图片编号：W＃59	拍摄时间：2008 年	图片编号：W59	拍摄时间：2015 年

主要劣化情况比照表

病害类型	病害状况及成因	劣化程度
灰浆流失	现状：如黄线所示，砖体间灰缝空隙变大。 成因：雨水冲刷为主因，灰浆老化次之	★
表面剥离	现状：如绿线所示，部分砖体粉化酥碱状况较之前严重。 成因：温湿度及可溶盐活动为主因	★

注：劣化程度用“★”的数量表示。由少至多分别表示一般、明显、严重三个程度。

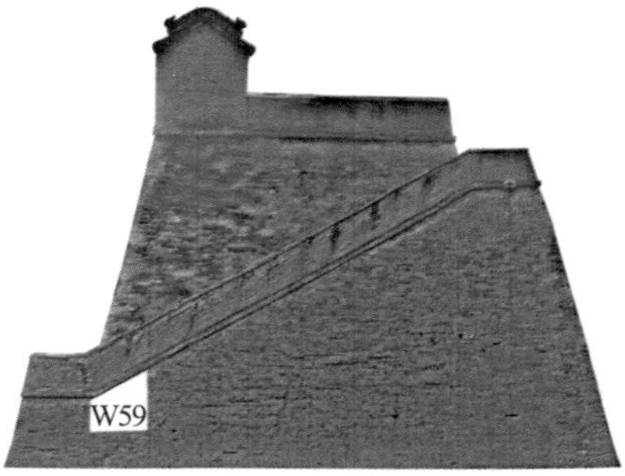

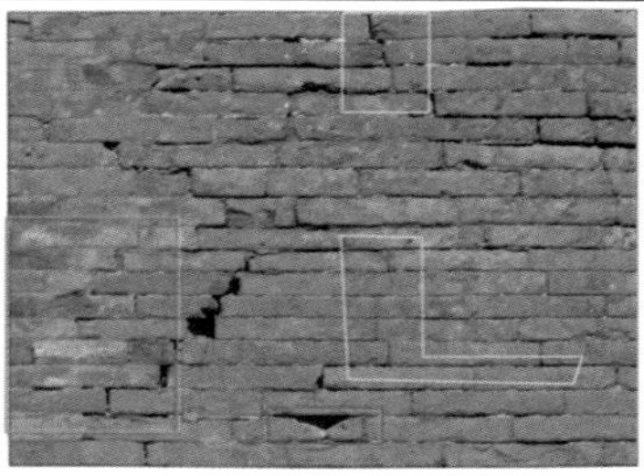

W#60

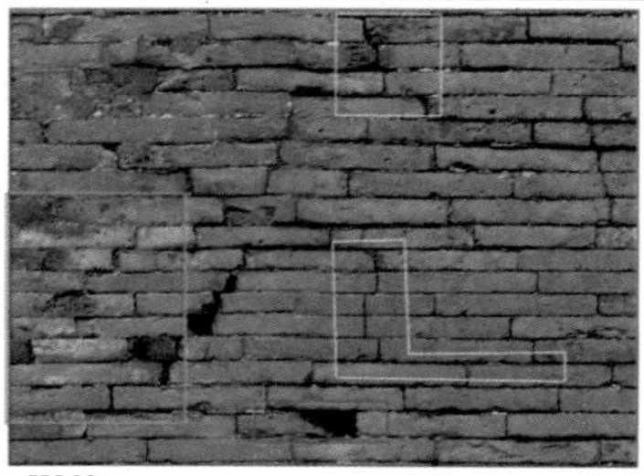

W60

图片编号：W＃60	拍摄时间：2008 年	图片编号：W60	拍摄时间：2015 年

主要劣化情况比照表

病害类型	病害状况及成因	劣化程度
灰浆流失	现状：如黄线所示，砖体间原本密实的灰浆出现了明显的空隙。 成因：雨水冲刷为主因，灰浆老化次之	★
表面剥离	现状：如绿线所示，砖体表面剥离程度较之前加重。 成因：温湿度及可溶盐活动为主因	★
缺失	现状：如粉线所示，原破损砖体局部缺失。 成因：温湿度变化、振动等为主因	★★

注：劣化程度用“★”的数量表示。由少至多分别表示一般、明显、严重三个程度。

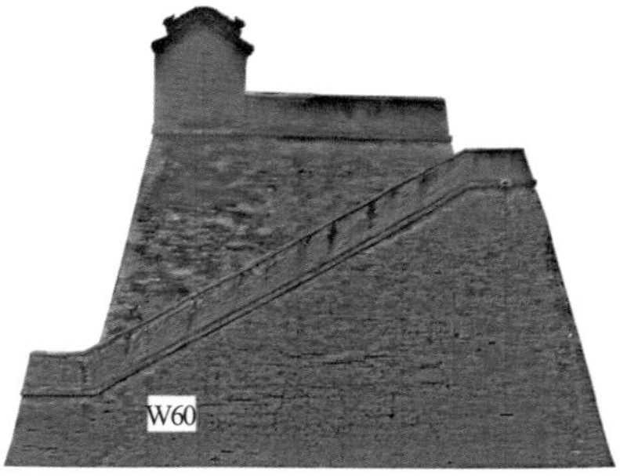

W#61

W61

图片编号：W♯61	拍摄时间：2008 年	图片编号：W61	拍摄时间：2015 年

主要劣化情况比照表		
病害类型	病害状况及成因	劣化程度
表面剥离	现状：如绿线所示，砖体表面剥离程度加深，表面有新的盐溶坑出现。 成因：温湿度及可溶盐活动为主因	★

注：劣化程度用“★”的数量表示。由少至多分别表示一般、明显、严重三个程度。

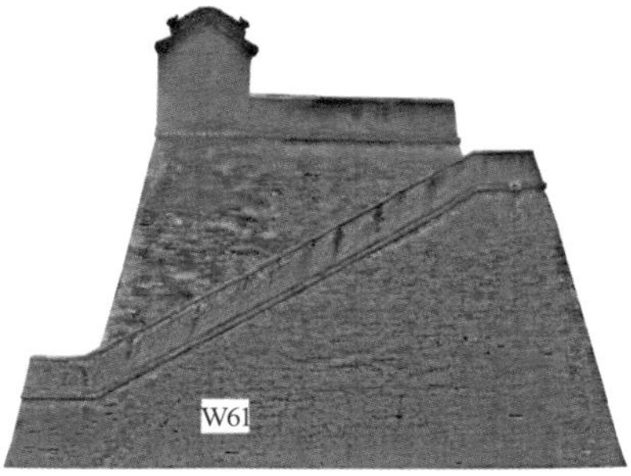

W#62

W62

图片编号：W♯62	拍摄时间：2008 年	图片编号：W62	拍摄时间：2015 年

主要劣化情况比照表		
病害类型	病害状况及成因	劣化程度
表面剥离	现状：砖体表面剥离程度加重，有新的盐溶坑出现。 成因：温湿度及可溶盐活动为主因	★

注：劣化程度用“★”的数量表示。由少至多分别表示一般、明显、严重三个程度。

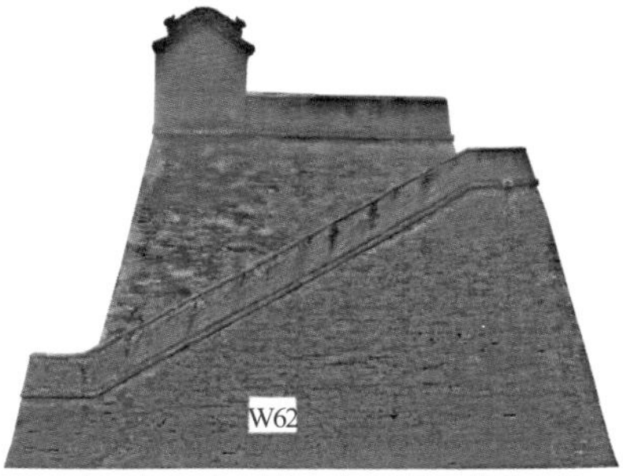

W#63

W63

图片编号：W＃63	拍摄时间：2008 年	图片编号：W63	拍摄时间：2015 年

主要劣化情况比照表

病害类型	病害状况及成因	劣化程度
灰浆流失	现状：如黄线所示，砖体间原本密实的灰浆出现了明显的空隙。 成因：雨水冲刷为主因，灰浆老化次之	★★
表面剥离	现状：如绿线所示，砖体表面剥离程度加重，表面有新的盐溶坑出现。 成因：温湿度及可溶盐活动为主因	★★

注：劣化程度用“★”的数量表示。由少至多分别表示一般、明显、严重三个程度。

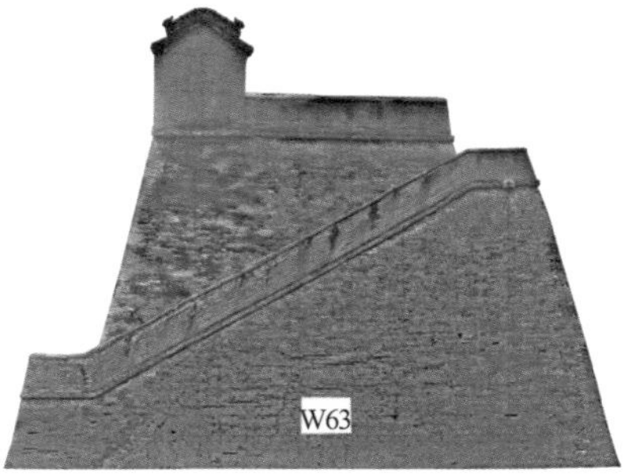

W#64

W64

图片编号：W＃64	拍摄时间：2008 年	图片编号：W64	拍摄时间：2015 年

主要劣化情况比照表

病害类型	病害状况及成因	劣化程度
表面剥离	现状：如绿线所示，砖体表面出现了新的盐溶坑。 成因：雨水冲刷为主因，灰浆老化次之	★
缺失	现状：如粉线所示，破损的砖块出现了局部的遗失。 成因：温湿度变化及外力振动造成	★★

注：劣化程度用“★”的数量表示。由少至多分别表示一般、明显、严重三个程度。

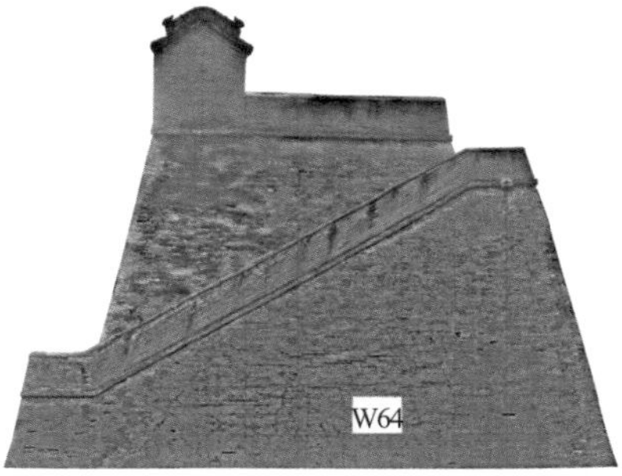

W#65

W65

图片编号：W＃65	拍摄时间：2008 年	图片编号：W65	拍摄时间：2015 年

主要劣化情况比照表

病害类型	病害状况及成因	劣化程度
表面剥离	现状：如绿线所示，砖体表面有新的盐溶坑及片状剥落出现。 成因：温湿度及可溶盐活动为主因	★★
灰浆流失	现状：如粉线所示，砖缝间密实的灰浆出现了明显的裂缝。 成因：雨水冲刷为主因，灰浆老化次之	★★

注：劣化程度用“★”的数量表示。由少至多分别表示一般、明显、严重三个程度。

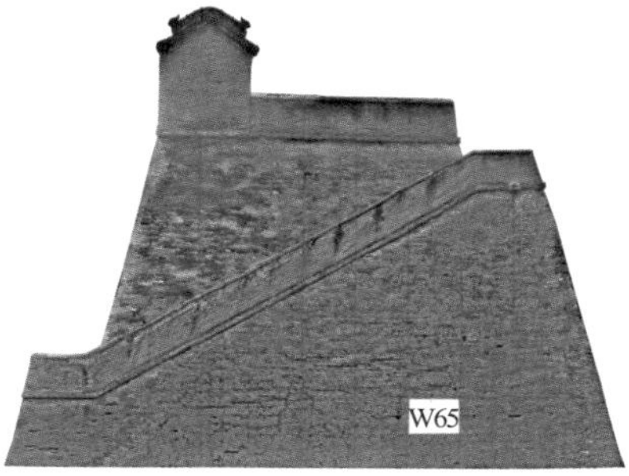

W#66

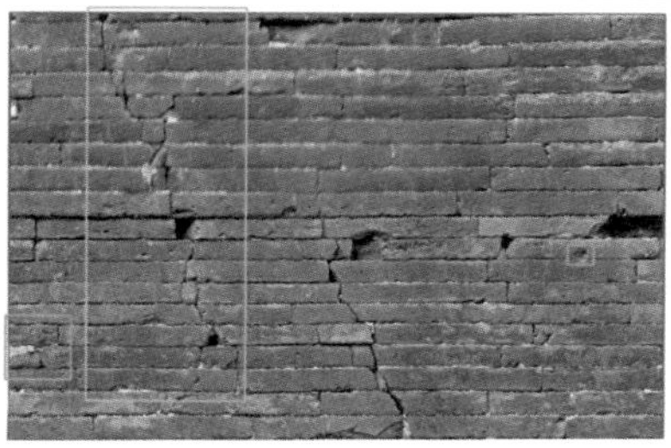

W66

图片编号：W＃66	拍摄时间：2008 年	图片编号：W66	拍摄时间：2015 年

主要劣化情况比照表

病害类型	病害状况及成因	劣化程度
表面剥离	现状：如绿线所示，砖体表面剥离程度加深，有新的盐溶坑出现。 成因：温湿度及可溶盐活动为主因	★
裂缝	现状：如蓝线所示，砖体表面裂缝较之前变明显。 成因：可能与地基下沉、内部应力等因素有关	★

注：劣化程度用“★”的数量表示。由少至多分别表示一般、明显、严重三个程度。

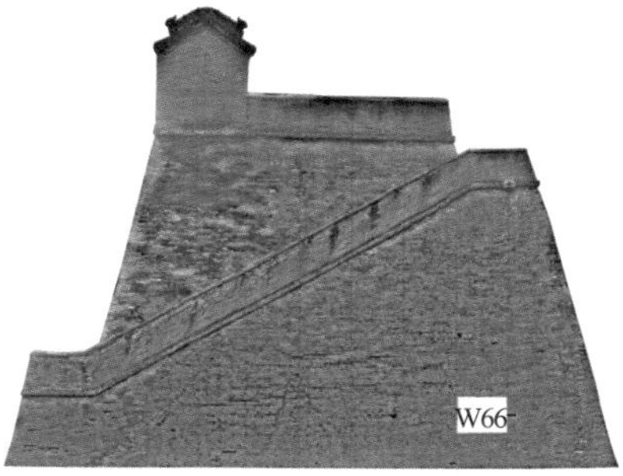

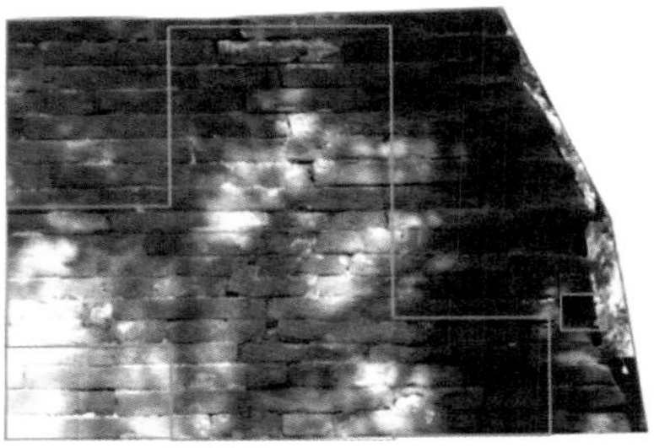

W#68

W68

图片编号：W＃68	拍摄时间：2008 年	图片编号：W68	拍摄时间：2015 年

主要劣化情况比照表		
病害类型	病害状况及成因	劣化程度
表面剥离	现状：砖体表面剥离程度较之前加重。表面盐溶坑范围变大。 成因：温湿度及可溶盐活动为主因	★★

注：劣化程度用“★”的数量表示。由少至多分别表示一般、明显、严重三个程度。

W#69

W69

图片编号：W＃69	拍摄时间：2008 年	图片编号：W69	拍摄时间：2015 年

主要劣化情况比照表		
病害类型	病害状况及成因	劣化程度
表面剥离	现状：砖体表面开始出现粉化酥碱现象。 成因：温湿度及可溶盐变化为主因	★

注：劣化程度用“★”的数量表示。由少至多分别表示一般、明显、严重三个程度。

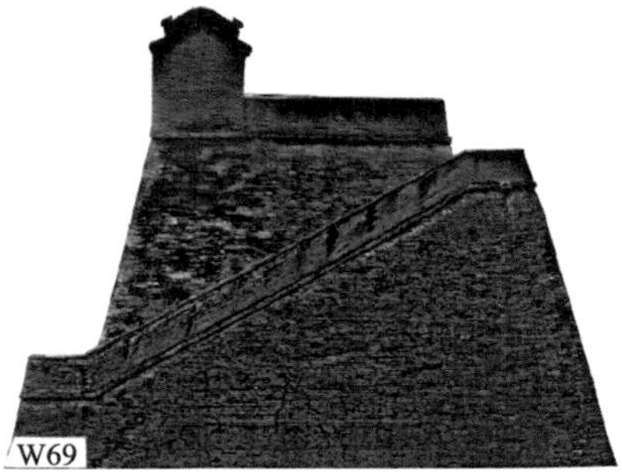

W#70

W70

图片编号：W＃70	拍摄时间：2008 年	图片编号：W70	拍摄时间：2015 年

主要劣化情况比照表		
病害类型	病害状况及成因	劣化程度
灰浆流失	现状：如黄线所示，砖体间原本密实的灰浆出现了明显的空隙。 成因：雨水冲刷为主因，灰浆老化次之	★
植物滋生	现状：如蓝线所示，墙基与地面连接处有杂草生长。 成因：与季节、温湿度变化有关	★
表面剥离	现状：如绿线所示，砖体表面有新的盐溶坑出现。 成因：温湿度及可溶盐活动为主因	★

注：劣化程度用“★”的数量表示。由少至多分别表示一般、明显、严重三个程度。

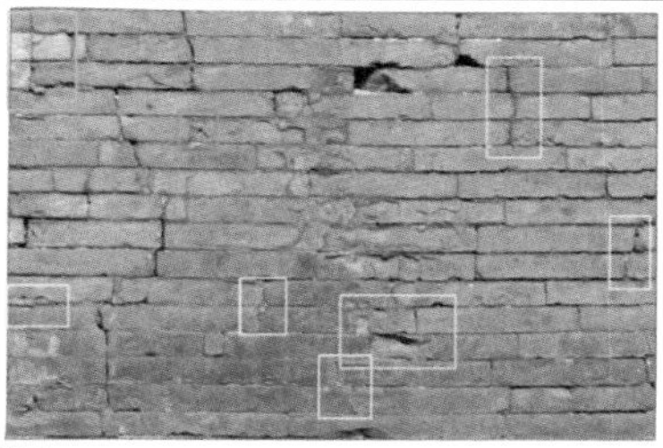

W#71

W71

图片编号：W＃71	拍摄时间：2008 年	图片编号：W71	拍摄时间：2015 年

主要劣化情况比照表		
病害类型	病害状况及成因	劣化程度
灰浆流失	现状：如黄线所示，砖体间原本密实的灰浆出现了明显的空隙。 成因：雨水冲刷为主因，灰浆老化次之	★★
裂缝	现状：如蓝线所示，砖体表面裂缝较之前变明显。 成因：可能与地基下沉、内部应力等因素有关	★
表面剥离	现状：如绿线所示，砖体表面片状剥离较之前明显。 成因：温湿度及可溶盐活动为主因	★

注：劣化程度用“★”的数量表示。由少至多分别表示一般、明显、严重三个程度。

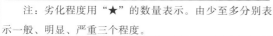

W#72

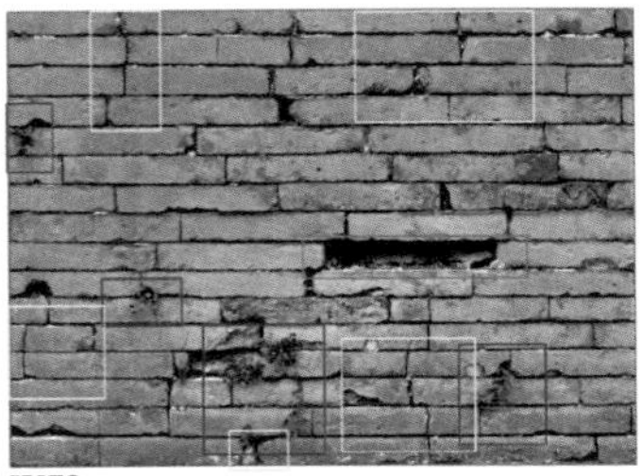

W72

图片编号：W＃72	拍摄时间：2008 年	图片编号：W72	拍摄时间：2015 年

主要劣化情况比照表		
病害类型	病害状况及成因	劣化程度
灰浆流失	现状：如黄线所示，砖体间原本密实的灰浆出现了明显的空隙。 成因：雨水冲刷为主因，灰浆老化次之	★
植物滋生	现状：如蓝线所示，砖缝间有多株植物生长。 成因：与温湿度及季节有关	★
缺失	现状：如粉线所示，局部砖块缺失。 成因：人为破坏可能性较大	★★

注：劣化程度用“★”的数量表示。由少至多分别表示一般、明显、严重三个程度。

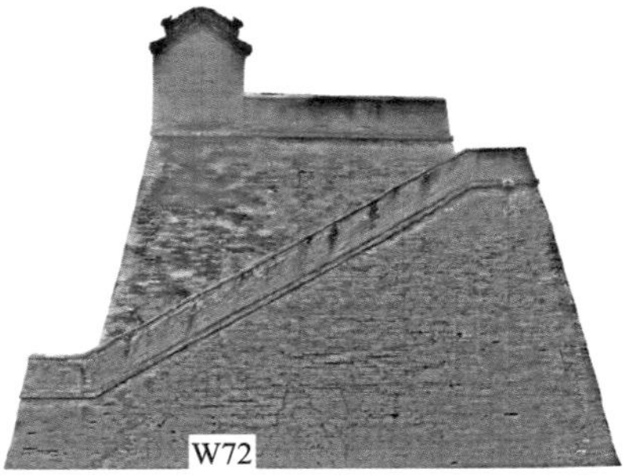

W#73

W73

图片编号：W＃73	拍摄时间：2008 年	图片编号：W73	拍摄时间：2015 年

主要劣化情况比照表		
病害类型	病害状况及成因	劣化程度
灰浆流失	现状：如黄线所示，砖体间原本密实的灰浆出现了明显的空隙。 成因：雨水冲刷为主，灰浆老化次之	★
植物滋生	现状：如蓝线所示，墙基与地面连接处有杂草生长。 成因：与季节、温湿度有关	★

注：劣化程度用“★”的数量表示。由少至多分别表示一般、明显、严重三个程度。

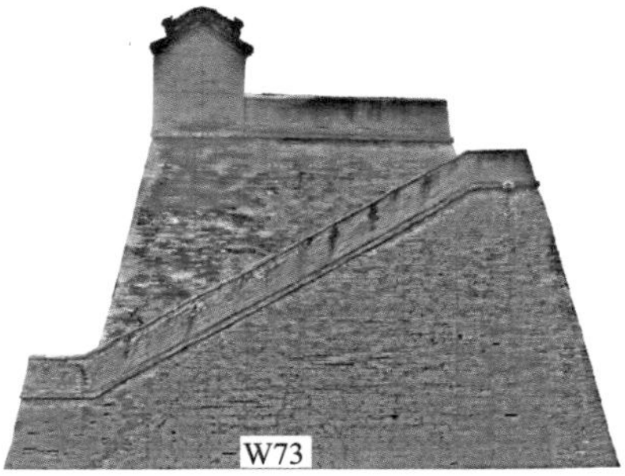

W#74

W74

图片编号：W＃74	拍摄时间：2008 年	图片编号：W74	拍摄时间：2015 年

主要劣化情况比照表

病害类型	病害状况及成因	劣化程度
植物滋生	现状：如蓝线所示，砖缝间有草本植物生长。 成因：与温湿度、季节有关	★
缺失	现状：如粉线所示，破损砖体局部缺失。 成因：可能与外部振荡、内部应力有关	★

注：劣化程度用“★”的数量表示。由少至多分别表示一般、明显、严重三个程度。

3.4 东立面病害调查及对比分析

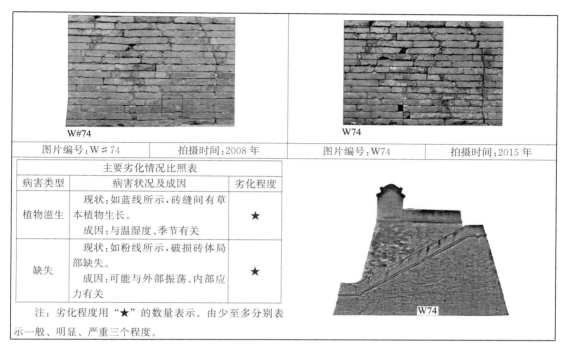

东立面索引

E#0

E0

图片编号:E＃0	拍摄时间:2008 年	图片编号:E0	拍摄时间:2015 年

主要劣化情况比照表		
病害类型	病害状况及成因	劣化程度
地衣霉菌	现状:如红线所示,小室顶部瓦檐位置滋生黄色霉菌。 成因:潮湿环境为主因,其他因素次之	★

注:劣化程度用“★”的数量表示。由少至多分别表示一般、明显、严重三个程度。

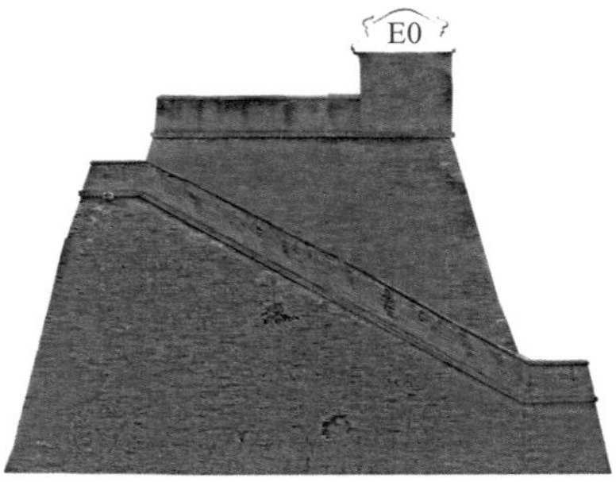

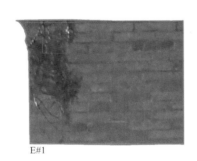

E#1

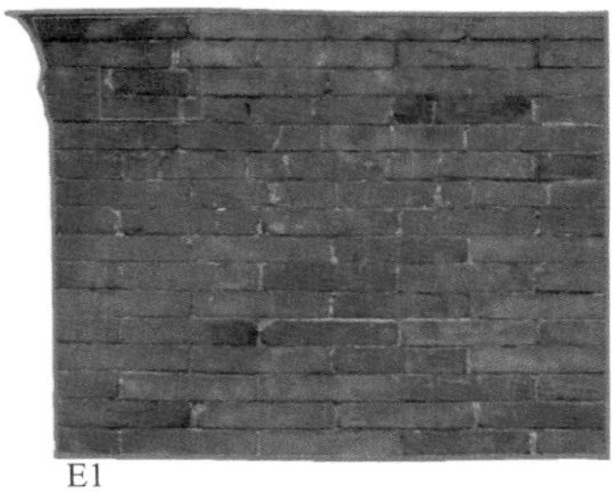
E1

图片编号:E＃1	拍摄时间:2008 年	图片编号:E1	拍摄时间:2015 年

主要劣化情况比照表		
病害类型	病害状况及成因	劣化程度
地衣霉菌	现状:如红线所示,砖体表面开始有淡黄色、褐色地衣霉菌附着。 成因:潮湿环境为主因,其他因素次之	★

注:劣化程度用“★”的数量表示。由少至多分别表示一般、明显、严重三个程度。

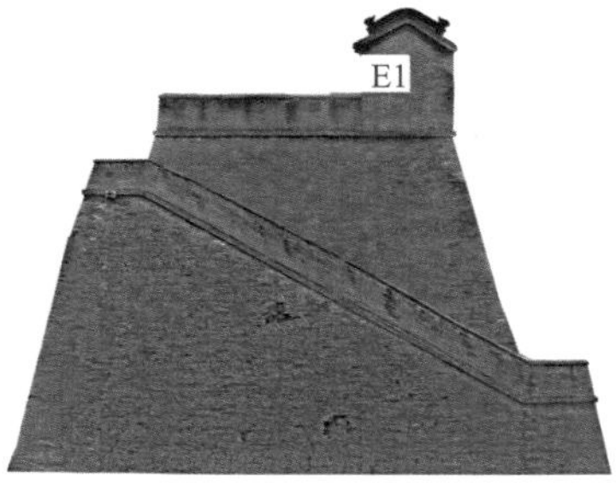

E#2

E2

图片编号:E＃2	拍摄时间:2008 年	图片编号:E2	拍摄时间:2015 年

主要劣化情况比照表		
病害类型	病害状况及成因	劣化程度
灰浆流失	现状:砖体间原本密实的灰浆出现了明显的空隙。 成因:雨水冲刷为主因,灰浆老化次之	★

注：劣化程度用“★”的数量表示。由少至多分别表示一般、明显、严重三个程度。

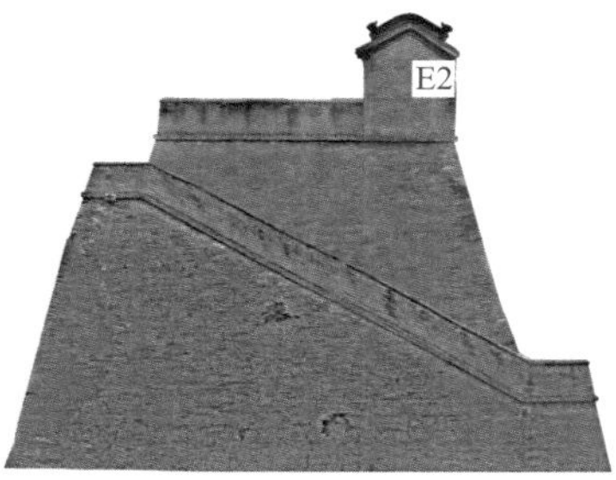

E#3

E3

图片编号:E＃3	拍摄时间:2008 年	图片编号:E3	拍摄时间:2015 年

主要劣化情况比照表		
病害类型	病害状况及成因	劣化程度
表层风化	现状:如绿线所示,砖体表面风化加重,局部出现酥碱和孔洞状溶蚀。 成因:温湿度、可溶盐与太阳辐射为主因	★★

注：劣化程度用“★”的数量表示。由少至多分别表示一般、明显、严重三个程度。

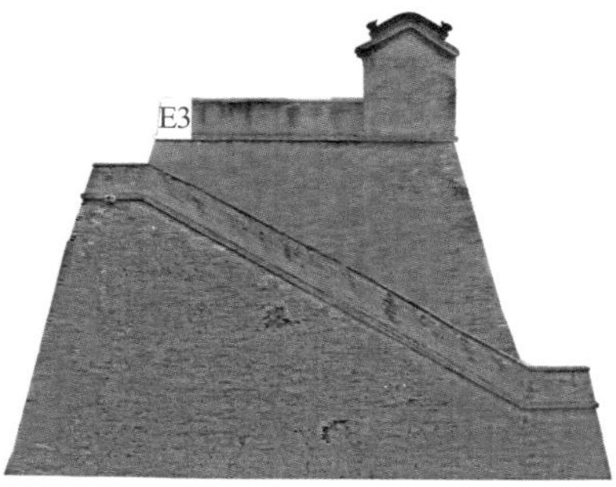

E#4

E4

图片编号:E＃4	拍摄时间:2008 年	图片编号:E4	拍摄时间:2015 年

主要劣化情况比照表		
病害类型	病害状况及成因	劣化程度
表层风化	现状:如绿线所示,砖体表面风化加重,局部出现酥碱、粉化。 成因:温湿度、可溶盐与太阳辐射为主因	★

注：劣化程度用“★”的数量表示。由少至多分别表示一般、明显、严重三个程度。

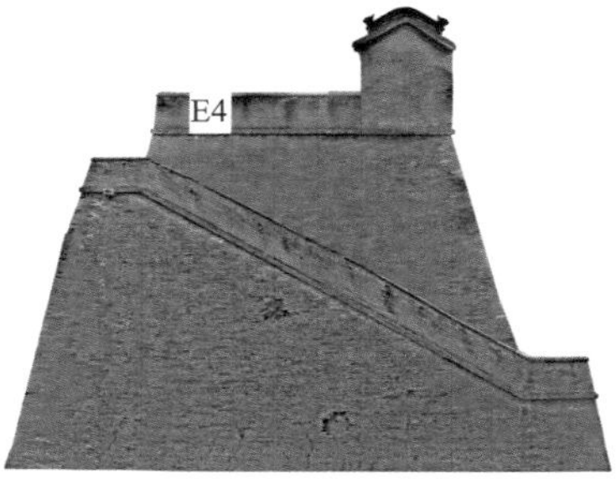

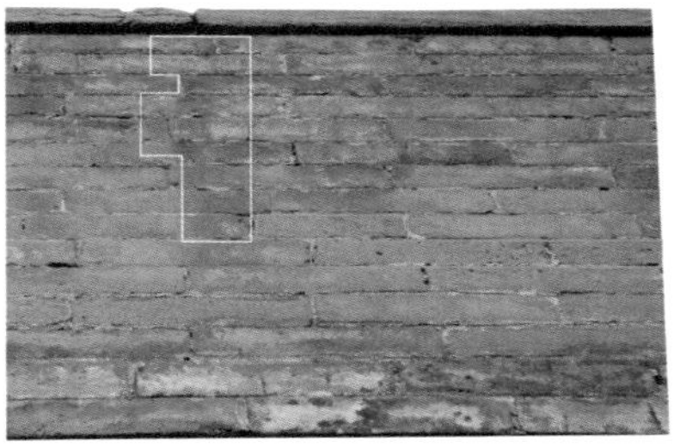

E#5

E5

图片编号:E＃5	拍摄时间:2008 年	图片编号:E5	拍摄时间:2015 年

主要劣化情况比照表		
病害类型	病害状况及成因	劣化程度
表层风化	现状:如绿线所示,砖体表面风化加重,局部出现酥碱和孔洞状溶蚀。 成因:温湿度、可溶盐与太阳辐射为主因	★
水锈结壳	现状:如白线所示,水锈结壳的面积与颜色明显加深。 成因:温湿度变化、微生物滋生为主因	★

注：劣化程度用“★”的数量表示。由少至多分别表示一般、明显、严重三个程度。

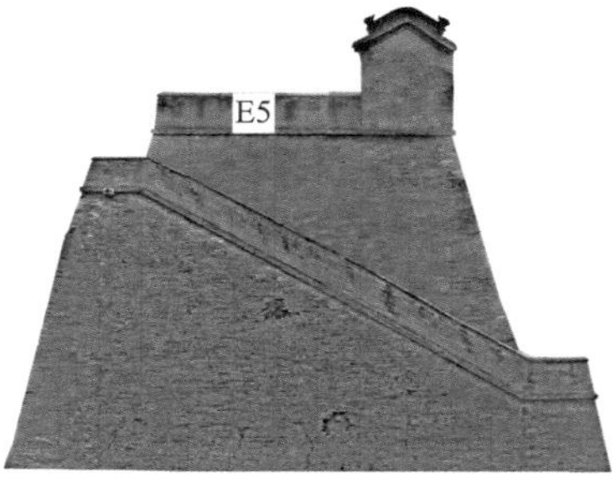

E#8

E8

图片编号:E#8	拍摄时间:2008 年	图片编号:E8	拍摄时间:2015 年

主要劣化情况比照表

病害类型	病害状况及成因	劣化程度
—	无明显可识别变化	—

注：劣化程度用“★”的数量表示。由少至多分别表示一般、明显、严重三个程度。

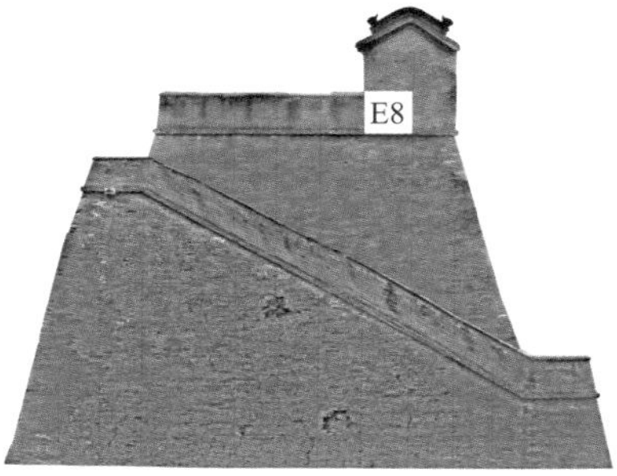

E#9

E9

图片编号:E#9	拍摄时间:2008 年	图片编号:E9	拍摄时间:2015 年

主要劣化情况比照表

病害类型	病害状况及成因	劣化程度
—	无明显可识别变化	—

注：劣化程度用“★”的数量表示。由少至多分别表示一般、明显、严重三个程度。

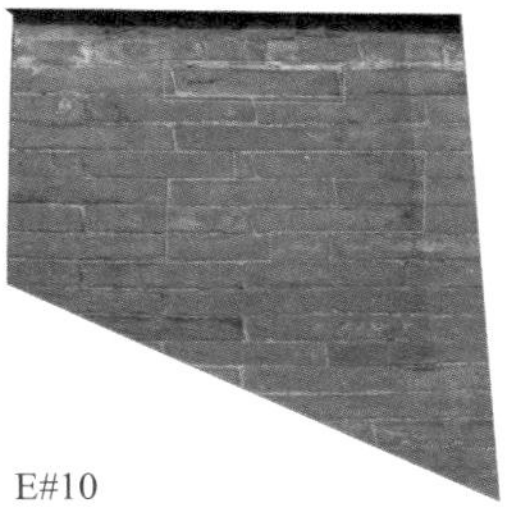

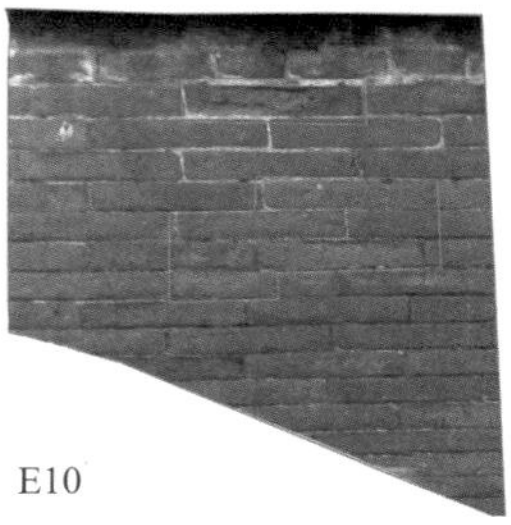

图片编号:E＃10	拍摄时间:2008 年	图片编号:E10	拍摄时间:2015 年

主要劣化情况比照表		
病害类型	病害状况及成因	劣化程度
表面剥离	现状:如绿线所示,砖体表面原本的粉状老化层现已明显加深扩大。 成因:温湿度和可溶盐活动为主因	★★

注：劣化程度用“★”的数量表示。由少至多分别表示一般、明显、严重三个程度。

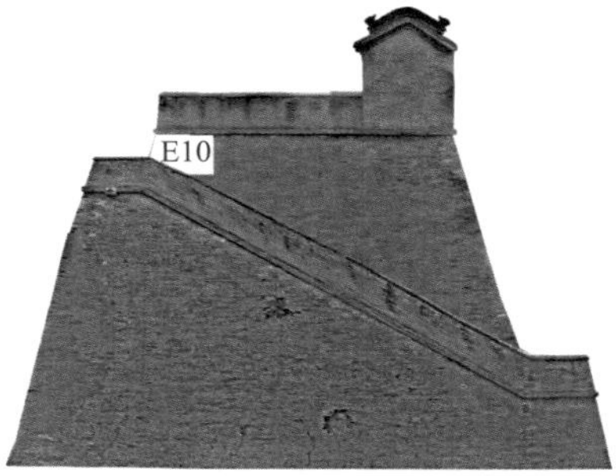

图片编号:E＃11	拍摄时间:2008 年	图片编号:E11	拍摄时间:2015 年

主要劣化情况比照表		
病害类型	病害状况及成因	劣化程度
表面剥离	现状:如绿线所示,砖体表面原本的粉状老化层现已明显加深扩大。 成因:温湿度和可溶盐活动为主因	★★

注：劣化程度用“★”的数量表示。由少至多分别表示一般、明显、严重三个程度。

E#12

E12

图片编号：E＃12	拍摄时间：2008 年	图片编号：E12	拍摄时间：2015 年

主要劣化情况比照表		
病害类型	病害状况及成因	劣化程度
表面剥离	现状：如绿线所示，砖体表面原本的粉状老化层现已明显加深扩大。 成因：温湿度和可溶盐活动为主因	★★

注：劣化程度用“★”的数量表示。由少至多分别表示一般、明显、严重三个程度。

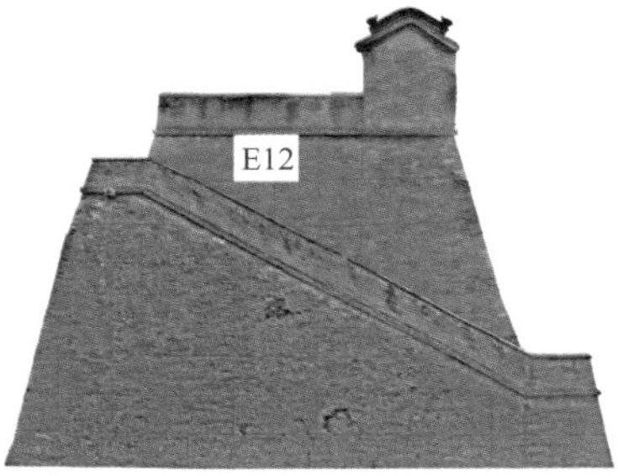

E#13

E13

图片编号：E＃13	拍摄时间：2008 年	图片编号：E13	拍摄时间：2015 年

主要劣化情况比照表		
病害类型	病害状况及成因	劣化程度
表面剥离	现状：如绿线所示，砖体表面原本的粉状老化层现已明显加深扩大。 成因：温湿度和可溶盐活动为主因	★★

注：劣化程度用“★”的数量表示。由少至多分别表示一般、明显、严重三个程度。

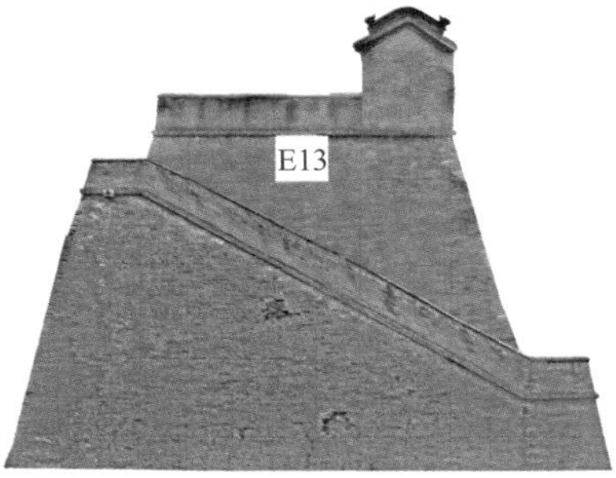

E#14

E14

图片编号：E＃14	拍摄时间：2008 年	图片编号：E14	拍摄时间：2015 年

主要劣化情况比照表		
病害类型	病害状况及成因	劣化程度
表面剥离	现状：如绿线所示，砖体表面原本的粉状老化层现已明显加深扩大。 成因：温湿度和可溶盐活动为主因	★★★

注：劣化程度用“★”的数量表示。由少至多分别表示一般、明显、严重三个程度。

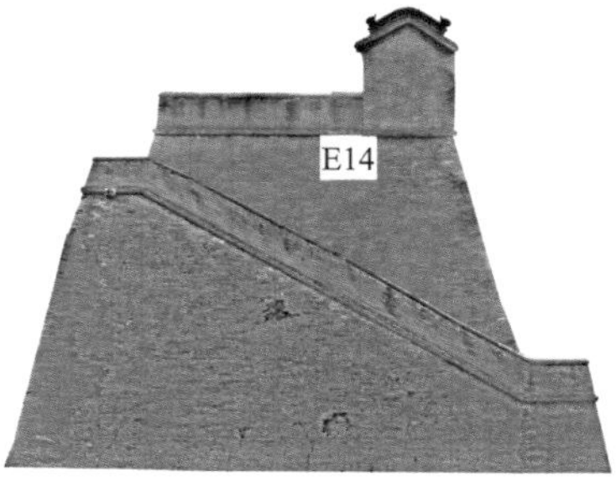

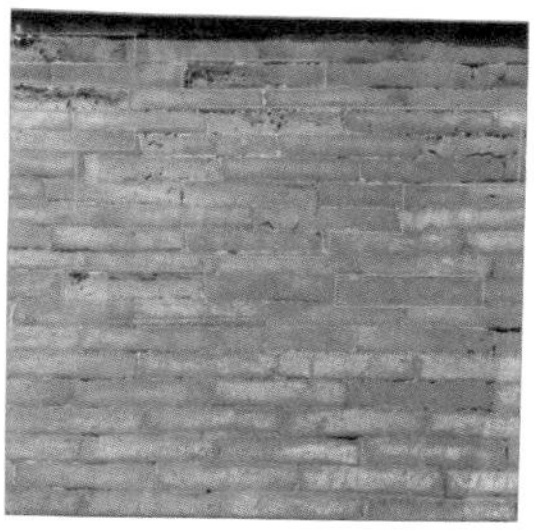

E#15

E15

图片编号：E＃15	拍摄时间：2008 年	图片编号：E15	拍摄时间：2015 年

主要劣化情况比照表		
病害类型	病害状况及成因	劣化程度
表面剥离	现状：如绿线所示，砖体表面原本的粉状老化层现已明显加深扩大。 成因：温湿度和可溶盐活动为主因	★★★

注：劣化程度用“★”的数量表示。由少至多分别表示一般、明显、严重三个程度。

E#16

E16

图片编号：E＃16	拍摄时间：2008年	图片编号：E16	拍摄时间：2015年

主要劣化情况比照表		
病害类型	病害状况及成因	劣化程度
表面剥离	现状：如绿线所示，砖体表面原本的粉状老化层现已明显加深扩大。 成因：温湿度和可溶盐活动为主因	★★

注：劣化程度用“★”的数量表示。由少至多分别表示一般、明显、严重三个程度。

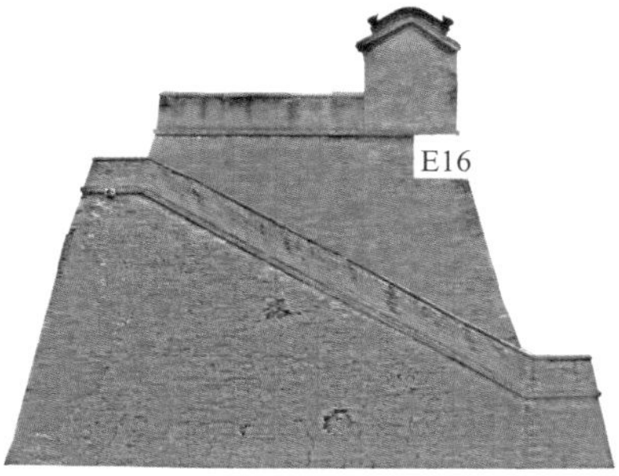

E#17

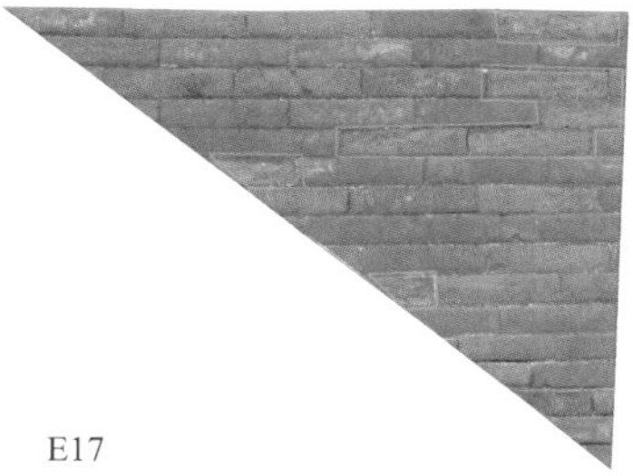

E17

图片编号：E＃17	拍摄时间：2008年	图片编号：E17	拍摄时间：2015年

主要劣化情况比照表		
病害类型	病害状况及成因	劣化程度
表面剥离	现状：如绿线所示，砖体表面原本的粉状老化层现已明显加深扩大。 成因：温湿度和可溶盐活动为主因	★★

注：劣化程度用“★”的数量表示。由少至多分别表示一般、明显、严重三个程度。

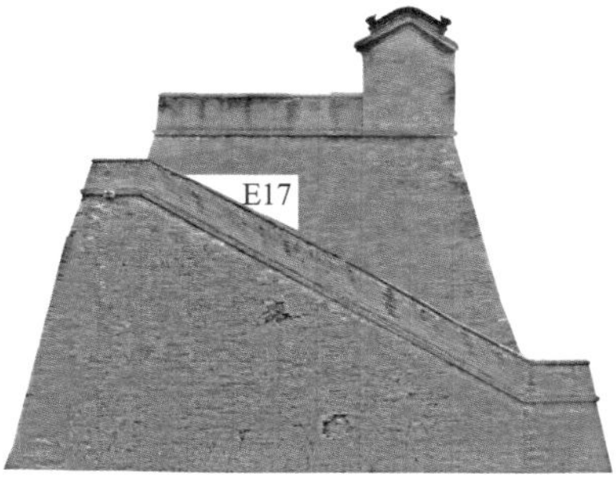

E#18

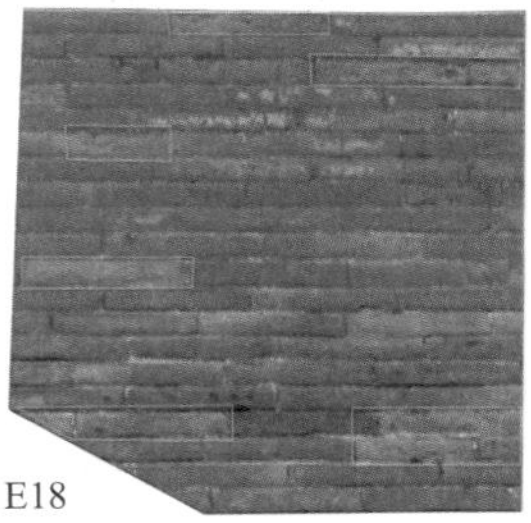

E18

图片编号:E♯18	拍摄时间:2008 年	图片编号:E18	拍摄时间:2015 年

主要劣化情况比照表		
病害类型	病害状况及成因	劣化程度
表面剥离	现状:如绿线所示,砖体表面原本的粉状老化层现已明显加深扩大。 成因:温湿度和可溶盐活动为主因	★★

注:劣化程度用“★”的数量表示。由少至多分别表示一般、明显、严重三个程度。

E#19

E19

图片编号:E♯19	拍摄时间:2008 年	图片编号:E19	拍摄时间:2015 年

主要劣化情况比照表		
病害类型	病害状况及成因	劣化程度
表面剥离	现状:如绿线所示,砖体表面原本的粉状老化层现已明显加深扩大。 成因:温湿度和可溶盐活动为主因	★★

注:劣化程度用“★”的数量表示。由少至多分别表示一般、明显、严重三个程度。

E#20

E20

图片编号:E＃20	拍摄时间:2008 年	图片编号:E20	拍摄时间:2015 年

主要劣化情况比照表		
病害类型	病害状况及成因	劣化程度
表面剥离	现状:如绿线所示,砖体表面原本的粉状老化层现已明显加深扩大。 成因:温湿度和可溶盐活动为主因	★★

注：劣化程度用“★”的数量表示。由少至多分别表示一般、明显、严重三个程度。

E#21

E21

图片编号:E＃21	拍摄时间:2008 年	图片编号:E21	拍摄时间:2015 年

主要劣化情况比照表		
病害类型	病害状况及成因	劣化程度
表面剥离	现状:如绿线所示,砖体表面原本的粉状老化层现已明显加深扩大。 成因:温湿度和可溶盐活动为主因	★★

注：劣化程度用“★”的数量表示。由少至多分别表示一般、明显、严重三个程度。

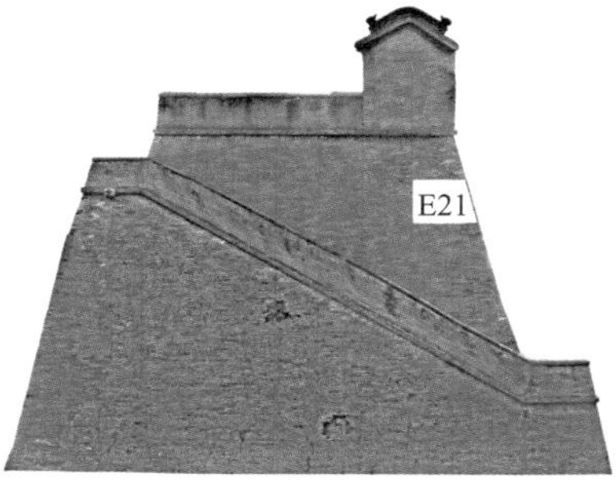

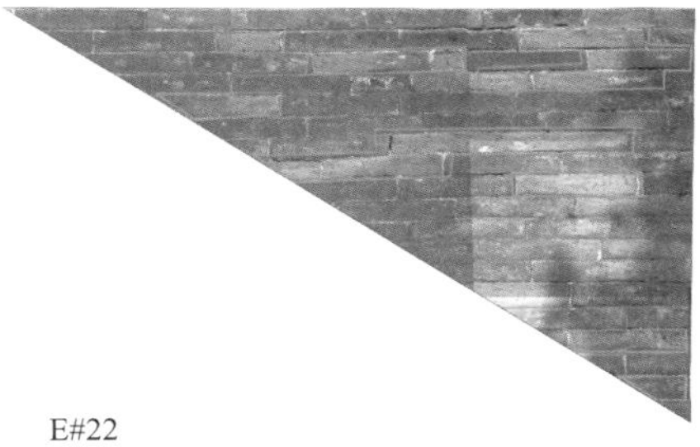

E#22

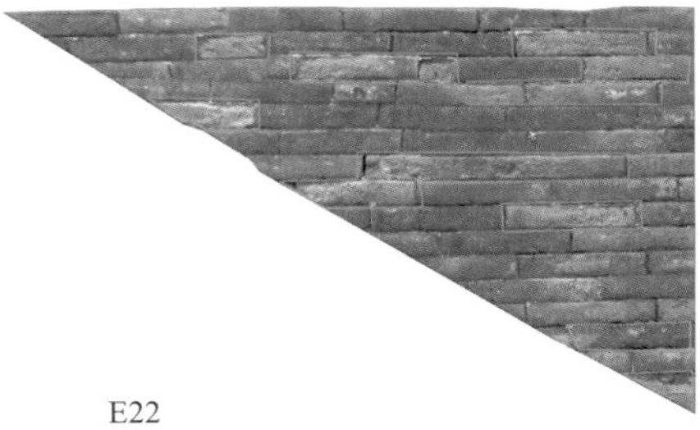

E22

图片编号:E＃22	拍摄时间:2008 年	图片编号:E22	拍摄时间:2015 年

主要劣化情况比照表		
病害类型	病害状况及成因	劣化程度
表面剥离	现状:如绿线所示,砖体表面原本的粉状老化层现已明显加深扩大。 成因:温湿度和可溶盐活动为主因	★★★

注：劣化程度用“★”的数量表示。由少至多分别表示一般、明显、严重三个程度。

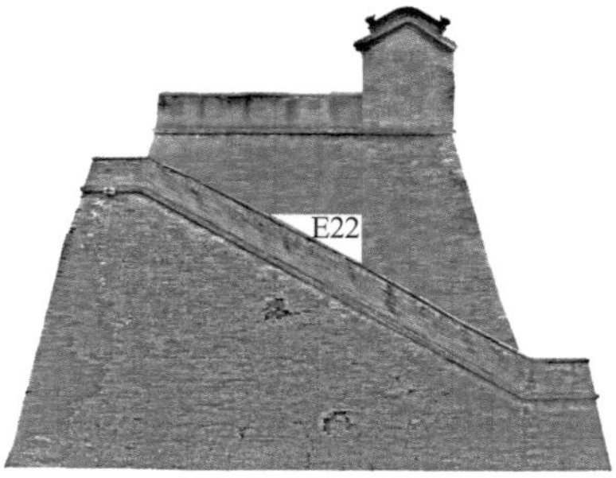

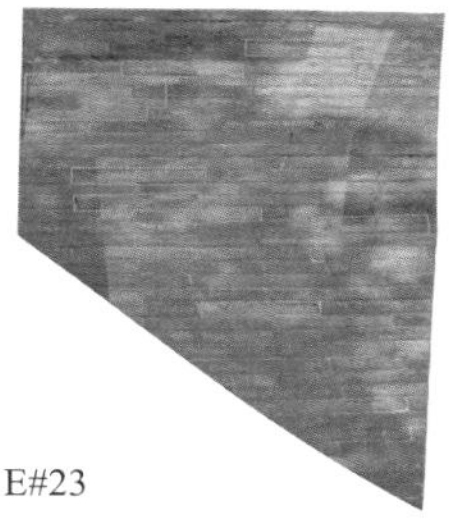

E#23

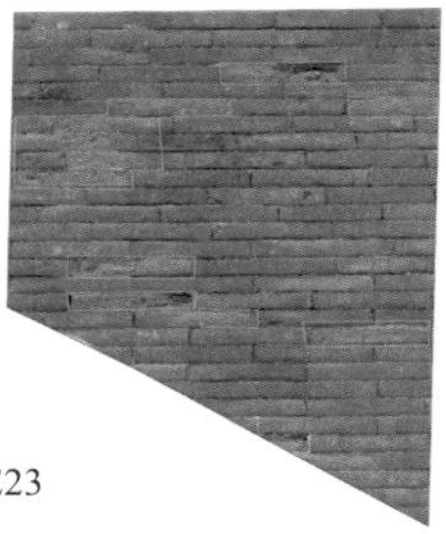

E23

图片编号:E＃23	拍摄时间:2008 年	图片编号:E23	拍摄时间:2015 年

主要劣化情况比照表		
病害类型	病害状况及成因	劣化程度
表面剥离	现状:如绿线所示,砖体表面原本的粉状老化层现已明显加深扩大。 成因:温湿度和可溶盐活动为主因	★★

注：劣化程度用“★”的数量表示。由少至多分别表示一般、明显、严重三个程度。

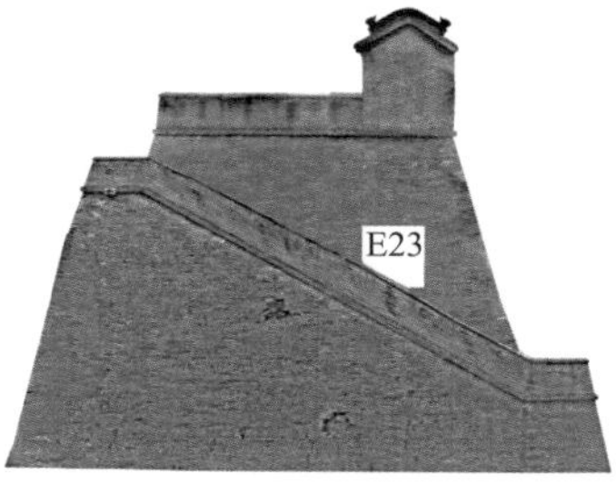

E#24

E24

图片编号:E♯24	拍摄时间:2008 年	图片编号:E24	拍摄时间:2015 年

主要劣化情况比照表		
病害类型	病害状况及成因	劣化程度
表面剥离	现状:如绿线所示,砖体表面原本的粉状老化层现已明显加深扩大。 成因:温湿度和可溶盐活动为主因	★★

注:劣化程度用“★”的数量表示。由少至多分别表示一般、明显、严重三个程度。

E#25

E25

图片编号:E♯25	拍摄时间:2008 年	图片编号:E25	拍摄时间:2015 年

主要劣化情况比照表		
病害类型	病害状况及成因	劣化程度
表面剥离	现状:如绿线所示,砖体表面原本的粉状老化层现已明显加深扩大。 成因:温湿度和可溶盐活动为主因	★★

注:劣化程度用“★”的数量表示。由少至多分别表示一般、明显、严重三个程度。

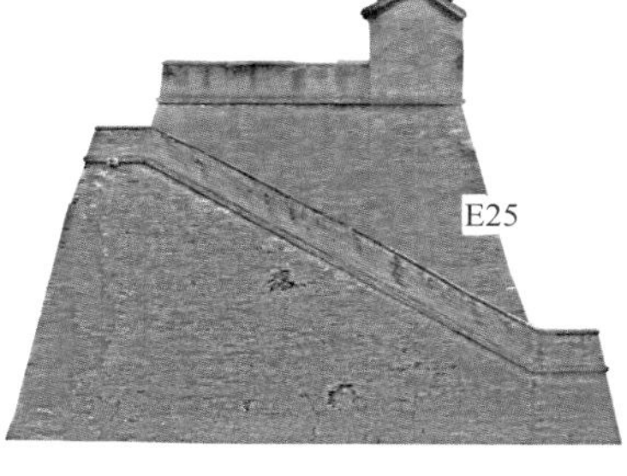

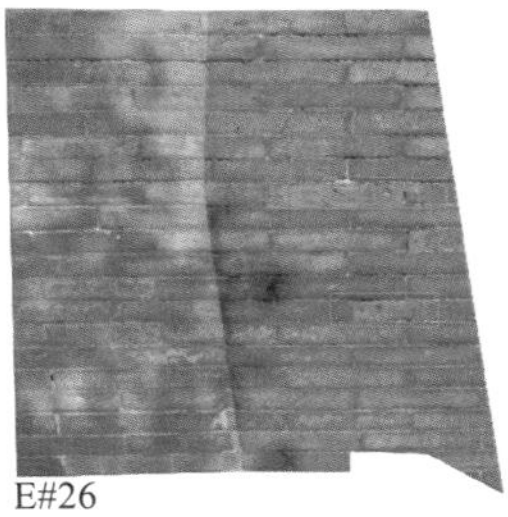
E#26

E26

图片编号:E＃26	拍摄时间:2008 年	图片编号:E26	拍摄时间:2015 年

主要劣化情况比照表		
病害类型	病害状况及成因	劣化程度
表面剥离	现状:如绿线所示,砖体表面原本的粉状老化层现已明显加深扩大。 成因:温湿度和可溶盐活动为主因	★★

注:劣化程度用“★”的数量表示。由少至多分别表示一般、明显、严重三个程度。

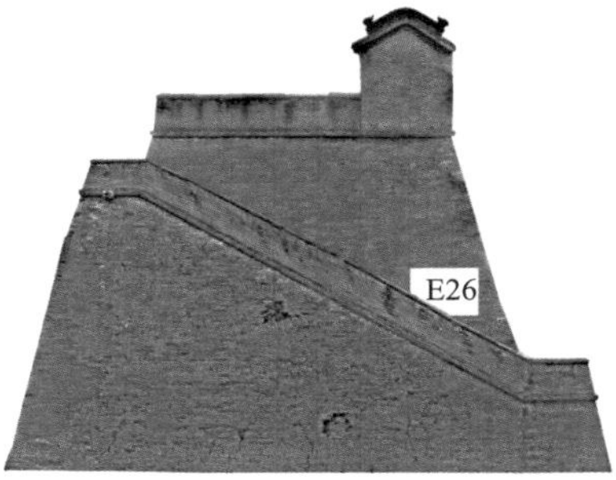

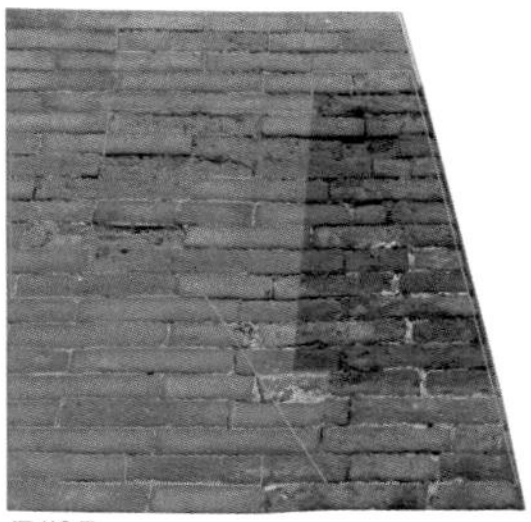
E#27

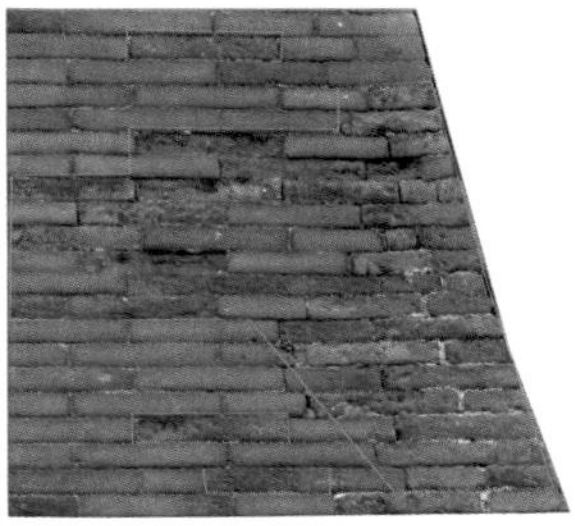
E27

图片编号:E＃27	拍摄时间:2008 年	图片编号:E27	拍摄时间:2015 年

主要劣化情况比照表		
病害类型	病害状况及成因	劣化程度
表面剥离	现状:如绿线所示,砖体表面原本的粉状老化层现已明显加深扩大。 成因:温湿度和可溶盐活动为主因	★★★

注:劣化程度用“★”的数量表示。由少至多分别表示一般、明显、严重三个程度。

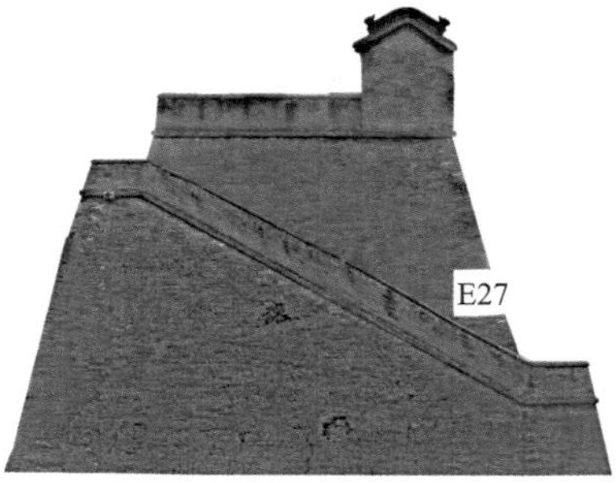

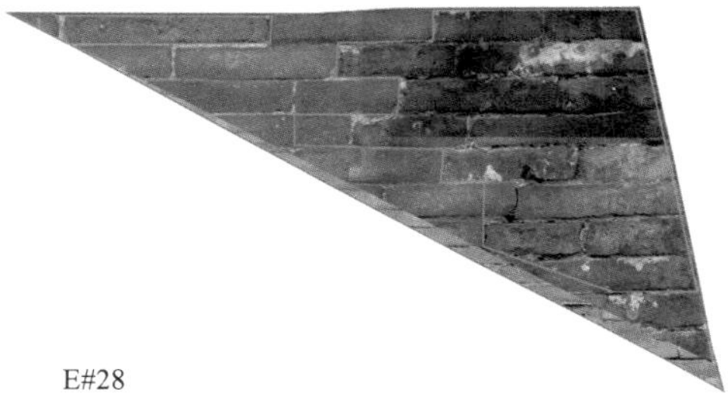

E#28

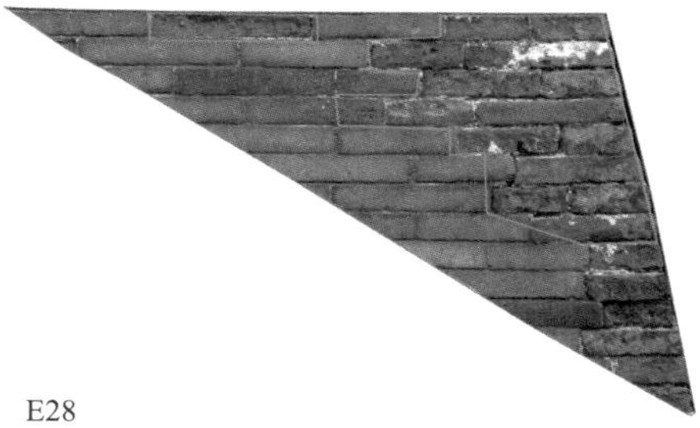

E28

图片编号:E＃28	拍摄时间:2008 年	图片编号:E28	拍摄时间:2015 年

主要劣化情况比照表		
病害类型	病害状况及成因	劣化程度
表面剥离	现状:如绿线所示,砖体表面原本的粉状老化层现已明显加深扩大。 成因:温湿度和可溶盐活动为主因	★★

注：劣化程度用“★”的数量表示。由少至多分别表示一般、明显、严重三个程度。

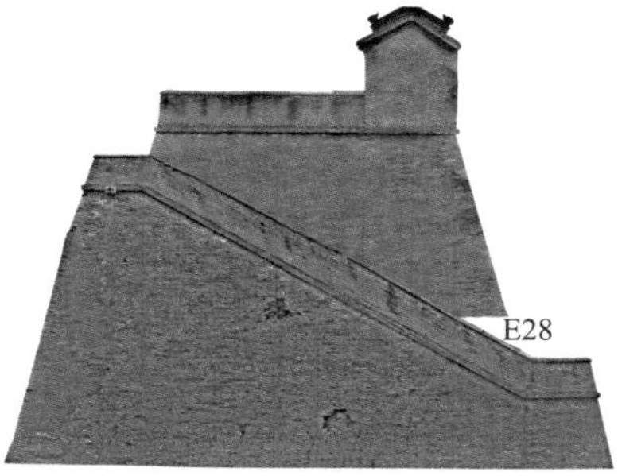

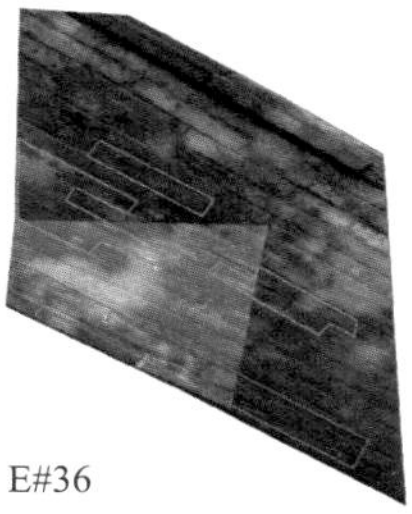

E#36

E36

图片编号:E＃36	拍摄时间:2008 年	图片编号:E36	拍摄时间:2015 年

主要劣化情况比照表		
病害类型	病害状况及成因	劣化程度
表面剥离	现状:如绿线所示,砖体表面原本的粉状老化层现已明显加深扩大。 成因:温湿度和可溶盐活动为主因	★★
地衣霉菌	现状:如红线所示,在原本棕褐色的霉菌上出现了淡绿色的新霉菌。 成因:潮湿环境为主因	★★

注：劣化程度用“★”的数量表示。由少至多分别表示一般、明显、严重三个程度。

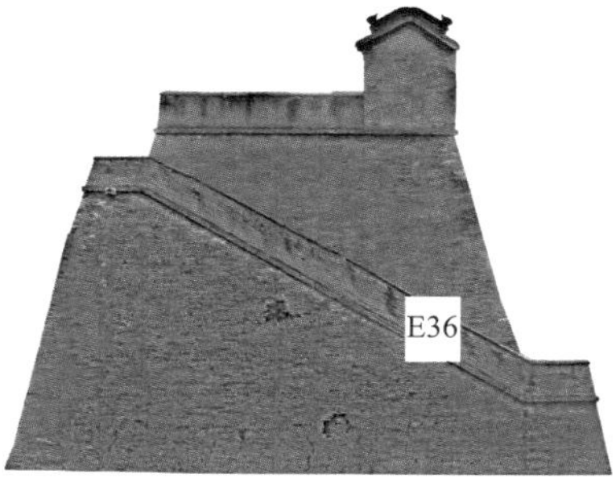

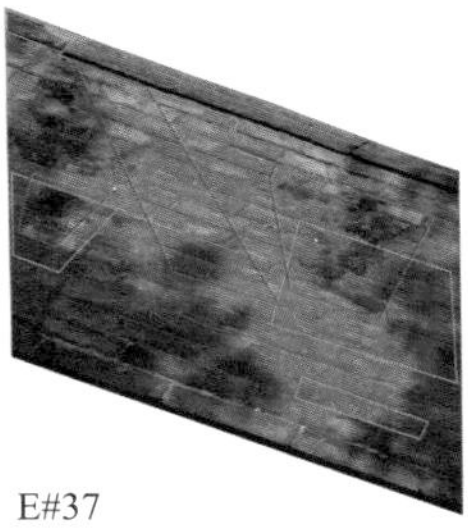
E#37

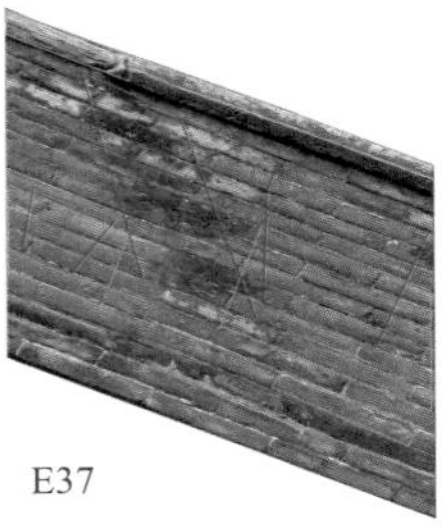
E37

图片编号:E＃37	拍摄时间:2008 年	图片编号:E37	拍摄时间:2015 年

主要劣化情况比照表		
病害类型	病害状况及成因	劣化程度
表面剥离	现状:如绿线所示,砖体表面原本的粉状老化层现已明显加深扩大。 成因:温湿度和可溶盐活动为主因	★
地衣霉菌	现状:如红线所示,霉菌的面积前后有增有减,位置也有变化。 成因:潮湿环境和雨水冲刷为主因	★

注：劣化程度用“★”的数量表示。由少至多分别表示一般、明显、严重三个程度。

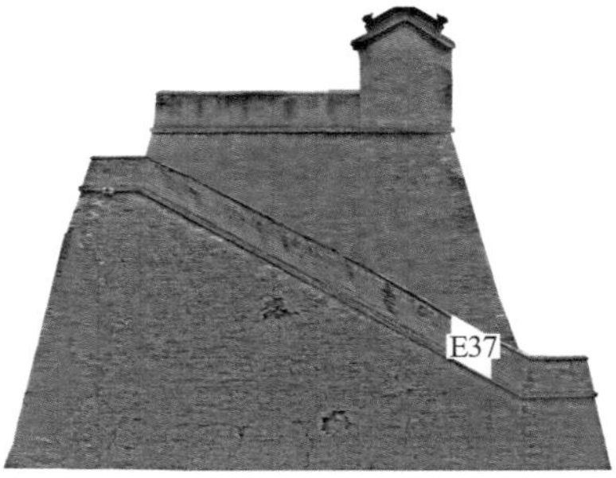

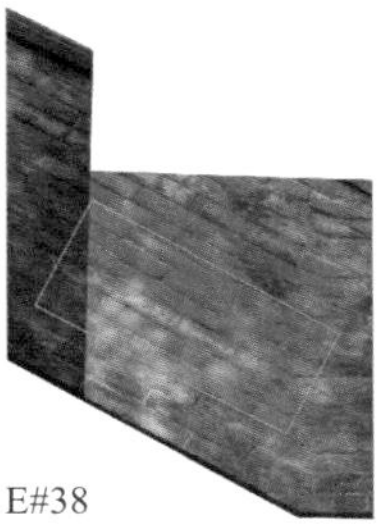
E#38

E38

图片编号:E＃38	拍摄时间:2008 年	图片编号:E38	拍摄时间:2015 年

主要劣化情况比照表		
病害类型	病害状况及成因	劣化程度
表面剥离	现状:如绿线所示,砖体表面原本的粉状老化层现已加深扩大。 成因:温湿度和可溶盐活动为主因	★

注：劣化程度用“★”的数量表示。由少至多分别表示一般、明显、严重三个程度。

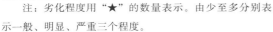

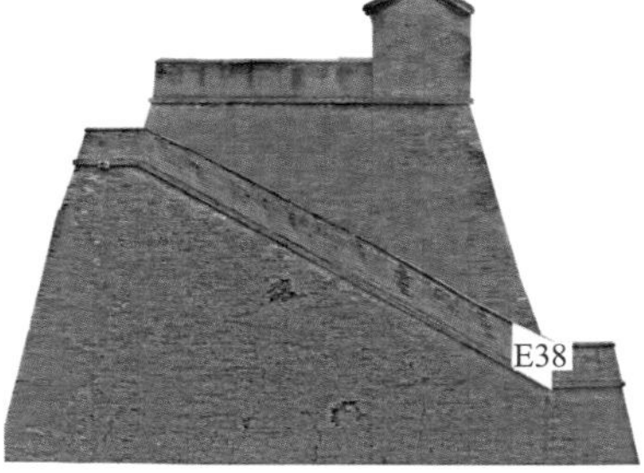

E#39

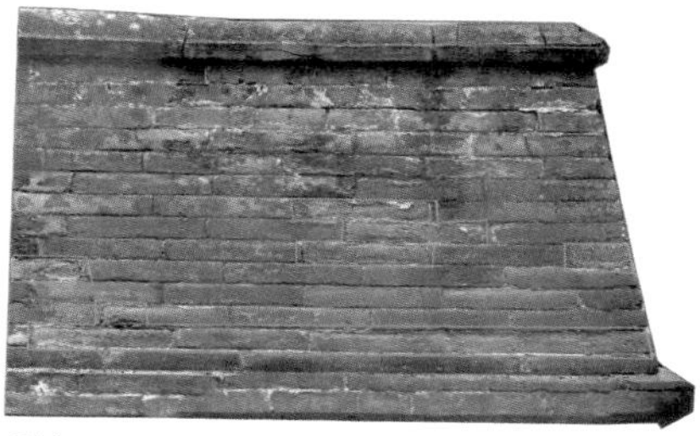

E39

图片编号：E＃39	拍摄时间：2008 年	图片编号：E39	拍摄时间：2015 年

主要劣化情况比照表		
病害类型	病害状况及成因	劣化程度
表面剥离	现状：如绿线所示，砖体表面原本的粉状老化层现已加深扩大。 成因：温湿度和可溶盐活动为主因	★★
地衣霉菌	现状：压砖石上原本白色斑块状的霉菌现已消失。 成因：菌种更替、温湿度变化等为主因	★

注：劣化程度用“★”的数量表示。由少至多分别表示一般、明显、严重三个程度。

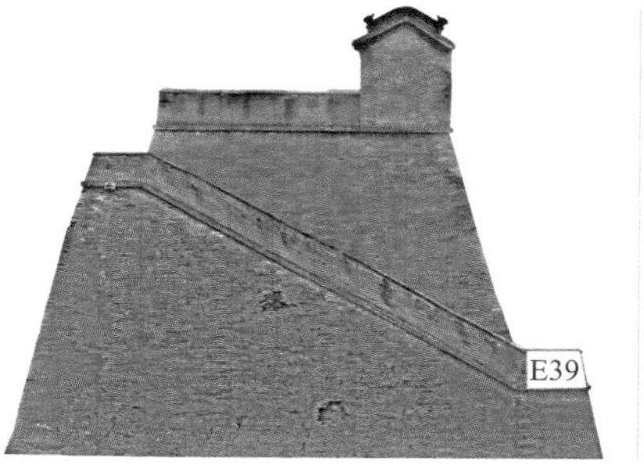

E#48

E48

图片编号：E＃48	拍摄时间：2008 年	图片编号：E48	拍摄时间：2015 年

主要劣化情况比照表		
病害类型	病害状况及成因	劣化程度
—	无明显可识别变化	—

注：劣化程度用“★”的数量表示。由少至多分别表示一般、明显、严重三个程度。

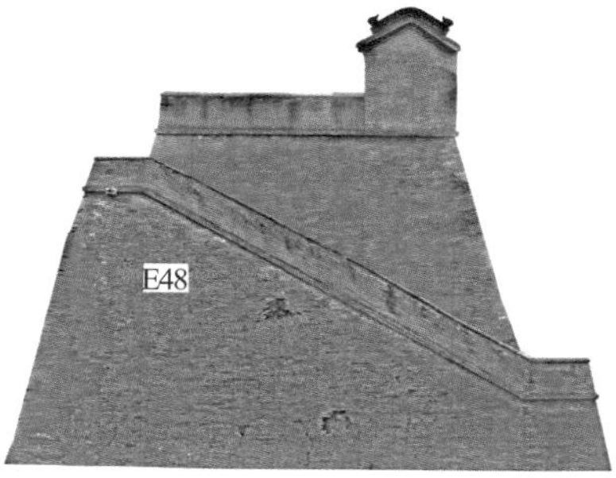

E#49

E49

图片编号：E＃49	拍摄时间：2008 年	图片编号：E49	拍摄时间：2015 年

主要劣化情况比照表		
病害类型	病害状况及成因	劣化程度
灰浆流失	现状：砖体表面原本斑驳的白灰层现已流失殆尽。 成因：雨水冲刷为主因，灰浆老化次之	★★
表面剥离	现状：如绿线所示，砖体表面原本的片状剥离情况现已加深扩大。 成因：温湿度和可溶盐活动为主因	★

注：劣化程度用“★”的数量表示。由少至多分别表示一般、明显、严重三个程度。

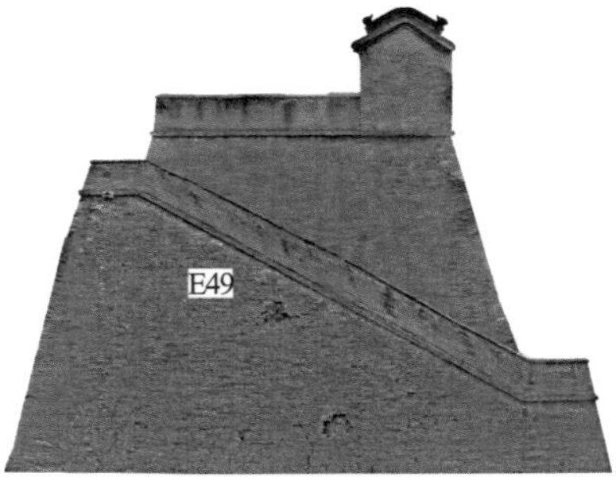

E#50

E50

图片编号：E＃50	拍摄时间：2008 年	图片编号：E50	拍摄时间：2015 年

主要劣化情况比照表		
病害类型	病害状况及成因	劣化程度
灰浆流失	现状：砖体表面原本斑驳的白灰层现已流失殆尽。 成因：雨水冲刷为主因，灰浆老化次之	★
表面剥离	现状：如绿线所示，砖体表面原本的片状或小块状剥离现已加深扩大。 成因：温湿度和可溶盐活动为主因	★

注：劣化程度用“★”的数量表示。由少至多分别表示一般、明显、严重三个程度。

E#51

E51

图片编号：E＃51	拍摄时间：2008 年	图片编号：E51	拍摄时间：2015 年

主要劣化情况比照表

病害类型	病害状况及成因	劣化程度
—	无明显可识别变化	—

注：劣化程度用“★”的数量表示。由少至多分别表示一般、明显、严重三个程度。

E#52

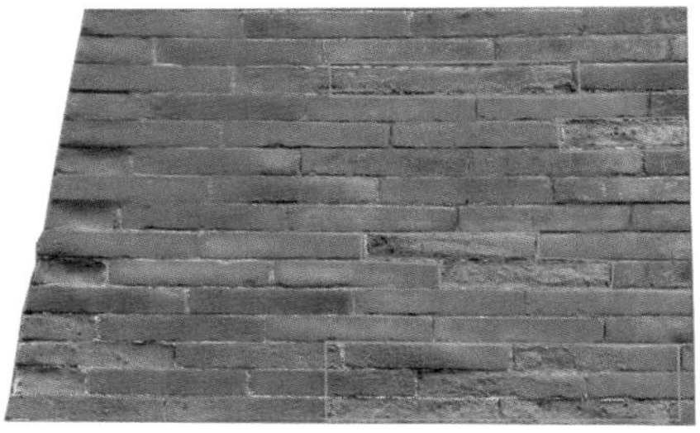
E52

图片编号：E＃52	拍摄时间：2008 年	图片编号：E52	拍摄时间：2015 年

主要劣化情况比照表

病害类型	病害状况及成因	劣化程度
表面剥离	现状：如绿线所示，砖体表面原本的粉状剥离情况现已加深扩大。 成因：温湿度和可溶盐活动为主因	★★

注：劣化程度用“★”的数量表示。由少至多分别表示一般、明显、严重三个程度。

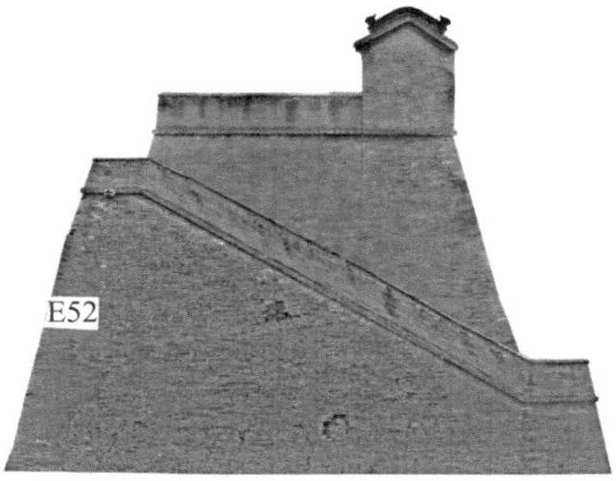

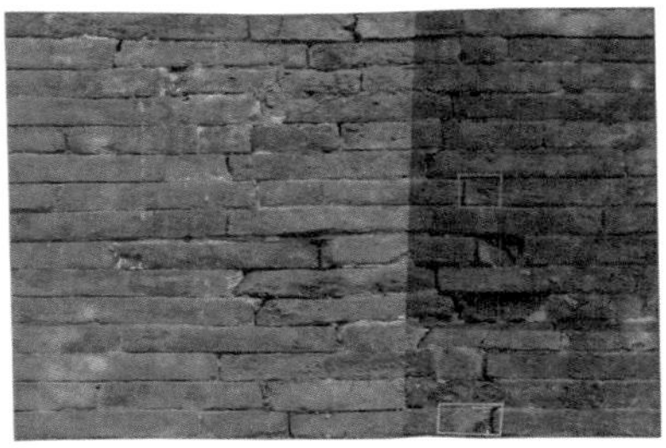

E#53

E53

图片编号：E＃53	拍摄时间：2008 年	图片编号：E53	拍摄时间：2015 年

主要劣化情况比照表		
病害类型	病害状况及成因	劣化程度
缺失	现状：原本完整的砖体现已缺失一块。 成因：外力破坏可能性较大	★★
裂缝	现状：原本完整的砖体表面已出现明显裂缝。 成因：外力破坏可能性较大，不排除重力和内部应力作用	★

注：劣化程度用“★”的数量表示。由少至多分别表示一般、明显、严重三个程度。

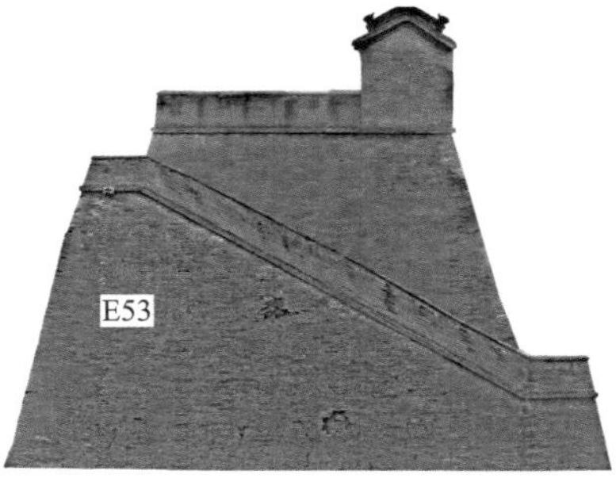

E#54

E54

图片编号：E＃54	拍摄时间：2008 年	图片编号：E54	拍摄时间：2015 年

主要劣化情况比照表		
病害类型	病害状况及成因	劣化程度
—	无明显可识别变化	—

注：劣化程度用“★”的数量表示。由少至多分别表示一般、明显、严重三个程度。

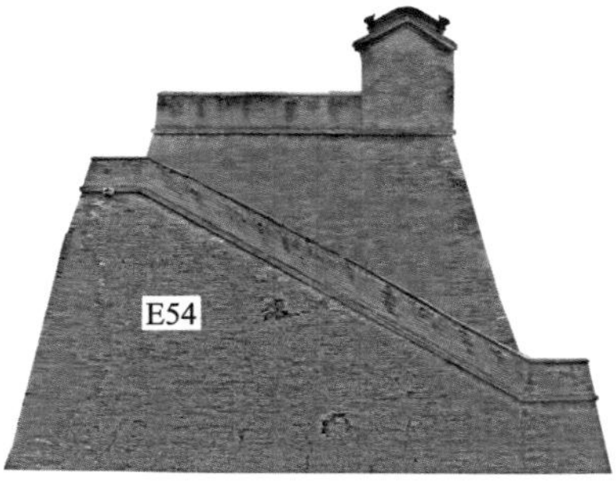

E#55

E55

图片编号:E#55	拍摄时间:2008 年	图片编号:E55	拍摄时间:2015 年

主要劣化情况比照表		
病害类型	病害状况及成因	劣化程度
—	无明显可识别变化	—

注：劣化程度用“★”的数量表示。由少至多分别表示一般、明显、严重三个程度。

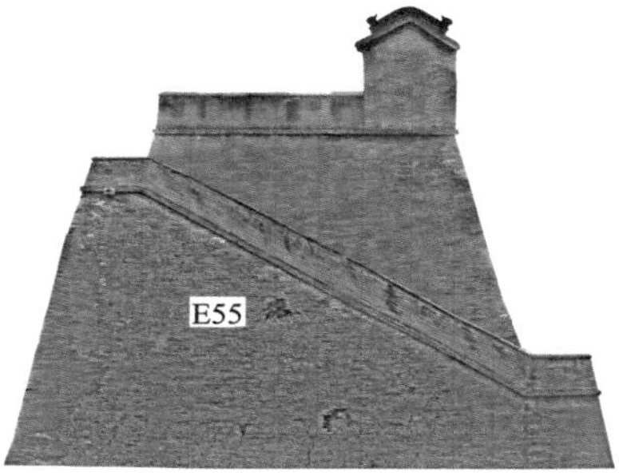

E#56

E56

图片编号:E#56	拍摄时间:2008 年	图片编号:E56	拍摄时间:2015 年

主要劣化情况比照表		
病害类型	病害状况及成因	劣化程度
表面剥离	现状:如绿线所示,弹坑的残块和砖体表面的片状剥离情况已扩大。 成因:温湿度和可溶盐活动为主因	★

注：劣化程度用“★”的数量表示。由少至多分别表示一般、明显、严重三个程度。

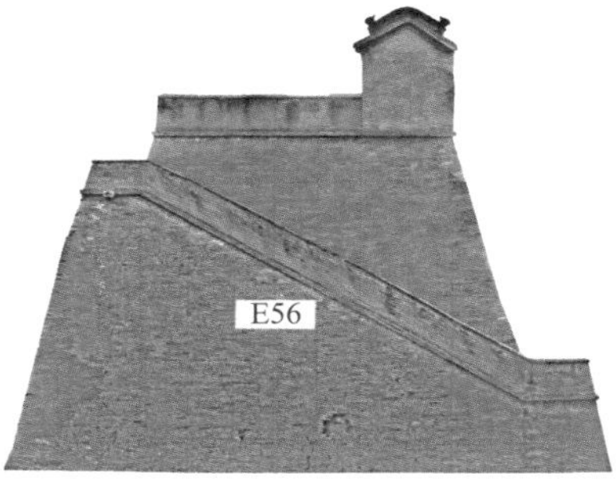

E#57

E57

图片编号:E#57	拍摄时间:2008年	图片编号:E57	拍摄时间:2015年

主要劣化情况比照表		
病害类型	病害状况及成因	劣化程度
表面剥离	现状:如绿线所示,砖体断裂块表面的剥离情况有较明显扩大。 成因:温湿度和可溶盐活动为主因	★

注:劣化程度用“★”的数量表示。由少至多分别表示一般、明显、严重三个程度。

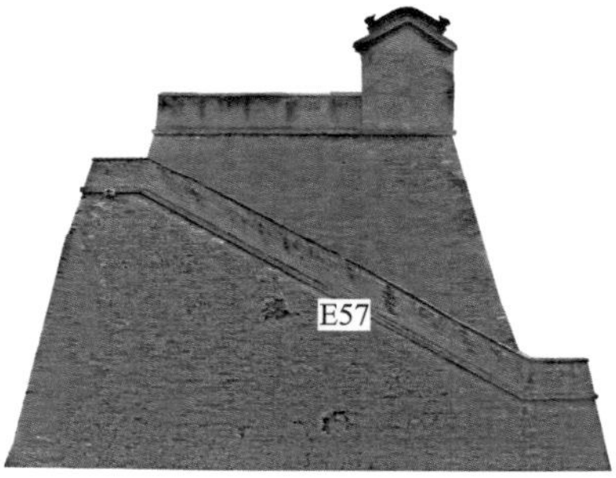

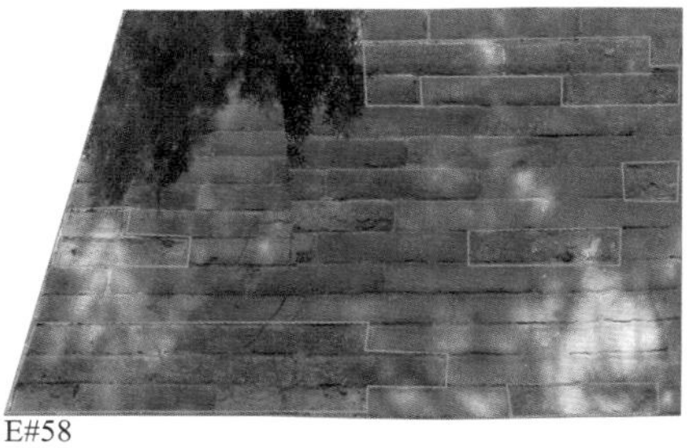

E#58

E58

图片编号:E#58	拍摄时间:2008年	图片编号:E58	拍摄时间:2015年

主要劣化情况比照表		
病害类型	病害状况及成因	劣化程度
表面剥离	现状:如绿线所示,砖体表面原本的粉状剥离现已有明显加深扩大。 成因:温湿度和可溶盐活动为主因	★★

注:劣化程度用“★”的数量表示。由少至多分别表示一般、明显、严重三个程度。

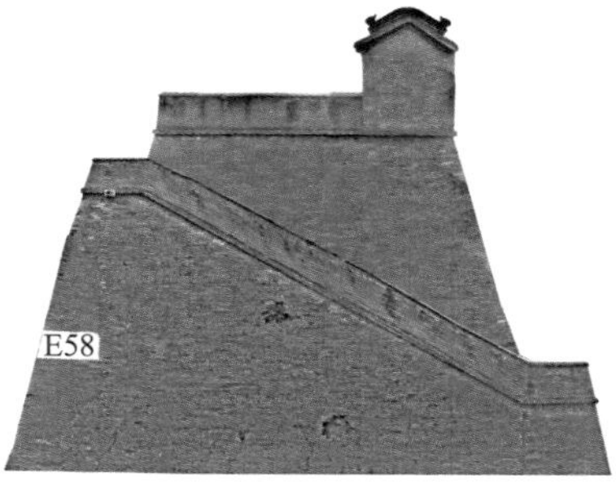

E#59

E59

图片编号:E＃59	拍摄时间:2008 年	图片编号:E59	拍摄时间:2015 年

主要劣化情况比照表		
病害类型	病害状况及成因	劣化程度
表面剥离	现状:如绿线所示,砖体原本平整的表面现已出现明显的粉状剥离。 成因:温湿度和可溶盐活动为主因	★★

注：劣化程度用“★”的数量表示。由少至多分别表示一般、明显、严重三个程度。

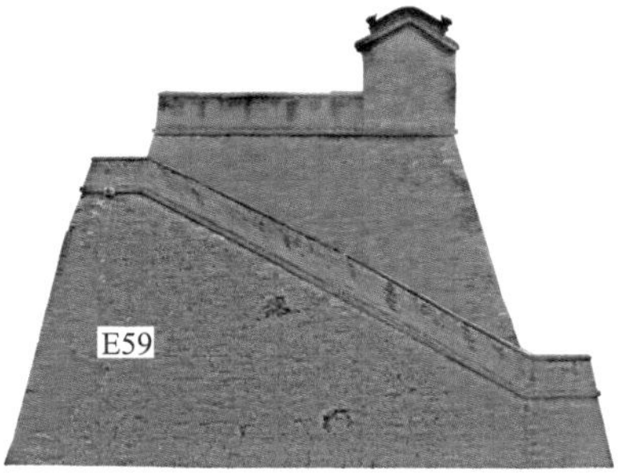

E#60

E60

图片编号:E＃60	拍摄时间:2008 年	图片编号:E60	拍摄时间:2015 年

主要劣化情况比照表		
病害类型	病害状况及成因	劣化程度
—	无明显可识别变化	—

注：劣化程度用“★”的数量表示。由少至多分别表示一般、明显、严重三个程度。

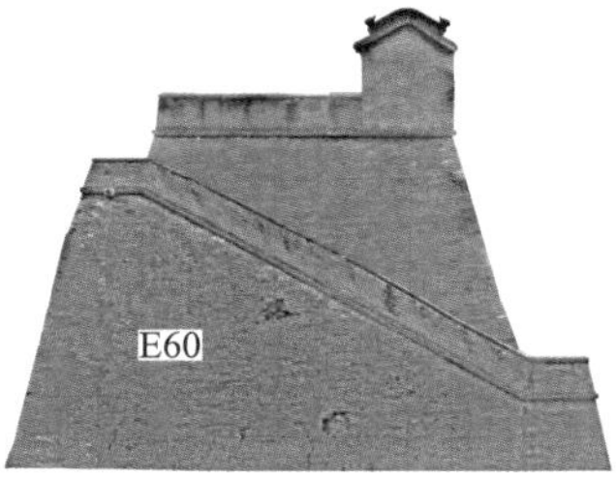

E#61

E61

图片编号:E＃61	拍摄时间:2008 年	图片编号:E61	拍摄时间:2015 年

主要劣化情况比照表		
病害类型	病害状况及成因	劣化程度
—	无明显可识别变化	—

注：劣化程度用“★”的数量表示。由少至多分别表示一般、明显、严重三个程度。

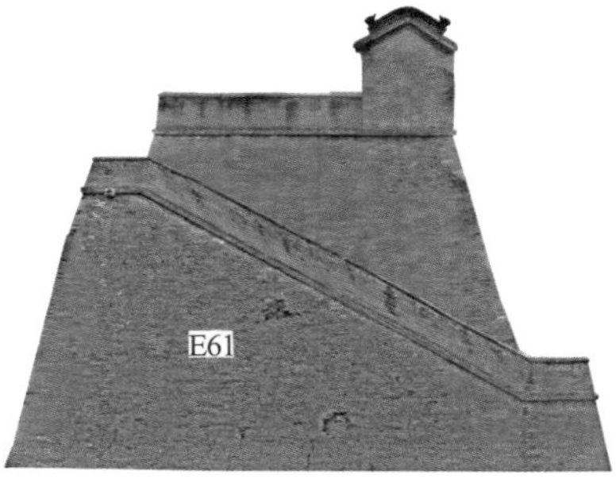

E#62

E62

图片编号:E＃62	拍摄时间:2008 年	图片编号:E62	拍摄时间:2015 年

主要劣化情况比照表		
病害类型	病害状况及成因	劣化程度
表面剥离	现状:砖体表面原本的盐溶坑和片状剥离出现明显的加深扩大趋势。 成因:雨水冲刷为主因,灰浆老化次之	★★

注：劣化程度用“★”的数量表示。由少至多分别表示一般、明显、严重三个程度。

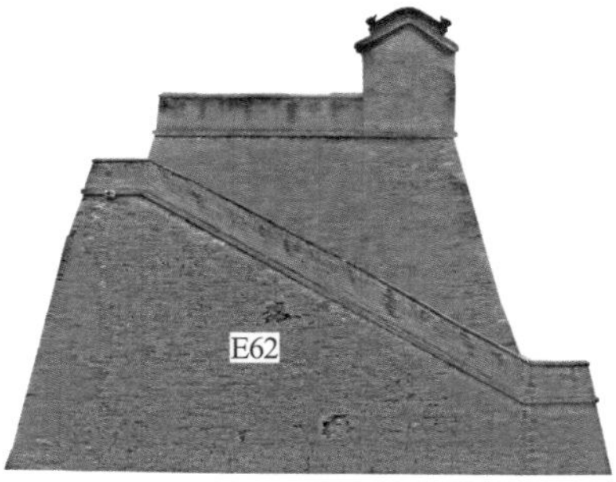

E#63

E63

图片编号:E#63	拍摄时间:2008年	图片编号:E63	拍摄时间:2015年

主要劣化情况比照表

病害类型	病害状况及成因	劣化程度
表面剥离	现状:砖体表面片状剥离情况有扩大趋势,并出现新的剥落。 成因:温湿度和可溶盐活动为主因	★

注:劣化程度用“★”的数量表示。由少至多分别表示一般、明显、严重三个程度。

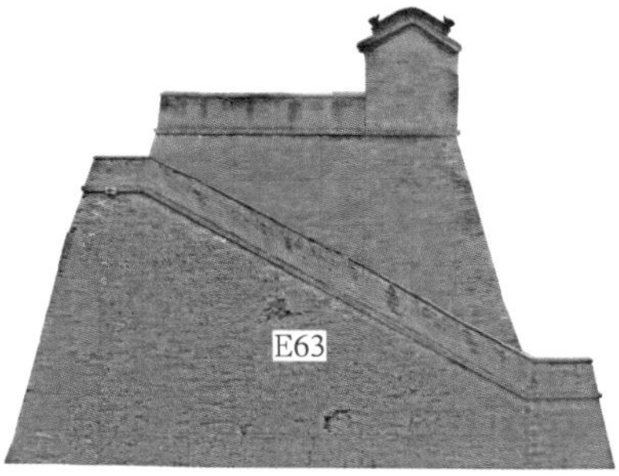

E#64

E64

图片编号:E#64	拍摄时间:2008年	图片编号:E64	拍摄时间:2015年

主要劣化情况比照表

病害类型	病害状况及成因	劣化程度
表面剥离	现状:砖体表面片状剥离情况有扩大趋势,并出现新的剥离。 成因:温湿度和可溶盐活动为主因	★
植物滋生	现状:砖缝间出现新的植物生长。 成因:与风、温湿度、季节变化等因素有关	★

注:劣化程度用“★”的数量表示。由少至多分别表示一般、明显、严重三个程度。

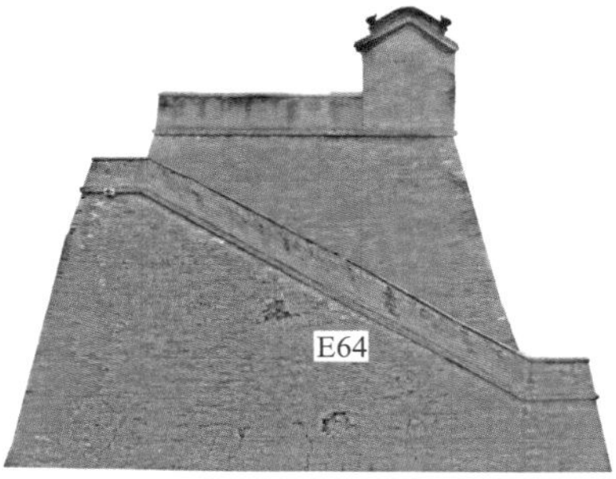

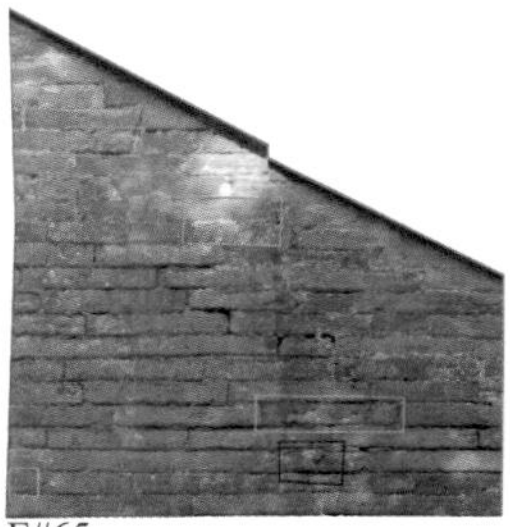

图片编号:E#65	拍摄时间:2008年	图片编号:E65	拍摄时间:2015年

主要劣化情况比照表		
病害类型	病害状况及成因	劣化程度
表面剥离	现状:砖体表面片状剥离和盐溶坑有扩大趋势。 成因:温湿度和可溶盐活动为主因	★
砖体错位	现状:原本开裂的砖块现已明显突出墙体表面。 成因:外力作用可能性较大,不排除内力作用	★

注:劣化程度用“★”的数量表示。由少至多分别表示一般、明显、严重三个程度。

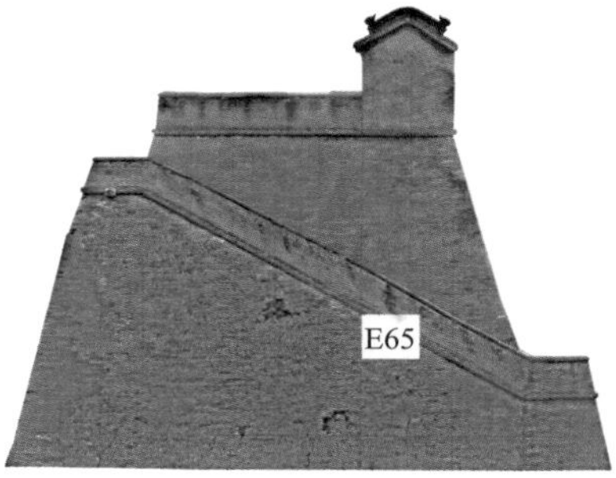

图片编号:E#66	拍摄时间:2008年	图片编号:E66	拍摄时间:2015年

主要劣化情况比照表		
病害类型	病害状况及成因	劣化程度
表面剥离	现状:砖体表面粉状剥离情况有明显加深和扩大,特别是棱角处。 成因:温湿度和可溶盐活动为主因	★★★

注:劣化程度用“★”的数量表示。由少至多分别表示一般、明显、严重三个程度。

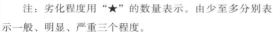

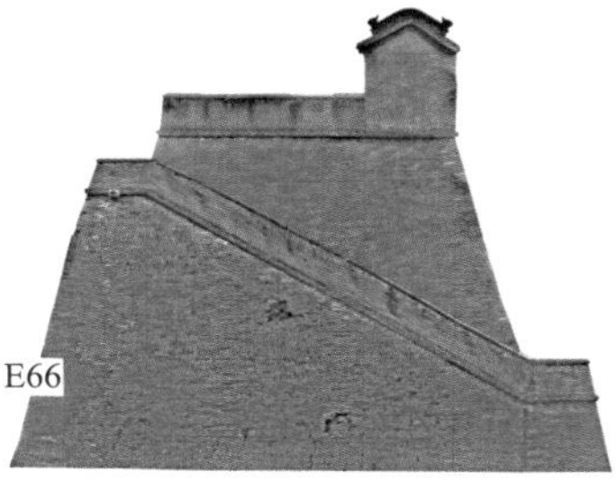

E#67

E67

图片编号:E＃67	拍摄时间:2008 年	图片编号:E67	拍摄时间:2015 年

主要劣化情况比照表		
病害类型	病害状况及成因	劣化程度
表面剥离	现状:砖体表面粉状剥离情况有明显加深和扩大,特别是棱角处。 成因:温湿度和可溶盐活动为主因	★★★

注:劣化程度用“★”的数量表示。由少至多分别表示一般、明显、严重三个程度。

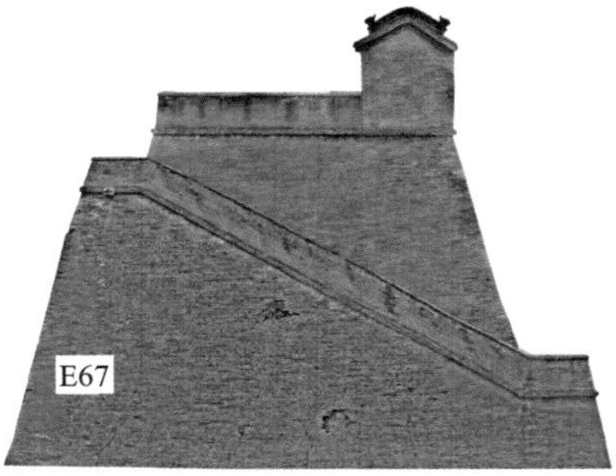

E#68

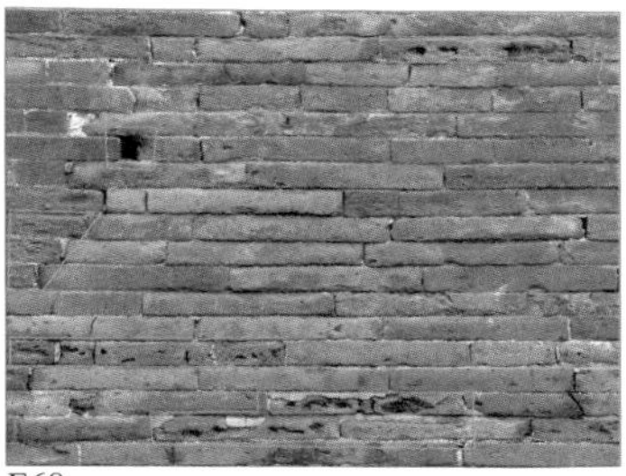
E68

图片编号:E＃68	拍摄时间:2008 年	图片编号:E68	拍摄时间:2015 年

主要劣化情况比照表		
病害类型	病害状况及成因	劣化程度
表面剥离	现状:砖体表面粉状剥离和盐溶坑有明显加深和扩大,特别是棱角处。 成因:温湿度和可溶盐活动为主因	★★★

注:劣化程度用“★”的数量表示。由少至多分别表示一般、明显、严重三个程度。

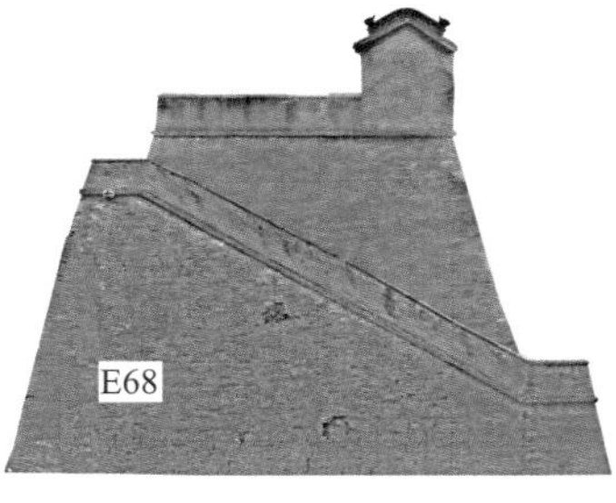

E#69

E69

图片编号:E#69	拍摄时间:2008年	图片编号:E69	拍摄时间:2015年

主要劣化情况比照表		
病害类型	病害状况及成因	劣化程度
表面剥离	现状:砖体表面粉状剥离和盐溶坑有明显加深和扩大。 成因:温湿度和可溶盐活动为主因	★★

注:劣化程度用“★”的数量表示。由少至多分别表示一般、明显、严重三个程度。

E#70

E70

图片编号:E#70	拍摄时间:2008年	图片编号:E70	拍摄时间:2015年

主要劣化情况比照表		
病害类型	病害状况及成因	劣化程度
表面剥离	现状:砖体表面片状剥离和盐溶坑有明显加深和扩大。 成因:温湿度和可溶盐活动为主因	★★

注:劣化程度用“★”的数量表示。由少至多分别表示一般、明显、严重三个程度。

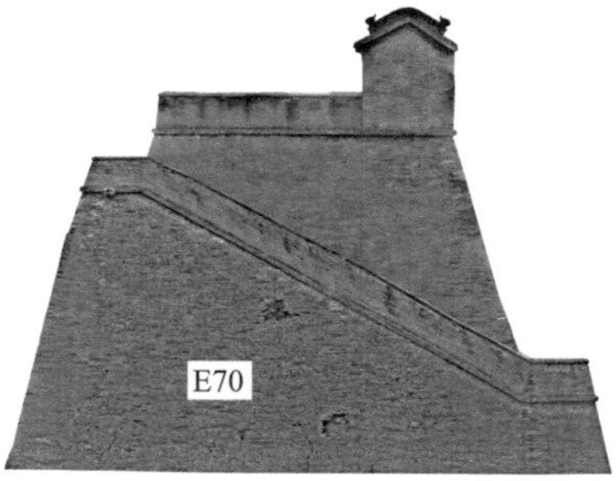

E#71

E71

图片编号：E＃71	拍摄时间：2008 年	图片编号：E71	拍摄时间：2015 年

主要劣化情况比照表		
病害类型	病害状况及成因	劣化程度
表面剥离	现状：砖体表面片状剥离和盐溶坑有明显加深和扩大。 成因：温湿度和可溶盐活动为主因	★★
裂缝	现状：砖体表面新出现数处裂缝。 成因：与重力和内部应力因素关联较大	★★

注：劣化程度用“★”的数量表示。由少至多分别表示一般、明显、严重三个程度。

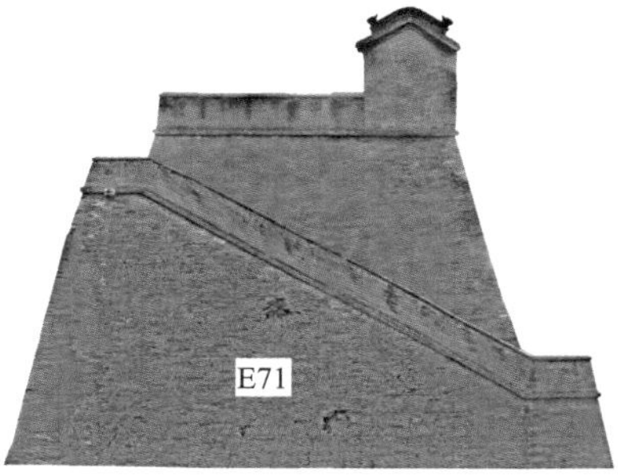

E#72

E72

图片编号：E＃72	拍摄时间：2008 年	图片编号：E72	拍摄时间：2015 年

主要劣化情况比照表		
病害类型	病害状况及成因	劣化程度
表面剥离	现状：砖体表面片状和粉状剥离、盐溶坑有明显加深和扩大。 成因：温湿度和可溶盐活动为主因	★★★

注：劣化程度用“★”的数量表示。由少至多分别表示一般、明显、严重三个程度。

E#73

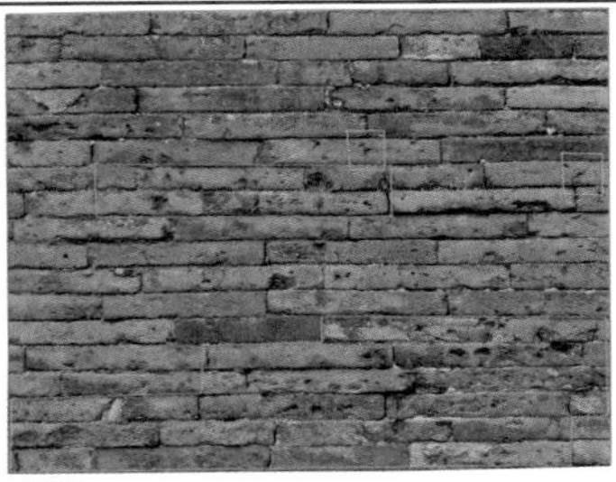

E73

图片编号:E＃73	拍摄时间:2008 年	图片编号:E73	拍摄时间:2015 年

主要劣化情况比照表		
病害类型	病害状况及成因	劣化程度
表面剥离	现状:砖体表面片状和粉状剥离、盐溶坑有明显加深和扩大。 成因:温湿度和可溶盐活动为主因	★★
裂缝	现状:砖体表面新出现数处裂缝。 成因:与重力和内部应力因素关联较大	★

注：劣化程度用“★”的数量表示。由少至多分别表示一般、明显、严重三个程度。

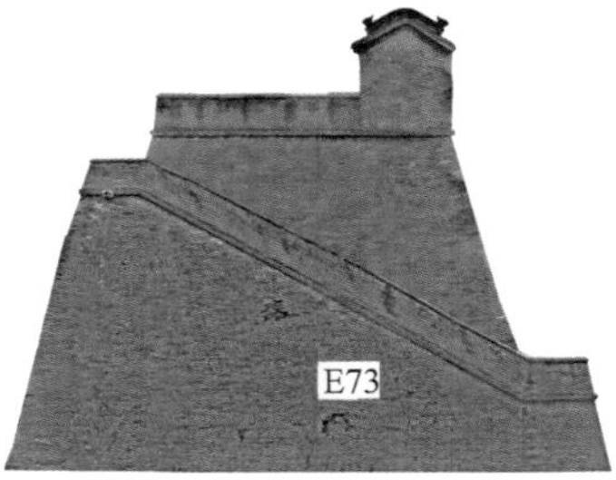

E#74

E74

图片编号:E＃74	拍摄时间:2008 年	图片编号:E74	拍摄时间:2015 年

主要劣化情况比照表		
病害类型	病害状况及成因	劣化程度
表面剥离	现状:如绿线所示,砖体表面片状剥离、盐溶坑有明显加深和扩大。 成因:温湿度和可溶盐活动为主因	★★
缺失	现状:如紫线所示,砖体原本的断裂块现已消失。 成因:存在雨水冲刷、外力等多种可能因素	★★
砖体错位	现状:如黑线所示,砖体原本的断裂块现已明显突出墙面。 成因:存在雨水冲刷、外力等多种可能因素	★★

注：劣化程度用“★”的数量表示。由少至多分别表示一般、明显、严重三个程度。

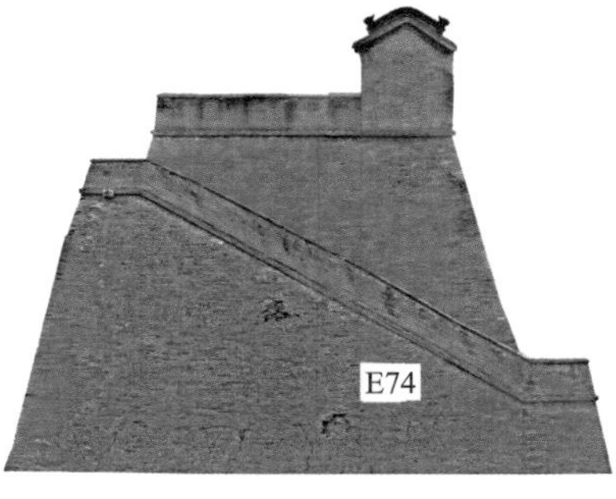

E#75

E75

图片编号:E#75	拍摄时间:2008年	图片编号:E75	拍摄时间:2015年

主要劣化情况比照表

病害类型	病害状况及成因	劣化程度
表面剥离	现状:如绿线所示,砖体表面片状剥离、盐溶坑有明显加深和扩大。 成因:温湿度和可溶盐活动为主因	★★
植物滋生	现状:如蓝线所示,砖体缝隙间出现了新的植物。 成因:与风、温湿度和季节变化有关	★

注:劣化程度用"★"的数量表示。由少至多分别表示一般、明显、严重三个程度。

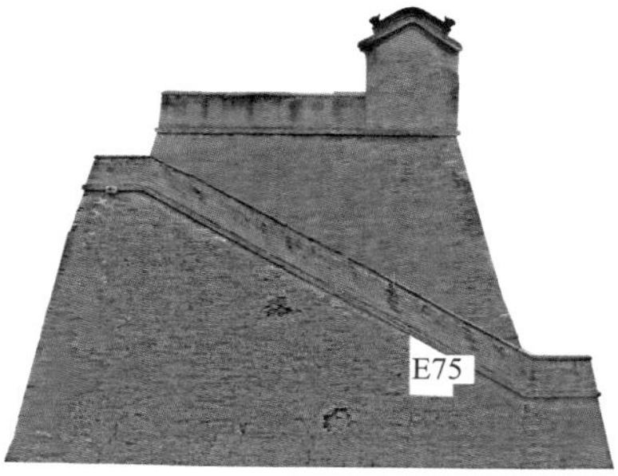

E#76

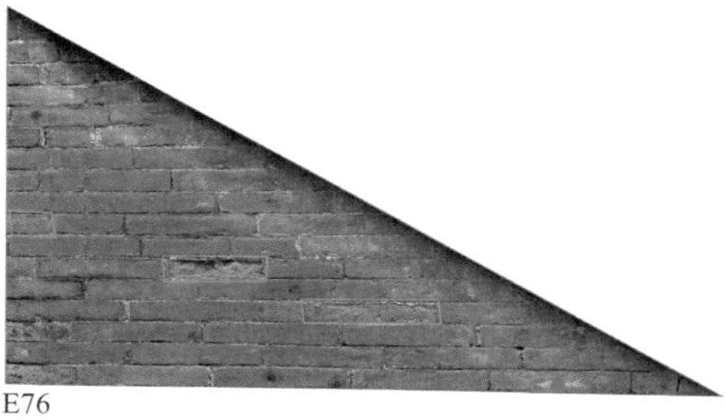

E76

图片编号:E#76	拍摄时间:2008年	图片编号:E76	拍摄时间:2015年

主要劣化情况比照表

病害类型	病害状况及成因	劣化程度
表面剥离	现状:如绿线所示,原本平整的砖体表面出现了粉状剥离。 成因:温湿度和可溶盐活动为主因	★

注:劣化程度用"★"的数量表示。由少至多分别表示一般、明显、严重三个程度。

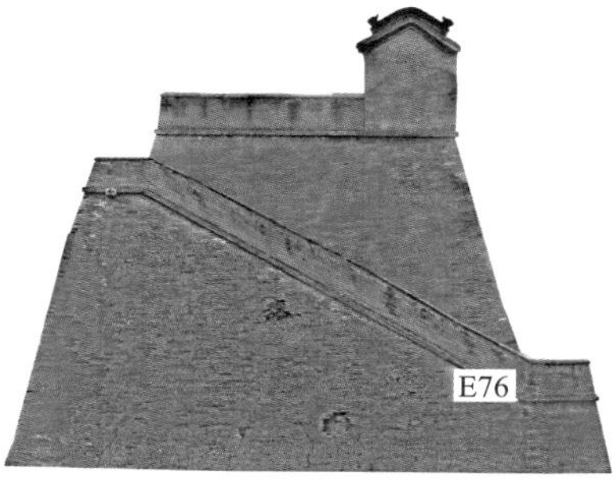

图片编号：E＃77	拍摄时间：2008 年	图片编号：E77	拍摄时间：2015 年

主要劣化情况比照表		
病害类型	病害状况及成因	劣化程度
表面剥离	现状：如绿线所示，原本平整的砖体表面出现了大面积的粉状剥离。 成因：温湿度和可溶盐活动为主因	★★★

注：劣化程度用“★”的数量表示。由少至多分别表示一般、明显、严重三个程度。

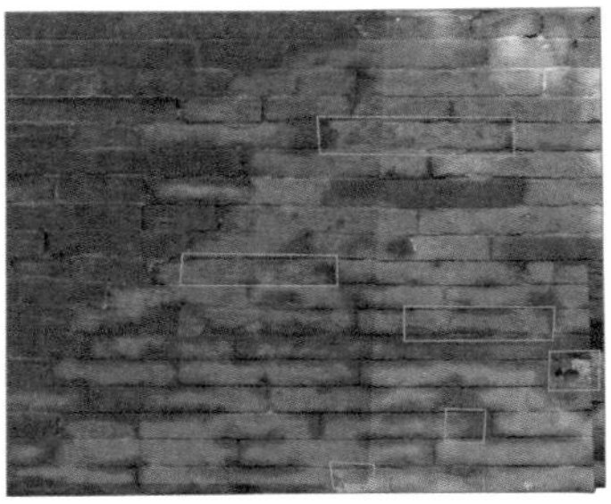

图片编号：E＃78	拍摄时间：2008 年	图片编号：E78	拍摄时间：2015 年

主要劣化情况比照表		
病害类型	病害状况及成因	劣化程度
表面剥离	现状：如绿线所示，砖体表面片状剥离、盐溶坑有明显加深和扩大。 成因：温湿度和可溶盐活动为主因	★★

注：劣化程度用“★”的数量表示。由少至多分别表示一般、明显、严重三个程度。

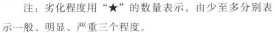

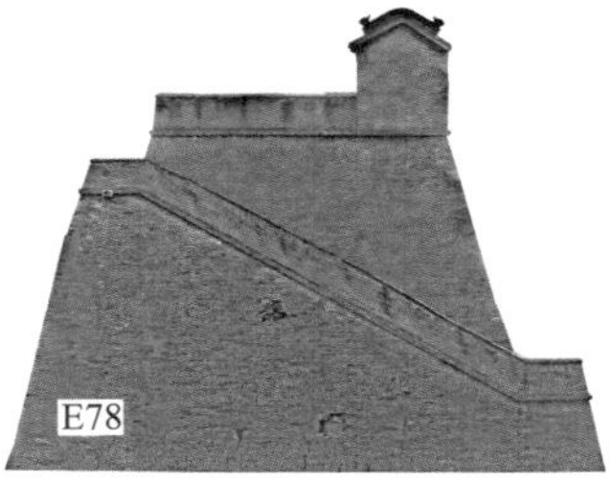

E#79

E79

图片编号:E♯79	拍摄时间:2008年	图片编号:E79	拍摄时间:2015年

主要劣化情况比照表		
病害类型	病害状况及成因	劣化程度
表面剥离	现状:如绿线所示,砖体表面片状剥离、盐溶坑有明显加深和扩大。 成因:温湿度和可溶盐活动为主因	★★

注：劣化程度用“★”的数量表示。由少至多分别表示一般、明显、严重三个程度。

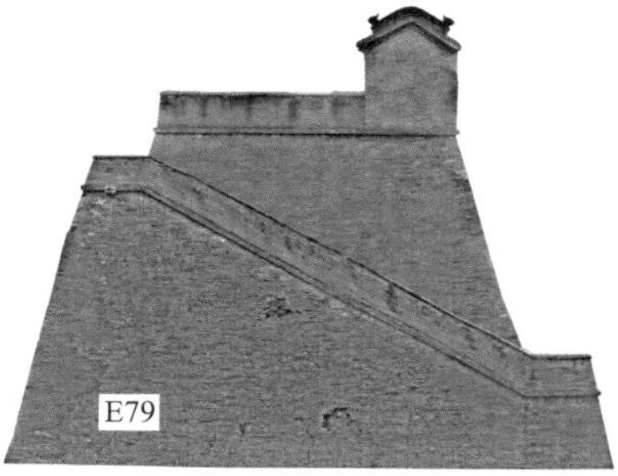

E#80

E80

图片编号:E♯80	拍摄时间:2008年	图片编号:E80	拍摄时间:2015年

主要劣化情况比照表		
病害类型	病害状况及成因	劣化程度
表面剥离	现状:如绿线所示,砖体表面片状剥离、盐溶坑有明显加深和扩大。 成因:温湿度和可溶盐活动为主因	★★

注：劣化程度用“★”的数量表示。由少至多分别表示一般、明显、严重三个程度。

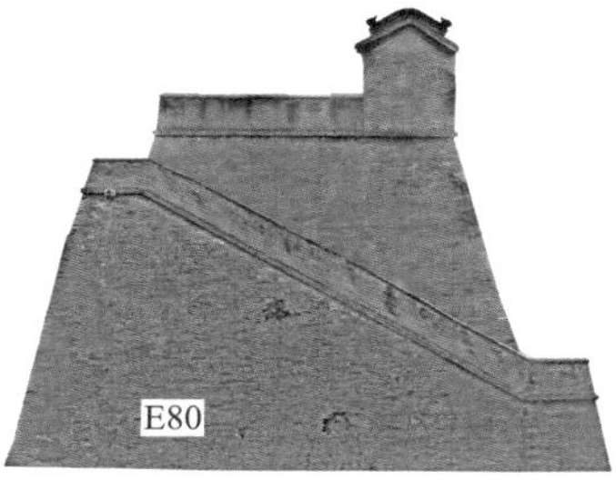

E#81

E81

图片编号:E＃81	拍摄时间:2008 年	图片编号:E81	拍摄时间:2015 年

主要劣化情况比照表

病害类型	病害状况及成因	劣化程度
表面剥离	现状:如绿线所示,砖体表面片状剥离有明显加深和扩大。 成因:温湿度和可溶盐活动为主因	★★

注：劣化程度用“★”的数量表示。由少至多分别表示一般、明显、严重三个程度。

E#82

E82

图片编号:E＃82	拍摄时间:2008 年	图片编号:E82	拍摄时间:2015 年

主要劣化情况比照表

病害类型	病害状况及成因	劣化程度
表面剥离	现状:如绿线所示,砖体表面片状剥离有明显加深和扩大。 成因:温湿度和可溶盐活动为主因	★★

注：劣化程度用“★”的数量表示。由少至多分别表示一般、明显、严重三个程度。

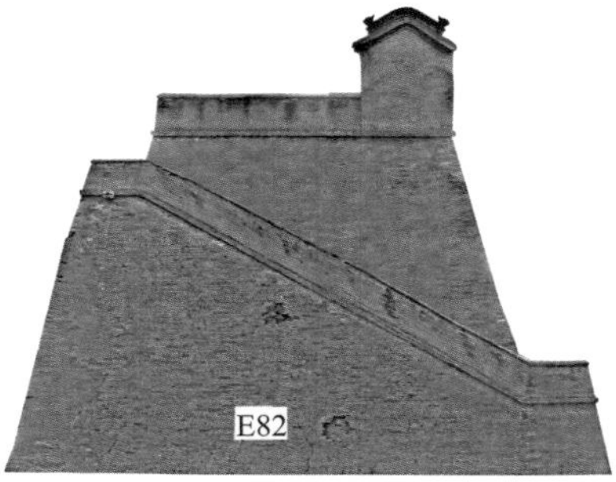

E#83

E83

图片编号:E#83	拍摄时间:2008年	图片编号:E83	拍摄时间:2015年

主要劣化情况比照表		
病害类型	病害状况及成因	劣化程度
表面剥离	现状:如绿线所示,砖体表面片状剥离、盐溶坑有明显加深和扩大。 成因:温湿度和可溶盐活动为主因	★★

注:劣化程度用"★"的数量表示。由少至多分别表示一般、明显、严重三个程度。

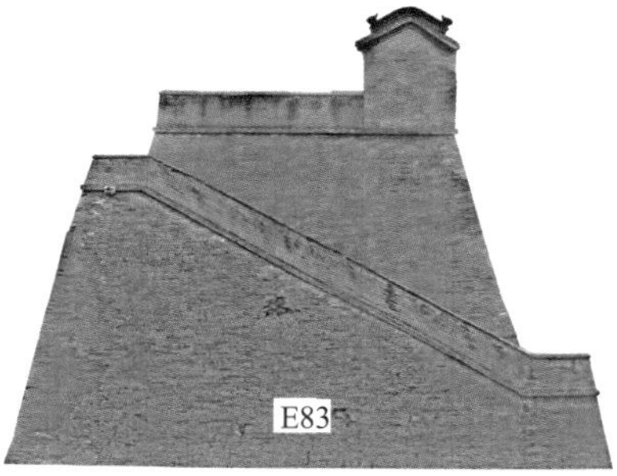

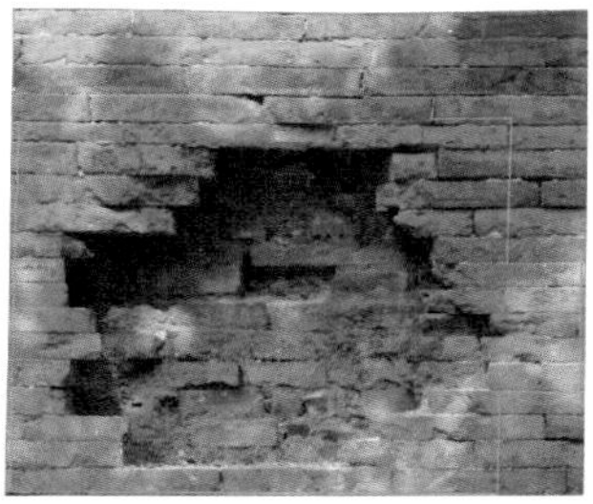

E#84

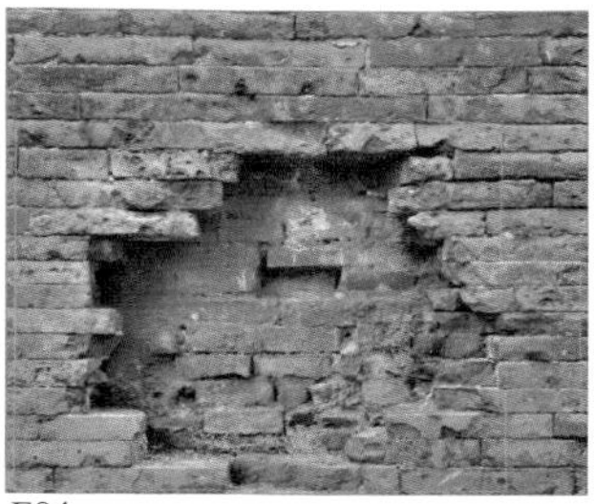

E84

图片编号:E#84	拍摄时间:2008年	图片编号:E84	拍摄时间:2015年

主要劣化情况比照表		
病害类型	病害状况及成因	劣化程度
表面剥离	现状:弹坑内和外沿的砖体表面的片状剥离程度有加重趋势。 成因:雨水冲刷为主因,灰浆老化次之	★★

注:劣化程度用"★"的数量表示。由少至多分别表示一般、明显、严重三个程度。

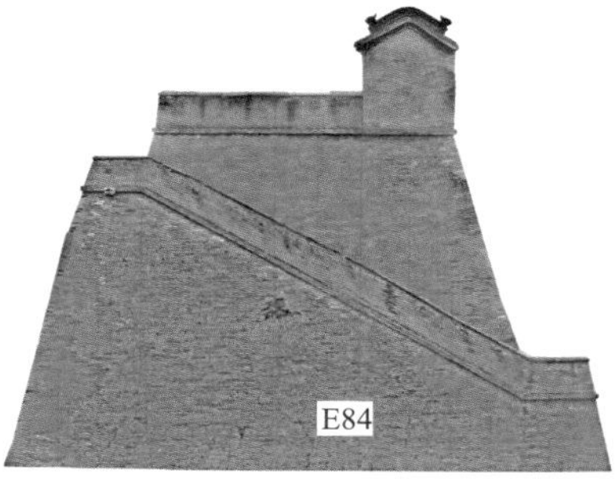

E#85

E85

图片编号:E#85	拍摄时间:2008年	图片编号:E85	拍摄时间:2015年

主要劣化情况比照表

病害类型	病害状况及成因	劣化程度
表面剥离	现状:如绿线所示,砖体表面片状剥离有明显加深和扩大。 成因:温湿度和可溶盐活动为主因	★★
裂缝	现状:如蓝线所示,砖体原本完整的表面出现了细微的裂缝。 成因:与重力和内部应力关系较大	★

注:劣化程度用"★"的数量表示。由少至多分别表示一般、明显、严重三个程度。

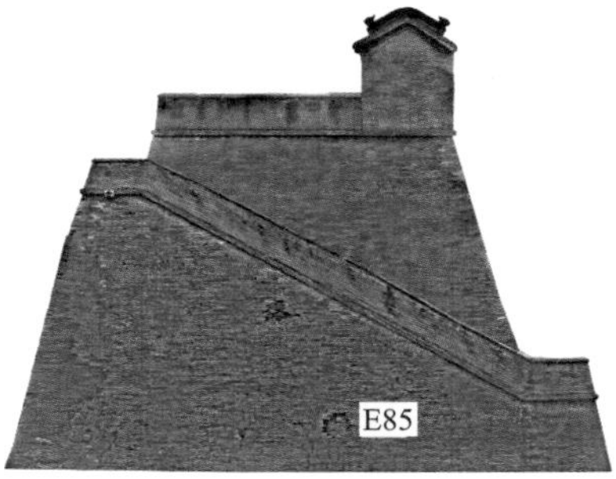

E#86

E86

图片编号:E#86	拍摄时间:2008年	图片编号:E86	拍摄时间:2015年

主要劣化情况比照表

病害类型	病害状况及成因	劣化程度
表面剥离	现状:如绿线所示,砖体表面片状剥离有明显加深和扩大。 成因:温湿度和可溶盐活动为主因	★★

注:劣化程度用"★"的数量表示。由少至多分别表示一般、明显、严重三个程度。

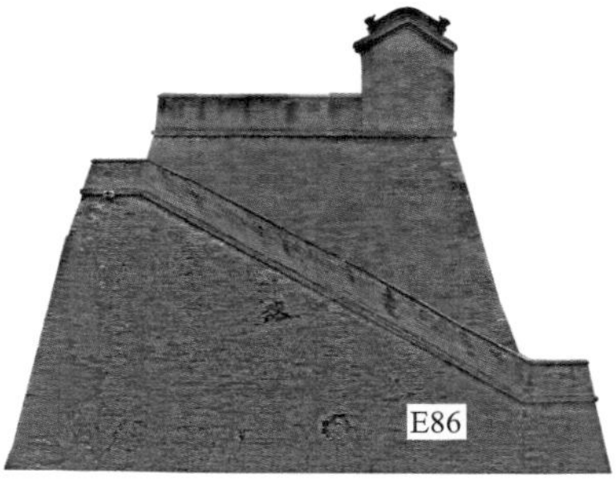

E#87

E87

图片编号:E＃87	拍摄时间:2008年	图片编号:E87	拍摄时间:2015年

主要劣化情况比照表		
病害类型	病害状况及成因	劣化程度
表面剥离	现状:如绿线所示,砖体表面片状剥离有明显加深和扩大。 成因:温湿度和可溶盐活动为主因	★★

注：劣化程度用“★”的数量表示。由少至多分别表示一般、明显、严重三个程度。

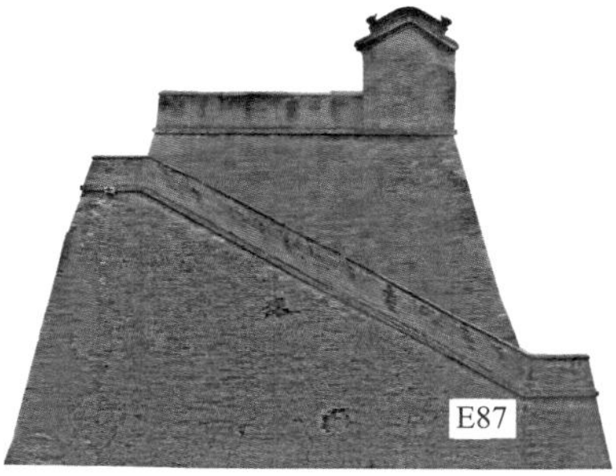

E#88

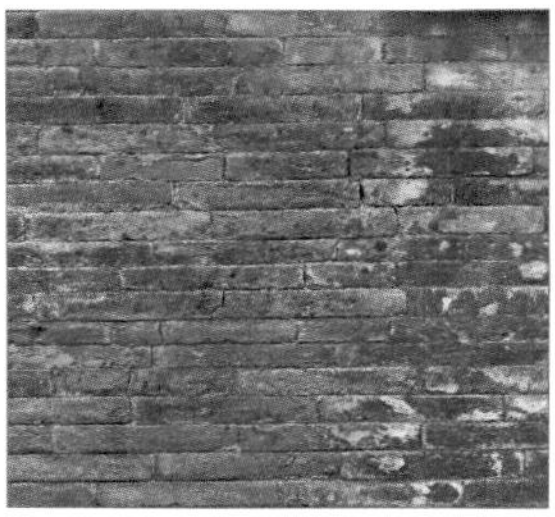
E88

图片编号:E＃88	拍摄时间:2008年	图片编号:E88	拍摄时间:2015年

主要劣化情况比照表		
病害类型	病害状况及成因	劣化程度
—	无明显可识别变化	—

注：劣化程度用“★”的数量表示。由少至多分别表示一般、明显、严重三个程度。

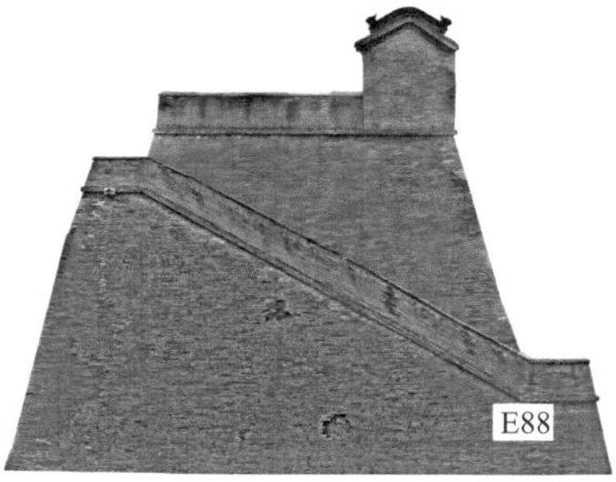

E#89

E89

图片编号：E＃89	拍摄时间：2008 年	图片编号：E89	拍摄时间：2015 年

主要劣化情况比照表		
病害类型	病害状况及成因	劣化程度
表面剥离	现状：如绿线所示，砖体表面片状剥离有明显加深和扩大。 成因：温湿度和可溶盐活动为主因	★

注：劣化程度用“★”的数量表示。由少至多分别表示一般、明显、严重三个程度。

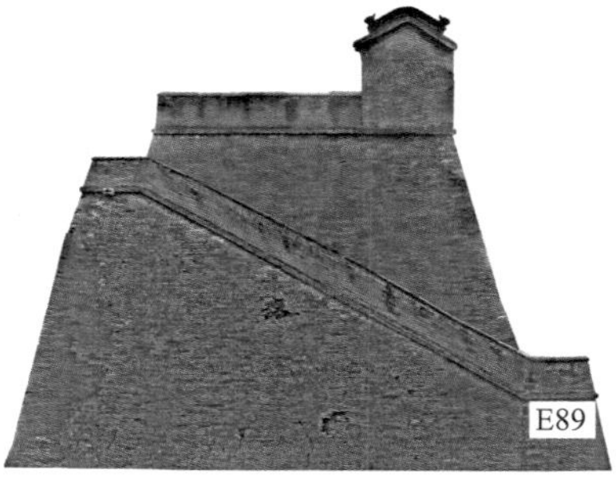

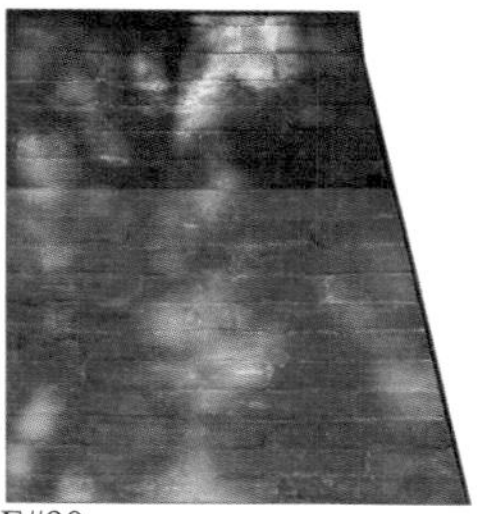
E#90

E90

图片编号：E＃90	拍摄时间：2008 年	图片编号：E90	拍摄时间：2015 年

主要劣化情况比照表		
病害类型	病害状况及成因	劣化程度
—	无明显可识别变化	—

注：劣化程度用“★”的数量表示。由少至多分别表示一般、明显、严重三个程度。

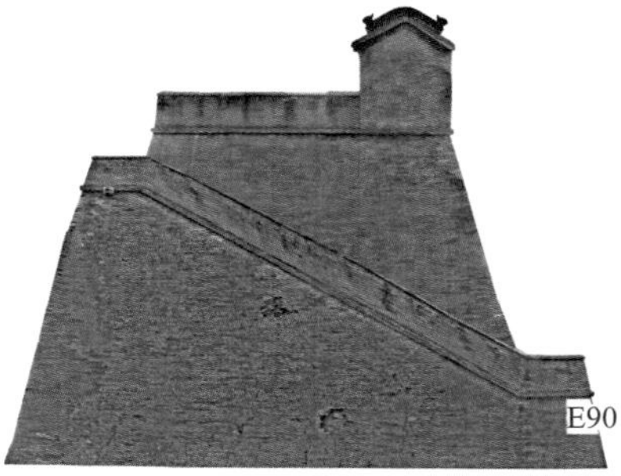

E#91

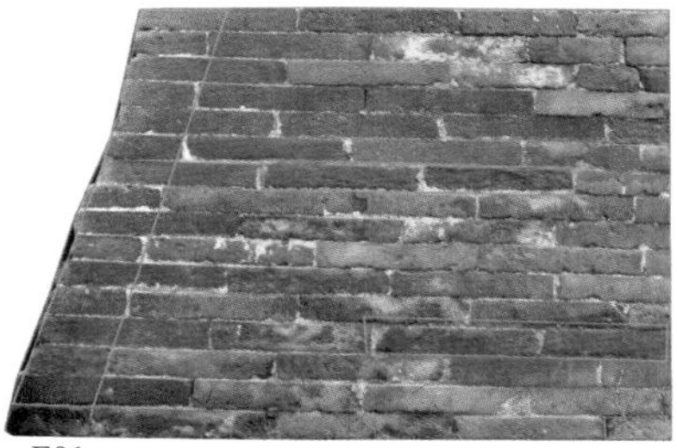

E91

图片编号：E＃91	拍摄时间：2008 年	图片编号：E91	拍摄时间：2015 年

主要劣化情况比照表		
病害类型	病害状况及成因	劣化程度
表面剥离	现状：如绿线所示，砖体表面粉状和片状剥离有明显加深和扩大。 成因：温湿度和可溶盐活动为主因	★★

注：劣化程度用“★”的数量表示。由少至多分别表示一般、明显、严重三个程度。

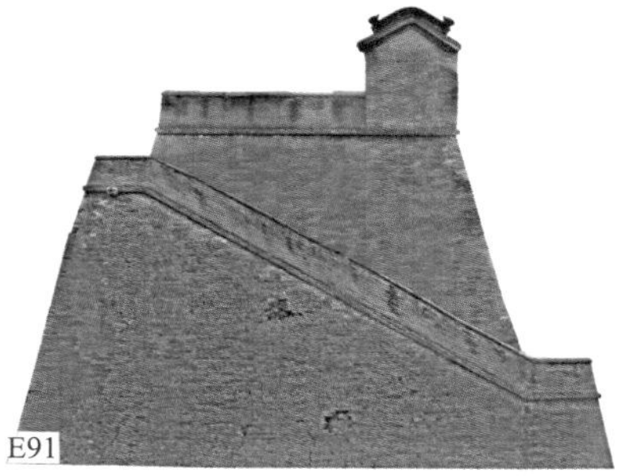

E#92

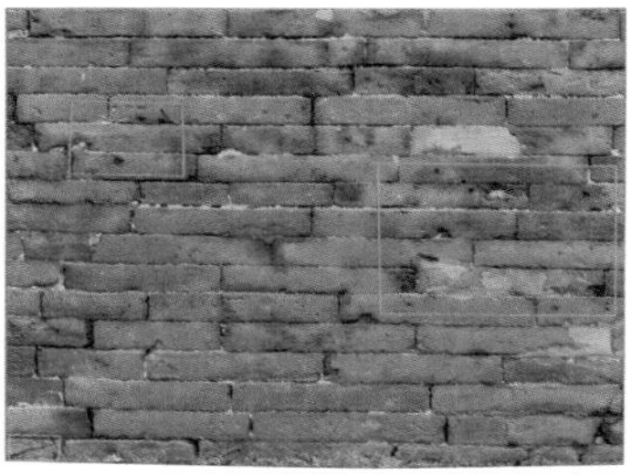

E92

图片编号：E＃92	拍摄时间：2008 年	图片编号：E92	拍摄时间：2015 年

主要劣化情况比照表		
病害类型	病害状况及成因	劣化程度
表面剥离	现状：如绿线所示，砖体表面片状剥离、盐溶坑有加深和扩大。 成因：温湿度和可溶盐活动为主因	★
裂缝	现状：如蓝线所示，砖体原本完整的表面出现了细微的裂缝。 成因：与重力和内部应力关系较大	★

注：劣化程度用“★”的数量表示。由少至多分别表示一般、明显、严重三个程度。

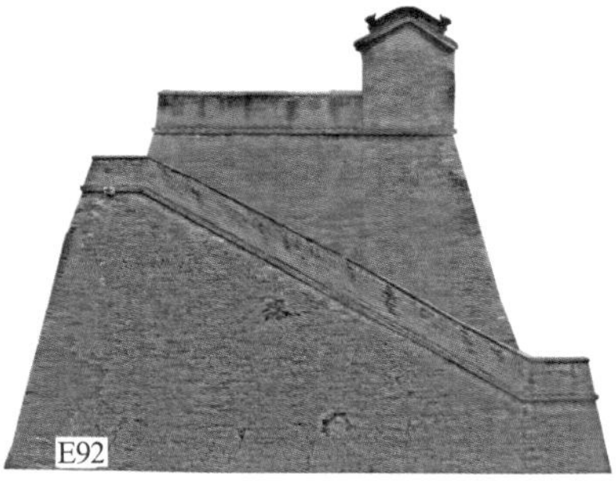

E#93

E93

图片编号：E＃93	拍摄时间：2008 年	图片编号：E93	拍摄时间：2015 年

主要劣化情况比照表

病害类型	病害状况及成因	劣化程度
表面剥离	现状：如绿线所示，砖体表面片状剥离、盐溶坑有加深和扩大。 成因：温湿度和可溶盐活动为主因	★★

注：劣化程度用“★”的数量表示。由少至多分别表示一般、明显、严重三个程度。

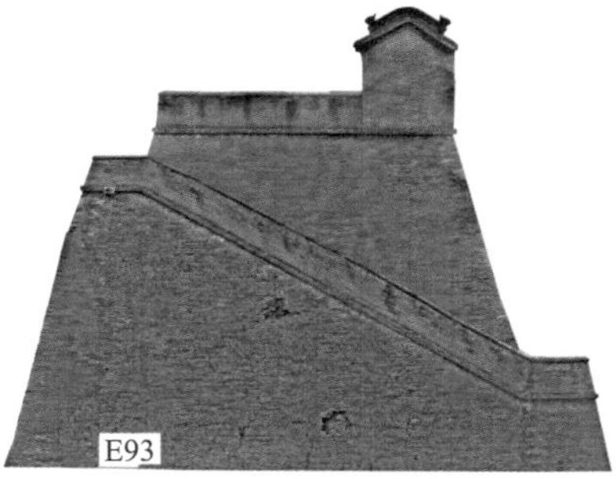

E#94

E94

图片编号：E＃94	拍摄时间：2008 年	图片编号：E94	拍摄时间：2015 年

主要劣化情况比照表

病害类型	病害状况及成因	劣化程度
表面剥离	现状：如绿线所示，砖体表面片状剥离有明显加深和扩大。 成因：温湿度和可溶盐活动为主因	★★

注：劣化程度用“★”的数量表示。由少至多分别表示一般、明显、严重三个程度。

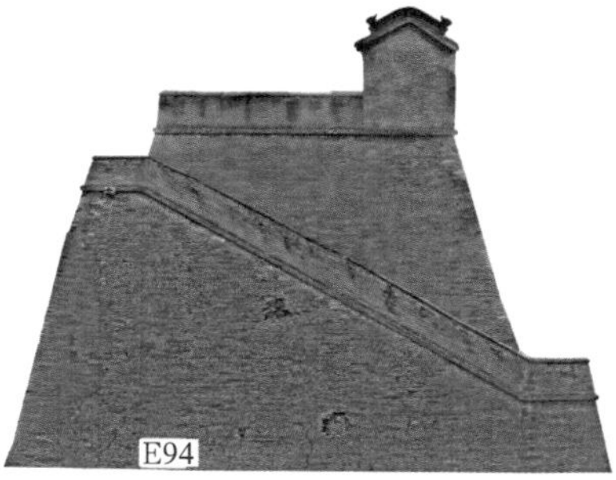

E#96

E96

图片编号：E＃96	拍摄时间：2008 年	图片编号：E96	拍摄时间：2015 年

主要劣化情况比照表

病害类型	病害状况及成因	劣化程度
表面剥离	现状：如绿线所示，砖体表面片状剥离有明显加深和扩大。 成因：温湿度和可溶盐活动为主因	★★
裂缝	现状：如蓝线所示，砖体原本完整的表面出现了细微的裂缝。 成因：与重力和内部应力关系较大	★

注：劣化程度用“★”的数量表示。由少至多分别表示一般、明显、严重三个程度。

E96

E#97

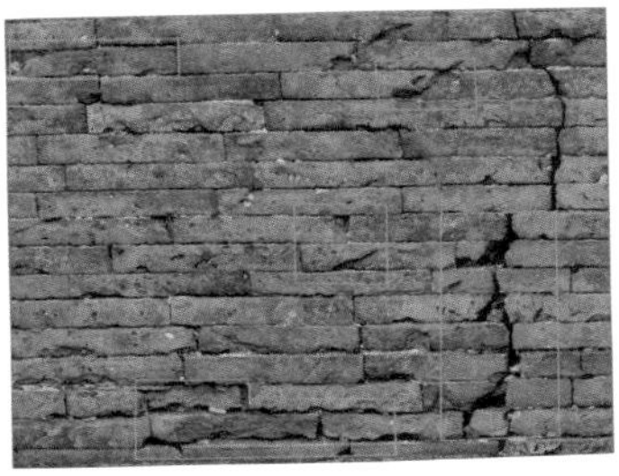
E97

图片编号：E＃97	拍摄时间：2008 年	图片编号：E97	拍摄时间：2015 年

主要劣化情况比照表

病害类型	病害状况及成因	劣化程度
表面剥离	现状：如绿线所示，砖体表面片状剥离有明显加深和扩大。 成因：温湿度和可溶盐活动为主因	★★

注：劣化程度用“★”的数量表示。由少至多分别表示一般、明显、严重三个程度。

E97

E#98

E98

图片编号:E＃98	拍摄时间:2008 年	图片编号:E98	拍摄时间:2015 年

主要劣化情况比照表		
病害类型	病害状况及成因	劣化程度
表面剥离	现状:如绿线所示,砖体表面片状剥离有加深和扩大。 成因:温湿度和可溶盐活动为主因	★
缺失	现状:如紫线所示,砖体开裂的部位现已缺失。 成因:外力作用、雨水冲刷等多种可能因素	★★

注:劣化程度用“★”的数量表示。由少至多分别表示一般、明显、严重三个程度。

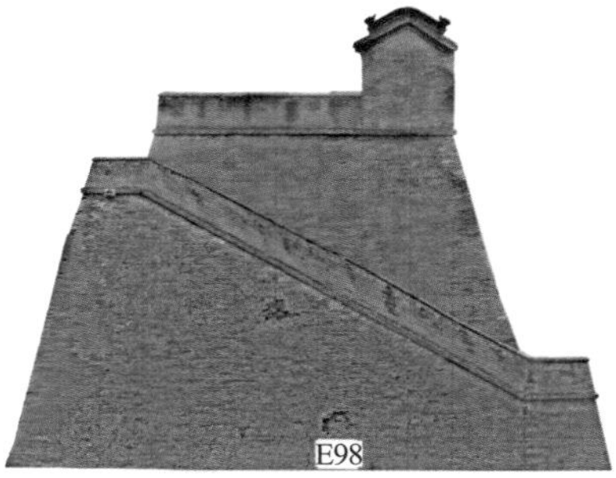

E#99

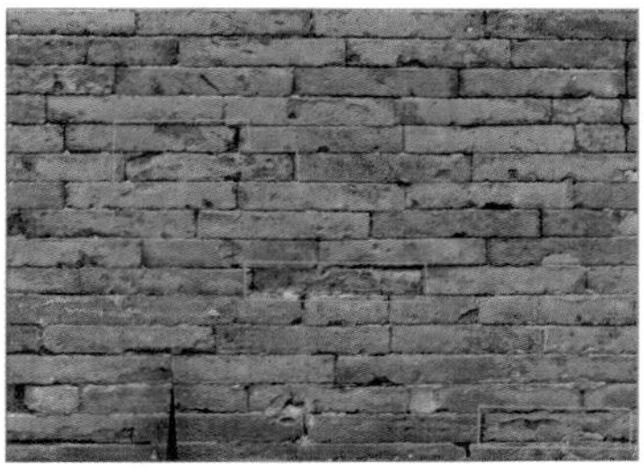

E99

图片编号:E＃99	拍摄时间:2008 年	图片编号:E99	拍摄时间:2015 年

主要劣化情况比照表		
病害类型	病害状况及成因	劣化程度
表面剥离	现状:如绿线所示,砖体表面片状剥离有加深和扩大。 成因:温湿度和可溶盐活动为主因	★★

注:劣化程度用“★”的数量表示。由少至多分别表示一般、明显、严重三个程度。

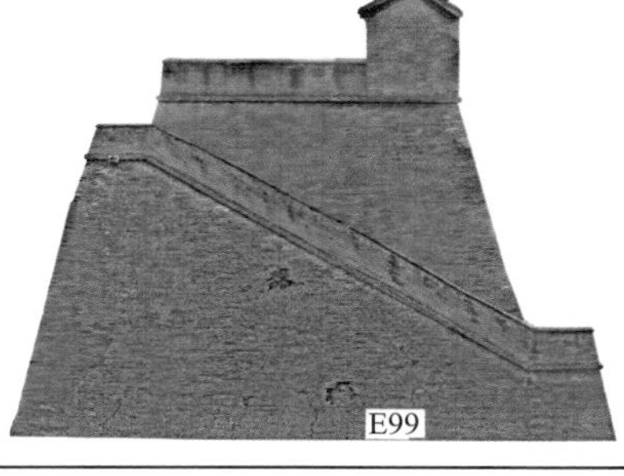

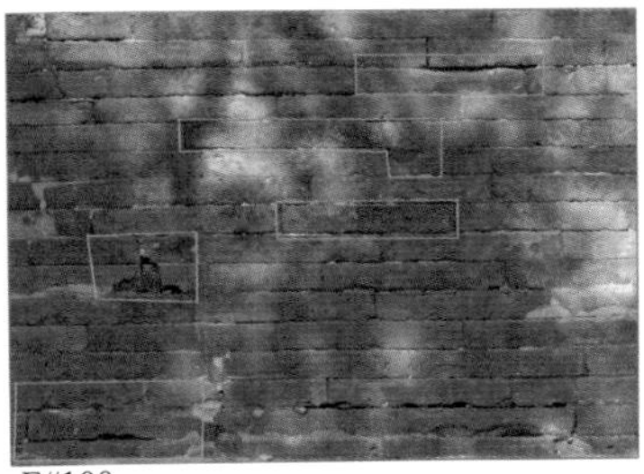

E#100

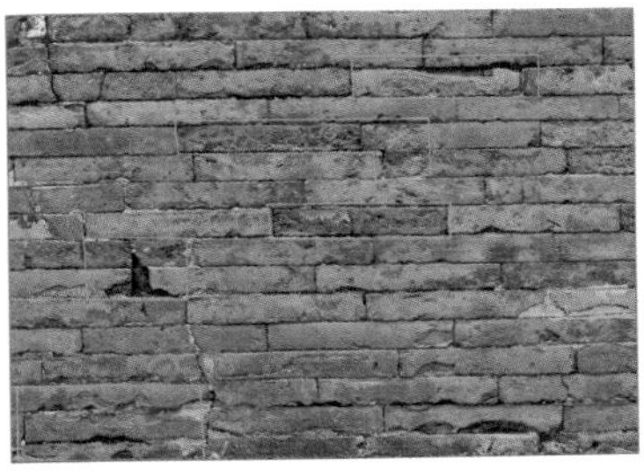

E100

图片编号：E＃100	拍摄时间：2008 年	图片编号：E100	拍摄时间：2015 年

主要劣化情况比照表		
病害类型	病害状况及成因	劣化程度
表面剥离	现状：如绿线所示，砖体表面片状剥离有加深和扩大。 成因：温湿度和可溶盐活动为主因	★★

注：劣化程度用“★”的数量表示。由少至多分别表示一般、明显、严重三个程度。

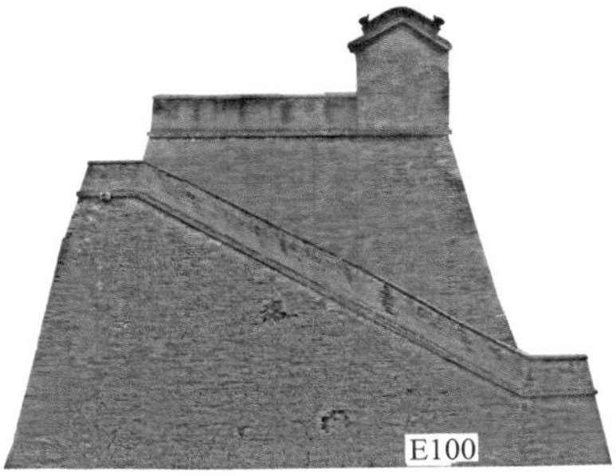

E#101

E101

图片编号：E＃101	拍摄时间：2008 年	图片编号：E101	拍摄时间：2015 年

主要劣化情况比照表		
病害类型	病害状况及成因	劣化程度
表面剥离	现状：如绿线所示，砖体表面片状剥离有加深和扩大。 成因：温湿度和可溶盐活动为主因	★★
地衣霉菌	现状：如红线所示，砖体表面的绿色苔藓有较明显的扩大趋势。 成因：潮湿环境为主因，其他因素次之	★

注：劣化程度用“★”的数量表示。由少至多分别表示一般、明显、严重三个程度。

E#102

E102

图片编号:E#102	拍摄时间:2008 年	图片编号:E102	拍摄时间:2015 年

主要劣化情况比照表

病害类型	病害状况及成因	劣化程度
表面剥离	现状:如绿线所示,砖体表面粉状和片状剥离有明显的加深和扩大。 成因:温湿度和可溶盐活动为主因	★★★

注:劣化程度用“★”的数量表示。由少至多分别表示一般、明显、严重三个程度。

E#103

E103

图片编号:E#103	拍摄时间:2008 年	图片编号:E103	拍摄时间:2015 年

主要劣化情况比照表

病害类型	病害状况及成因	劣化程度
表面剥离	现状:如绿线所示,砖体表面粉状剥离有明显的加深和扩大。 成因:温湿度和可溶盐活动为主因	★★★

注:劣化程度用“★”的数量表示。由少至多分别表示一般、明显、严重三个程度。

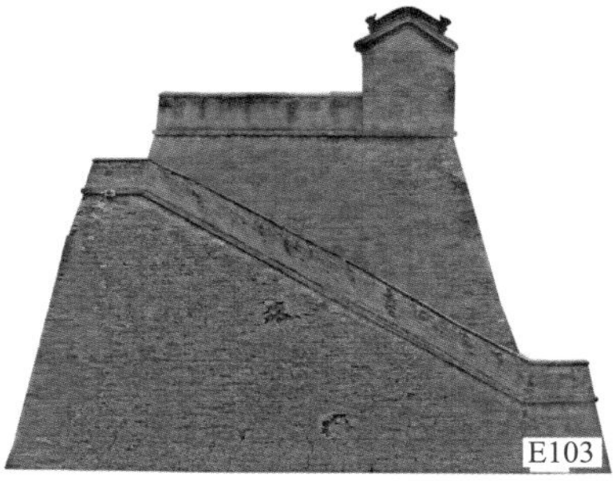

E#104

E104

图片编号：E＃104	拍摄时间：2008 年	图片编号：E104	拍摄时间：2015 年

主要劣化情况比照表		
病害类型	病害状况及成因	劣化程度
表面剥离	现状：如绿线所示，砖体表面粉状剥离有明显的加深和扩大。 成因：温湿度和可溶盐活动为主因	★★

注：劣化程度用“★”的数量表示。由少至多分别表示一般、明显、严重三个程度。

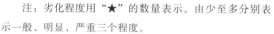

E104

注：因图纸归档问题，南立面病害调查及对比分析缺失 S0～S3、S14、S21、S23、S27、S29、S30、S35、S36；西立面病害调查及对比分析缺失 W12～W14、W18、W19、W29、W36、W37、W40～W42、W48、W49、W67、W75～W79；东立面病害调查及对比分析缺失 E6、E7、E29～E35、E40～E47、E95。

附录

附录 A　正射航拍图
附录 B　勘测图纸
附录 C　点云图纸
附录 D　近景摄影测量图纸
附录 E　释光检测报告
附录 F　砖块力学性能检测报告
附录 G　化学分析报告
附录 H　2008 年短期微环境监测
附录 I　结构稳定性的有限元分析报告
附录 J　河南省北部古建筑调查记 · 告成周公祠（1937 年）
附录 K　1975 年观星台修缮图纸（部分）
附录 L　相关历史文献

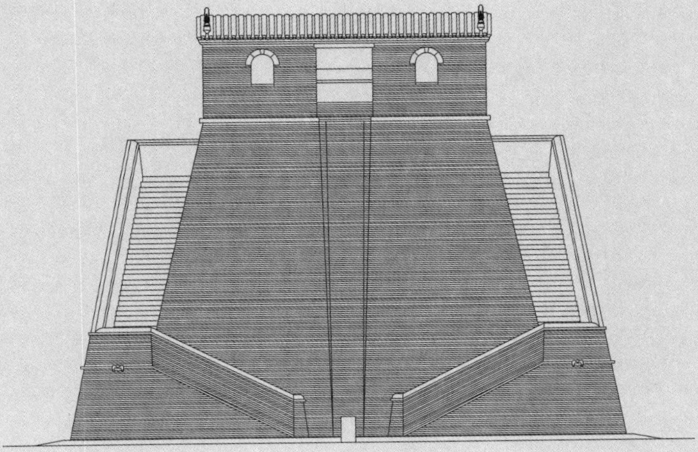

附录 A　正射航拍图

观星台航拍图

图 A-1　观星台航拍图

附录 B　勘测图纸

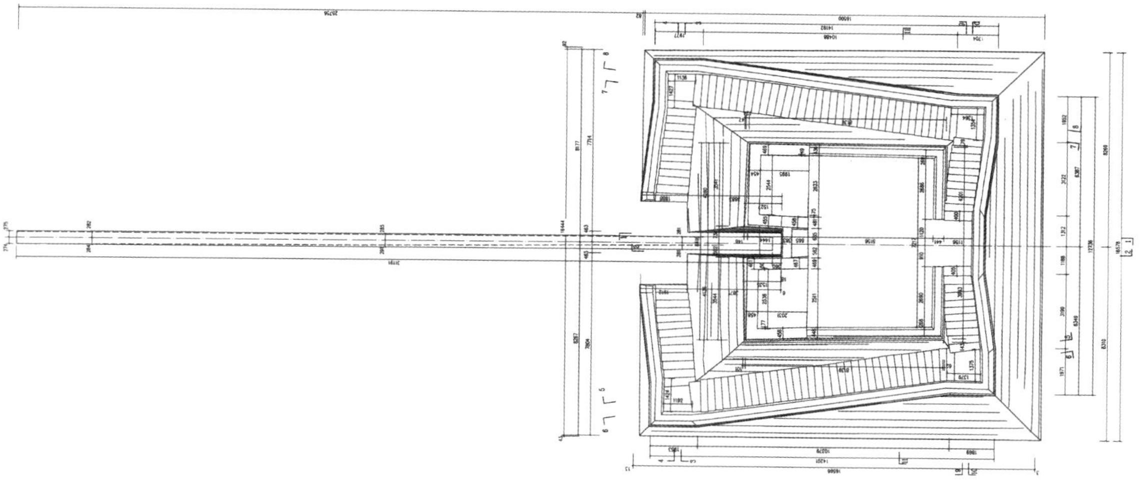

图 B-1　平面图

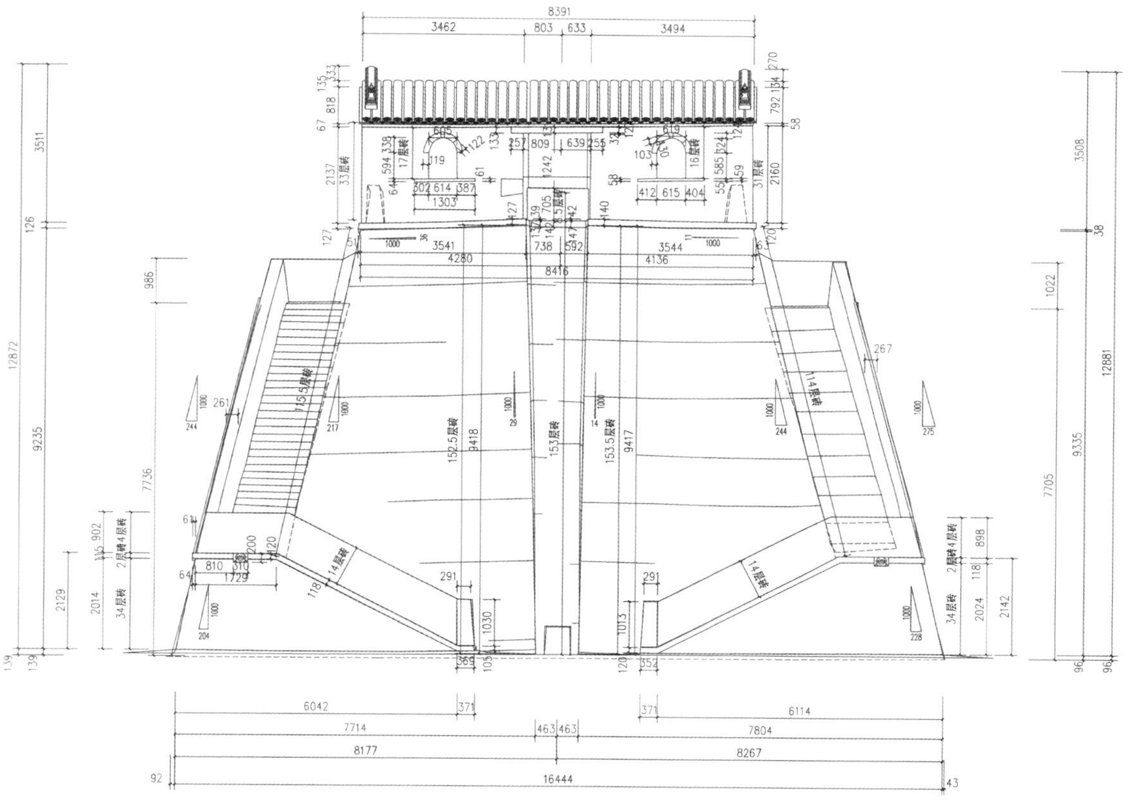

图 B-2　北立面图

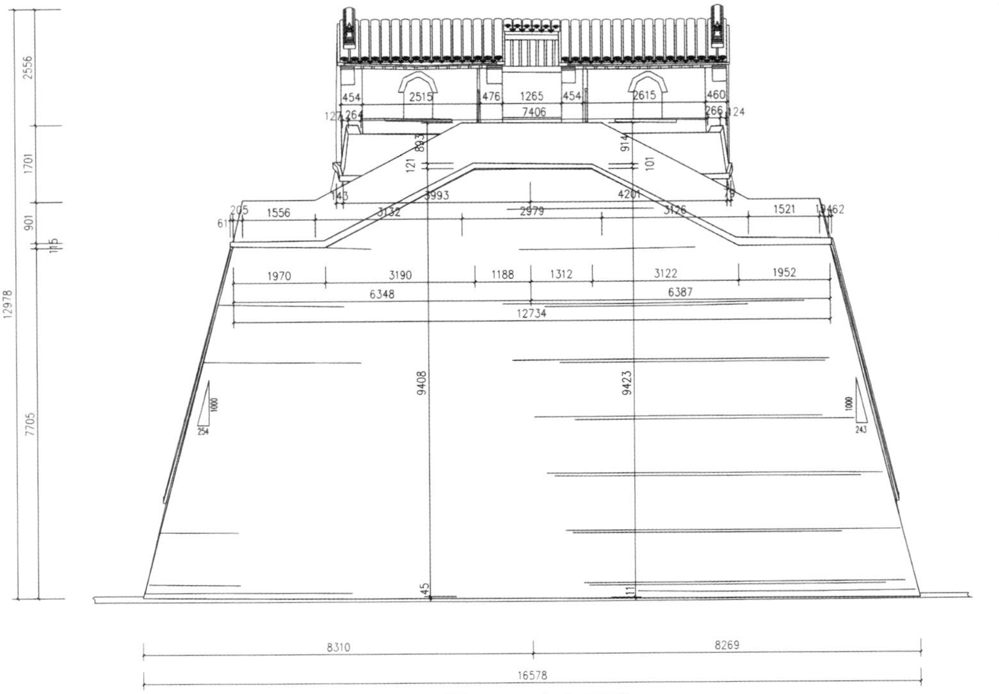

图 B-3　南立面图

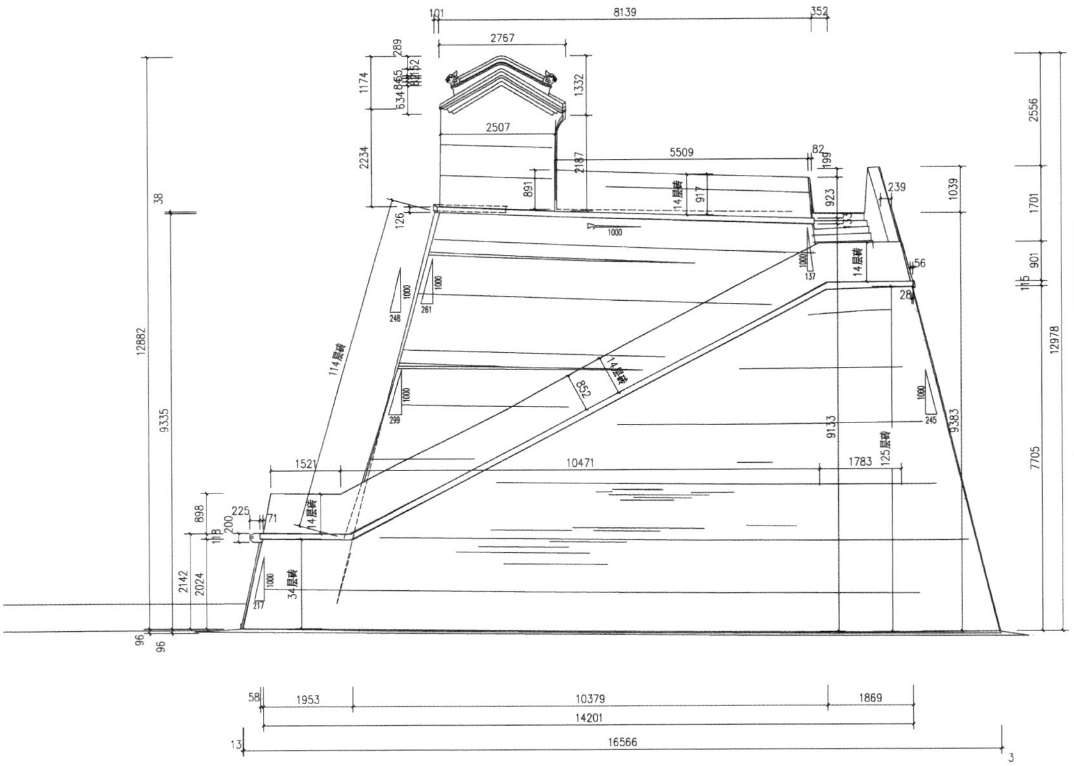

图 B-4　西立面图

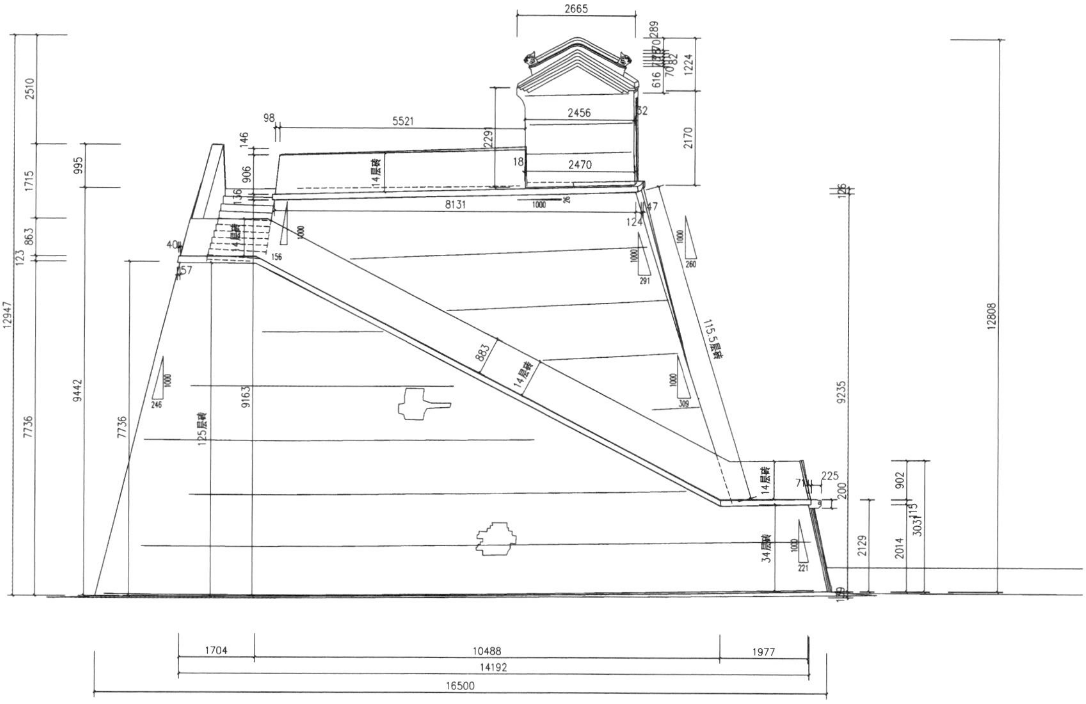

图 B-5　东立面图

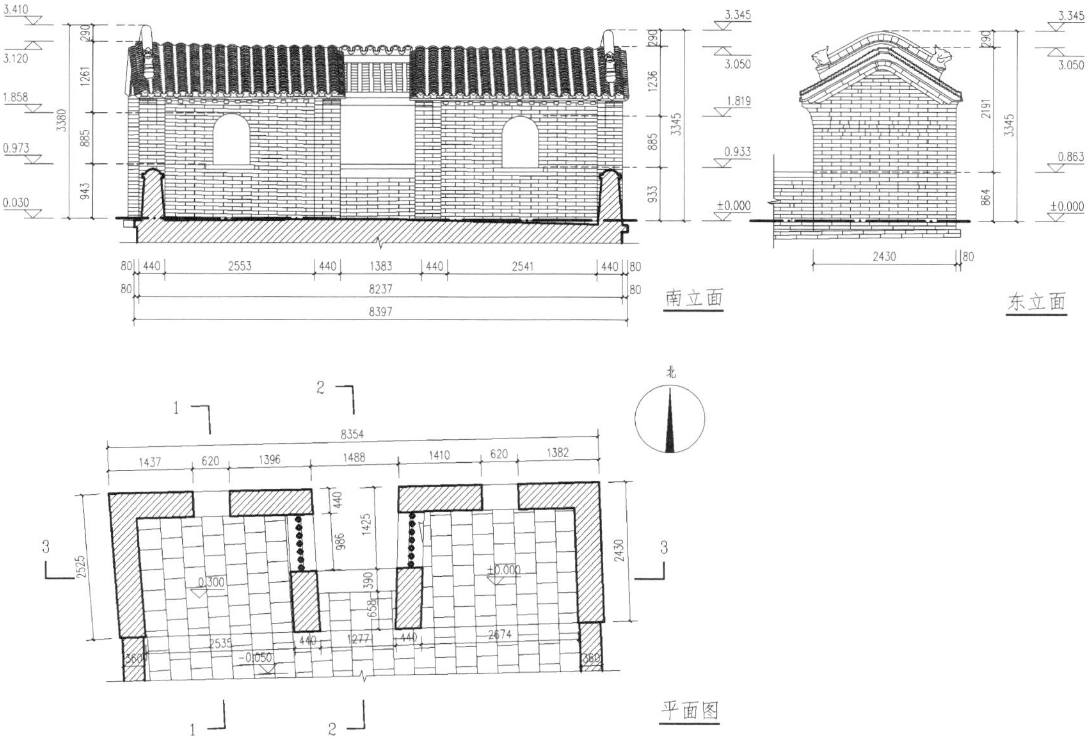

图 B-6　台顶小室测绘图（一）

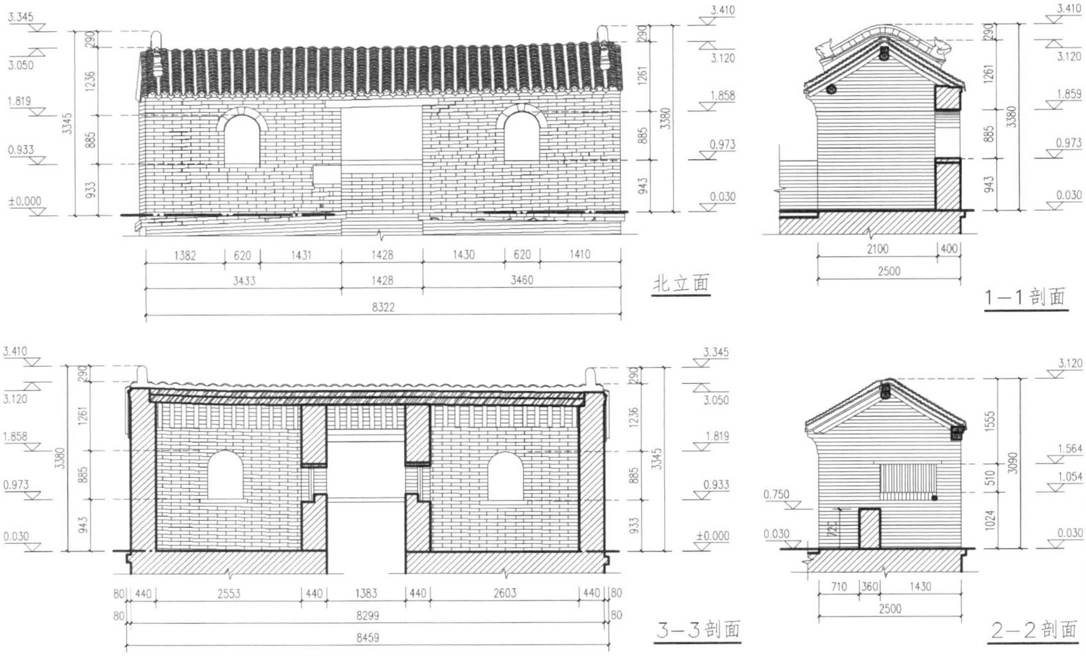

图 B-6　台顶小室测绘图（二）

附录 C　点云图纸

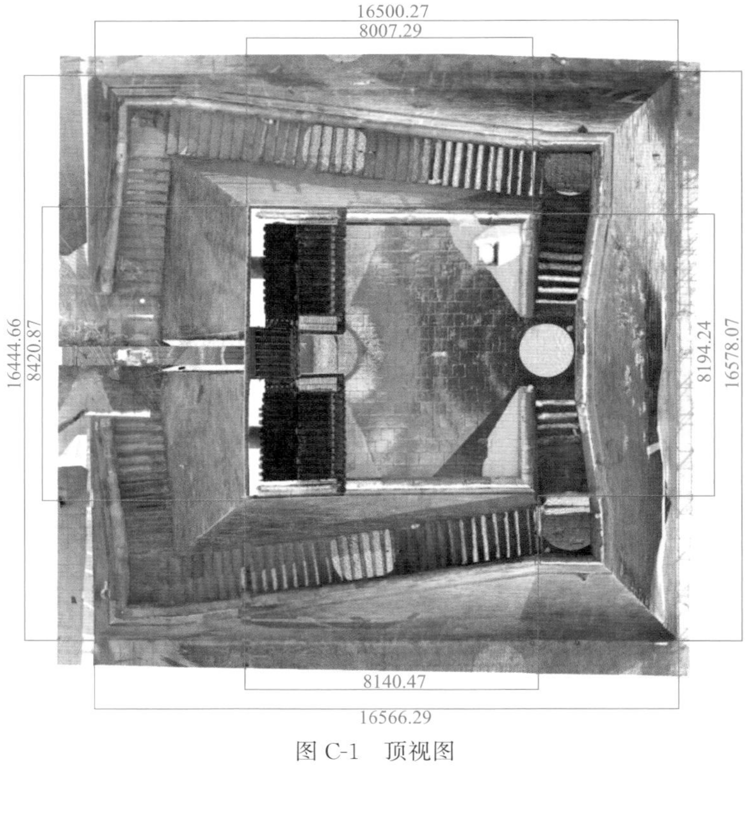

图 C-1　顶视图

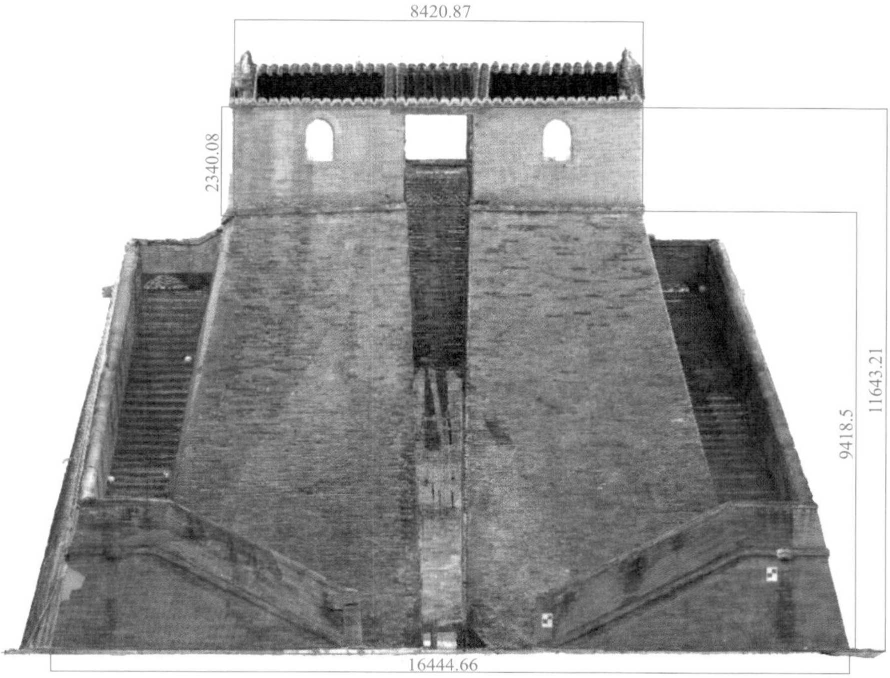

图 C-2 北立面图

图 C-3 南立面图

图 C-4　东立面图

图 C-5　西立面图

附录 D　近景摄影测量图纸

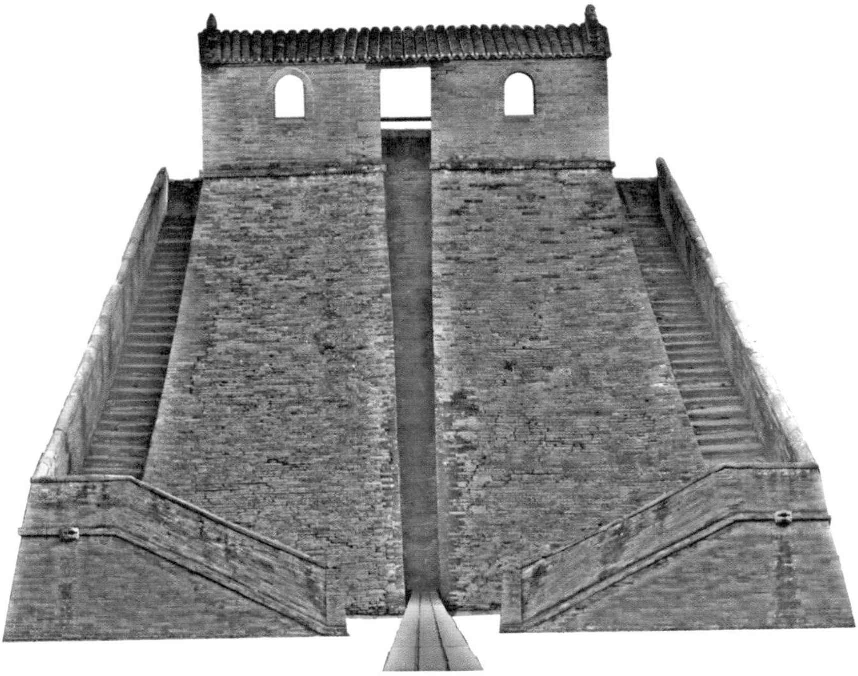

图 D-1　北立面图

图 D-2　南立面图

图 D-3　东立面图

图 D-4　西立面图

附录 E　释光检测报告

释光测年报告

送样单位	清华规划院	联系人	崔利民
样品名称	陶砖	送样时间	2008-04-09
样品性状	砖块		
样品数量	3		
报告时间	2008-5-27		
测年方法及主要仪器	单片光释光（Riso TL/OSL reader Model DA-20）		

结果	样品编号	测试编号	年代	误差
	Br-C2m-2	Lap0401	471	35
	Br-C5m-5	Lap0402	637	81
	Br-C15m-8	Lap0403	样品量较少，样品制备不成功	

北京大学考古文博学院
光释光年代学实验室

附录 F　砖块力学性能检测报告

青砖力学强度测试结果

1. 测试内容：

试样编号	试样数目（块）	测试内容	加荷速率	参照标准
Br-1	2	抗折强度	0.1MPa/s	JC 239-2001《粉煤灰砖》 GB 5101-2003《烧结普通砖》
Br-5	2	抗折强度	0.1MPa/s	
Br-4	2	抗压强度	0.3MPa/s	

2. 测试过程：

试样编号	试样尺寸（mm）	抗折强度测试用相关尺寸（mm）	抗压强度用相关尺寸（mm）	加荷速率（N/s）
Br-1	120×55×30	跨距=100；高度=30	--	33.0
	120×58×30	跨距=100；高度=30	--	34.8
Br-5	140×70×25	跨距=120；高度=25	--	24.3
	140×70×25	跨距=120；高度=25	--	24.3
Br-4	135×68×25	--	长度=135；宽度=68	2754
	137×68×25	--	长度=137；宽度=68	2795

3. 测试结果：

试样编号	测试力值（N）	抗折强度（MPa）	抗压强度（MPa）
Br-1	990	4.1	--
	1140	4.7	--
Br-5	490	2.0	--
	620	2.6	--
Br-4	236.0×10^3	--	25.7
	279.6×10^3	--	30.0

清华大学土木系
建筑材料实验室
测试者：
2009-3-6

附录 G　化学分析报告

清华大学分析中心检测结果

送样单位	清华大学古建筑研究院
送样日期	2008年6月18日
测试设备	PE-GX-FTIR spectrum；XRF-1700 岛津
样　品	A. P-S4m-3；B. P-S5m-1；C. 微黄灰块
	A. P-S4m-3(样) 主成份为石灰[$CaCO_3$]和石膏[$CaSO_4$]，比例约(2~4)/1. 并含有2~4%左右的糯米或米汁. B. P-S5m-1(样) 主要成份为硝酸钙[$Ca(NO_3)_2$]，占95%以上，并含有少量灰砂。 C. 微黄色石灰块（样） 主要成份为石灰[即碳酸钙，$CaCO_3$]。 并含有少量的大白粉，极少量泥砂. 含糯米或米汁约1~3%.

电话：010-62784566　日期：2008年7月2日.

分析人：[illegible]

附谱图：

FTIR　3张

XRF　3张.

清华大学
分析中心实验室
化学系

附录 H　2008 年短期微环境监测

在 2008 年 5 月 14—16 日，笔者团队对观星台近周边空气环境进行了数据采集，重点考察温湿度在一个昼夜周期内的变化情况。

设备情况：DSR-TH 数字化温湿度记录仪 2 台。

1. 记录方案

14 日 12:00—15 日 12:00，北立面凹槽南壁，距地高度 4m，1 台。

14 日 12:00—15 日 12:00，北立面西侧部分，距地高度 4m，1 台。

15 日 12:30—16 日 12:30，南立面，距地高度 4m，1 台，仪器编号 TH0709280168A。

15 日 12:30—16 日 12:30，内层台体西立面，距地高度 5m，1 台，仪器编号 TH0709280167A。

2008 年 5 月 14—16 日天气预报为：

14 日：白天到夜里，晴到多云，偏南风 3 级。最高温度：27～28℃；最低温度：15～16℃。河南省气象台 008022 号。

15 日：白天到夜里，晴到多云，偏东风 3 级。最高温度：29～30℃；最低温度：16～17℃。河南省气象台 010023 号。

16 日：白天，晴到多云，夜里，多云转阴，有短时阵雨或雷阵雨，东南风 3 级。最高温度：29～30℃；最低温度：17～18℃。河南省气象台 012020 号。

2. 北立面监测情况

14 日 12:00—15 日 12:00 北立面环境温湿度一昼夜内的变化情况如图 H-1 所示。

空气最高温度 31.3℃出现于 16:20—16:50，最低湿度 28%出现于 13:30。根据太阳辐射与大气温度变化规律，每日 12:00 为太阳直射角最小，13:00 左右为地面温度最高，14:00 为空气温度最高，而北立面因为不受太阳直射，完全靠空气传导和对流传递热量，因此最高温度比其余各面滞后。监测的温度结果与这一规律相符。

空气最低温度 15.8℃出现在 5:30，最高湿度 90%出现在 4:50～5:40。根据分析，之所以在凌晨出现温度最低，是因为台体经过一夜的热辐射，所存热量此时完全释光，所以近周边的空气温度到达最低。与此同时，空气开始结露，湿度达到最大。

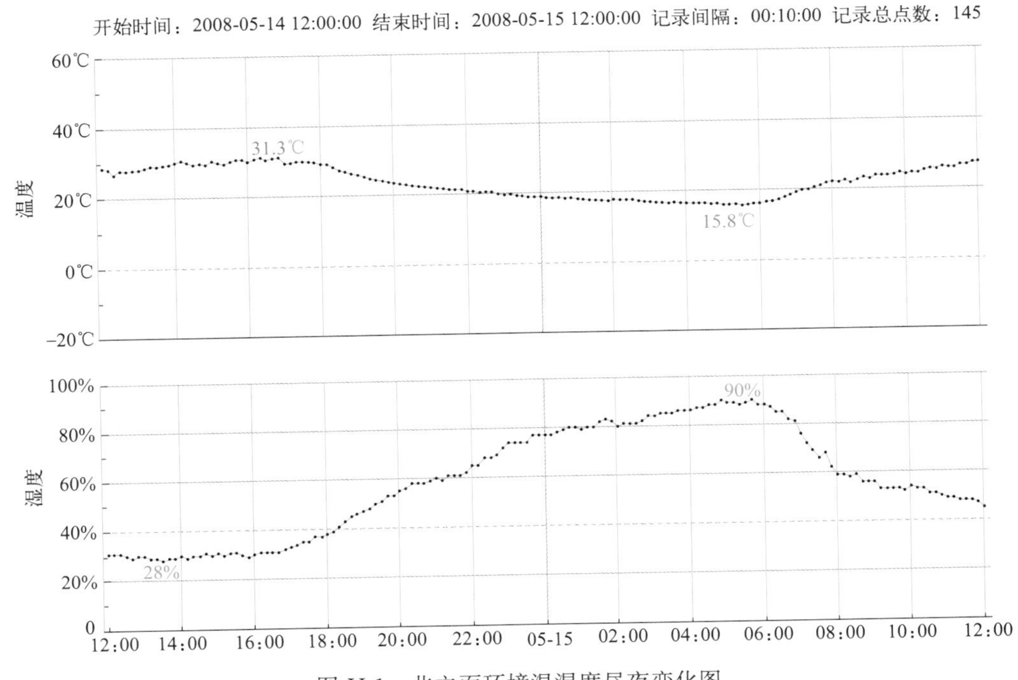

图 H-1 北立面环境温湿度昼夜变化图

3. 北立面凹槽内监测情况

14 日 12:00—15 日 12:00，北立面凹槽内环境温湿度一昼夜内的变化情况如图 H-2 所示。

空气最高温度 26.2℃出现于 15:20—16:00，但在 12:00—18:00 温度一直稳定在 24～26℃；最低湿度 37%出现于 12:00—13:40，而且从 12:00—16:00 湿度一直稳定在 40%上下很小的范围内。

空气最低温度 16.3℃出现在 5:40，不过 3:00—6:30 温度一直保持在 16～17℃；最高湿度 85%出现在 4:50—5:40。

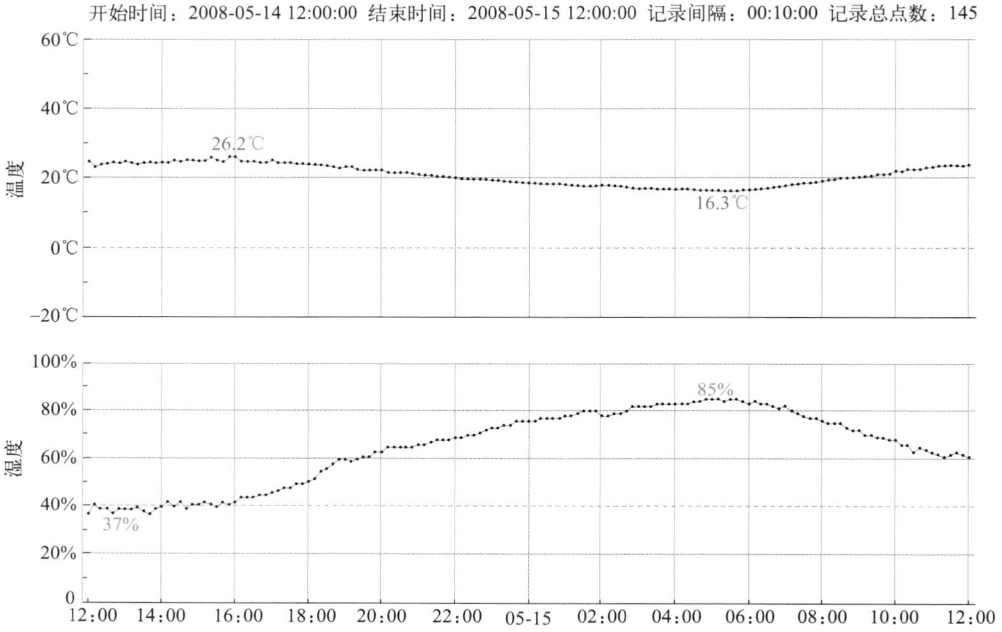

图 H-2 北立面凹槽内环境温湿度昼夜变化图

4. 南立面监测情况

15 日 12:30—16 日 12:30，南立面环境温湿度一昼夜内的变化情况如图 H-3 所示。

空气最高温度 35℃出现于 14:00，最低湿度 28%出现于 14:20。

空气最低温度 18.9℃出现在 5:30，最高湿度 91%出现在 5:40。

5. 西立面监测情况

15 日 12:30—16 日 12:30，西立面环境温湿度一昼夜内的变化情况如图 H-4 所示。

空气最高温度 38.9℃出现于 15:40，最低湿度 25%出现于 15:40 和 16:00。与通常的太阳辐射与空气温度规律相比，出现滞后现象，分析可知这与朝向有关，在下午时分西面受到越来越多的太阳辐射，温度反倒比中午更高，也就是所谓的“西晒”，而且从与南立面的对比中还能看出，西晒所能达到的温度比正南还要高，湿度也随之降低。

空气最低温度 18.3℃出现在 5:30，最高湿度 90%出现在 5:20 和 5:40。

开始时间：2008-05-15 12:30:00 结束时间：2008-05-16 12:30:00 记录间隔：00:10:00 记录总点数：145

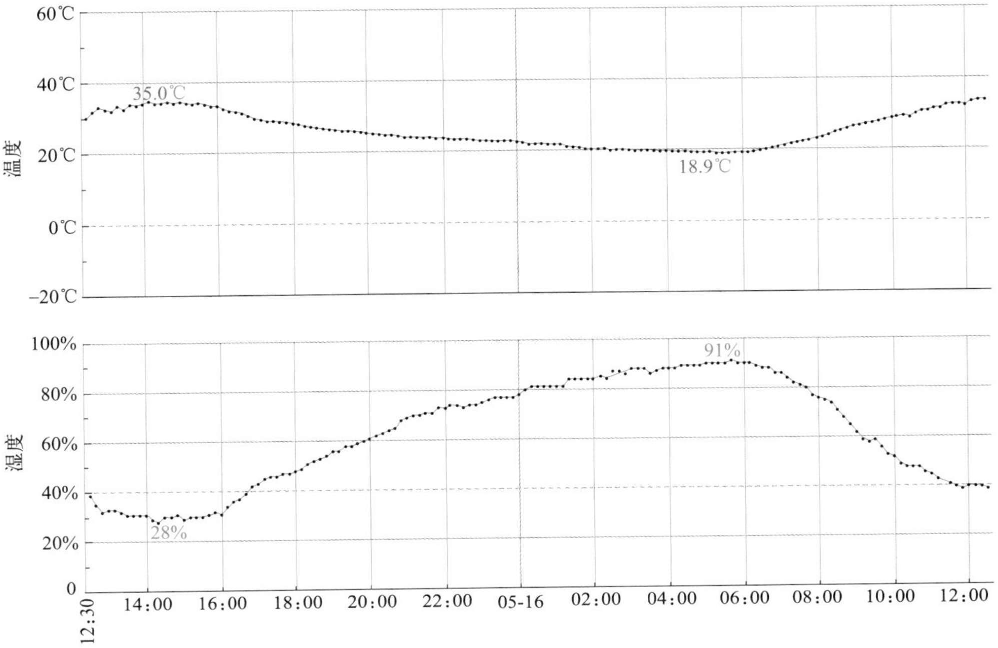

图 H-3　南立面环境温湿度昼夜变化图

开始时间：2008-05-15 12:30:00 结束时间：2008-05-16 12:30:00 记录间隔：00:10:00 记录总点数：145

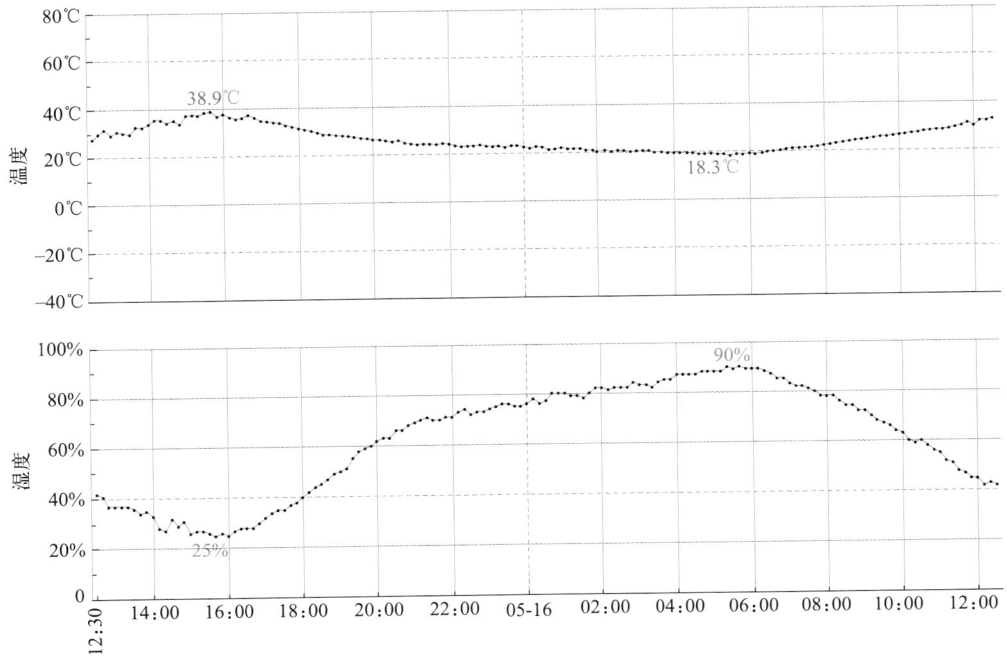

图 H-4　西立面环境温湿度昼夜变化图

6. 综合比较

第一，无论太阳是否能够照射，无论通风是否良好，观星台各向温湿度变化的总体趋势是一致的，即在白天温度较高时湿度最低，在夜晚最低温度与最高湿度同时出现，湿度最高可达 90%左右。

第二，有阳光直射的面，会出现清晰的温度峰值和湿度的谷值，而阳光不可直射的位置则没有清晰的温度峰值和湿度谷值。

第三，无论阳光是否能够直接照射，南、北、西三个立面的温湿度变化幅度和剧烈程度基本相同，而北面的凹槽温湿度变化较缓。

第四，因为通风不畅，凹槽内的湿度全天较大，最低也是 40%左右，比南、西、北三个表面最低值高出近 10 个百分点。

总体来说，这四个测点的结果能够看出一些初步的规律，但因为样本周期短、样本数量少，还不足以提供更多的参考内容。因此建议管理部门对观星台进行周期至少为一年的跟踪记录，涵盖晴雨雪风多种天气情况，才能发现环境温湿度与台体残损情况、内部缺陷加剧趋势之间的对应关系。

附录 I　结构稳定性的有限元分析报告

本计算的目的是根据已有的数据和边界条件，采用有限元程序分析观星台结构在重力荷载和地震作用下的稳定状况。有限元分析（FEA，Finite Element Analysis）是利用数学近似的方法对真实物理系统（几何和荷载工况）进行模拟。有限元分析可利用简单而又相互作用的元素（即单元）及有限数量的未知量去逼近无限未知量的真实系统。

有限元分析的基本步骤通常为：

第一步为前处理，根据实际问题定义求解模型。

第二步为模型求解，将单元总装成整个离散域的总矩阵方程（联合方程组）。总装是在相邻单元节点进行。状态变量及其导数（如果可能）连续性地建立在节点处。联立方程组的求解可用直接法、迭代法。求解结果是单元节点处状态变量的近似值。

第三步为后处理，对所求出的解根据有关准则进行分析和评价。

1. 计算依据和工具

1）计算依据

《河南省登封市告成观星台地球物理勘探报告》，中国地质大学（北京）；

《河南登封告成观星台文物保护修缮方案设计》，北京清华城市规划设计研究院郭黛姮工作室，2008 年 8 月；

《青砖力学强度测试结果》，清华大学土木系建筑材料实验室。

2）计算工具

本计算分析采用在国际上已得到广泛应用的土工有限元程序 PLAXIS。该程序由荷兰

Delft 大学开发，本次我们使用的版本为 8.2。该程序可较好地考虑土的非线性性质，能模拟土工结构开挖及建造的施工过程，还可以方便地考虑地下水的影响并进行动力计算，特别适合于地下工程问题的计算分析。从以往应用的情况来看，其计算结果的精度和可靠性都是相当令人满意的。

2. 典型断面计算

1）计算模型

本计算分析为初步估算，将观星台结构和地基简化为平面应变问题，水平地震作用通过拟静力方式施加到结构上，在此基础上计算结构和地基的应力分布，以及结构体系的安全系数。由于数据测量和勘测数据不是很完整，部分参数取自类似项目或通过类比确定。

典型断面中夯土高 9.5m，墙砖厚 0.75m，台体明显收分，夯土底边宽 13m，顶边宽 7m。有限元模型如图 I-1 所示。本计算用 15 节点三角形单元模拟夯土体、墙砖和地基土；墙砖和夯土之间设置界面单元（图 I-2）。计算区域侧边界取到结构中心线两侧 18m，受水平向约束；底面取到地表下 12m，并视为完全固定。平面问题纵向取 1 延长米进行计算，所有的结构和荷载参数都取每延米的平均值。

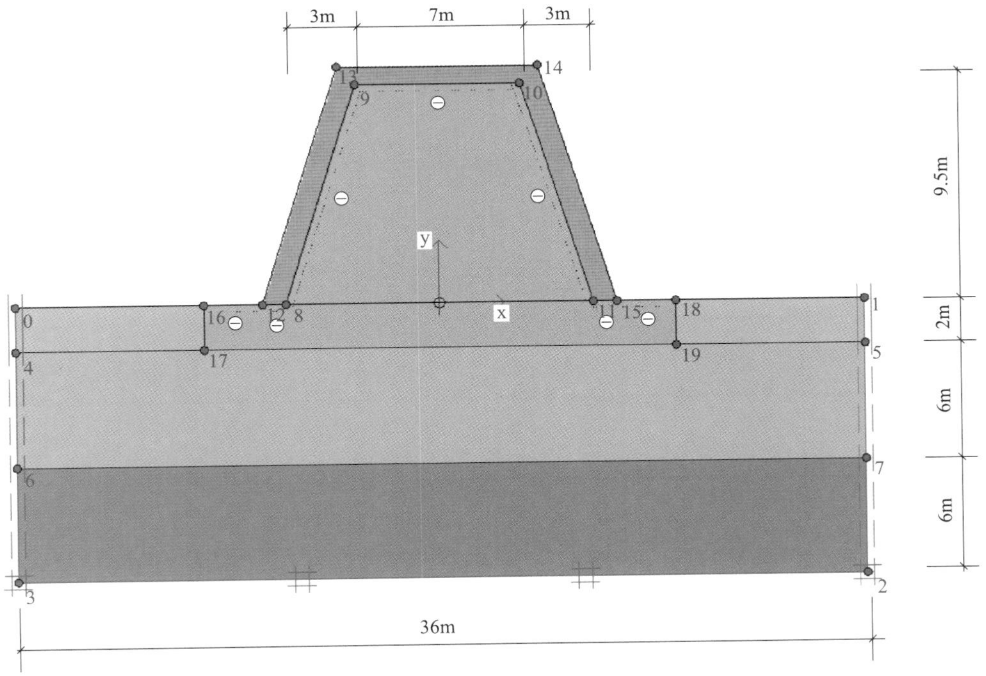

图 I-1 计算模型

计算分析中采用莫尔-库仑模型来描述土和砖的应力-应变关系，以考虑其非线性。计算参数按工程地质勘察报告及相似工程的设计确定，并根据有限元计算的特点和以往的工程经验做部分调整。计算采用的岩土介质力学参数见表 I-1，墙砖和夯土的力学参数见表 I-2。

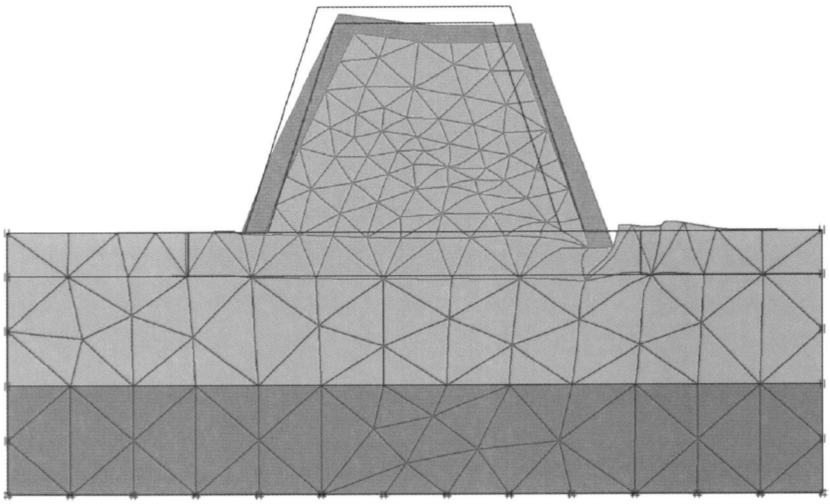

图 I-2 网格变形图

地层力学性质参数取值 **表 I-1**

地层	变形模量 E (kPa)	泊松比 ν	容重 γ (kN/m^3)	内聚力 c (kPa)	内摩擦角 φ
①人工填土层	2.0×10^3	0.3	16	5	18
②粉土层	7.0×10^3	0.3	18	8.0	26
③砂卵石层	8.0×10^4	0.3	19	1.0	30

墙砖和夯土的力学参数取值 **表 I-2**

地层	变形模量 E (kPa)	泊松比 ν	容重 γ (kN/m^3)	内聚力 c (kPa)	内摩擦角 φ
墙砖	2.23×10^6	0.1	19	400	55
夯土	6.9×10^4	0.3	16	36	25

2）计算步骤

分如下 3 个阶段：

阶段 1——自重作用下的应力计算；

阶段 2——施加水平惯性力模拟水平地震，计算观星台的变形和应力分布；

阶段 3——用 PLAXIS 提供的强度折减法计算观星台结构在重力和水平地震作用下的安全系数。

3. 主要结果

1）重力作用

从计算结果中可以看出（图Ⅰ-3～图Ⅰ-5），观星台下竖向应力小于 125kPa，满足地基承载力要求。其下卧土层中的竖向应力也未超过其承载力。

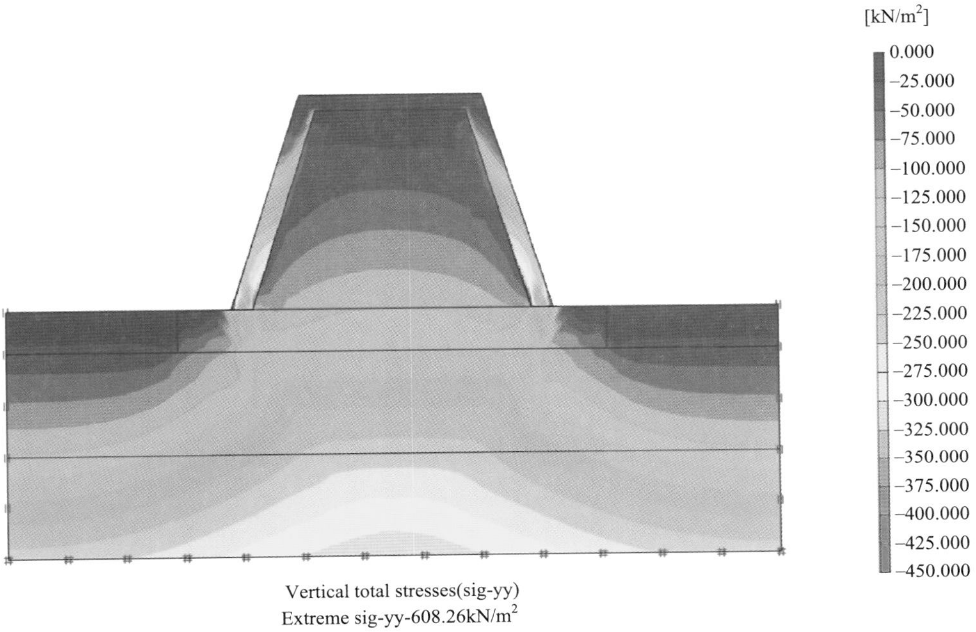

图Ⅰ-3 自重作用下的竖向应力

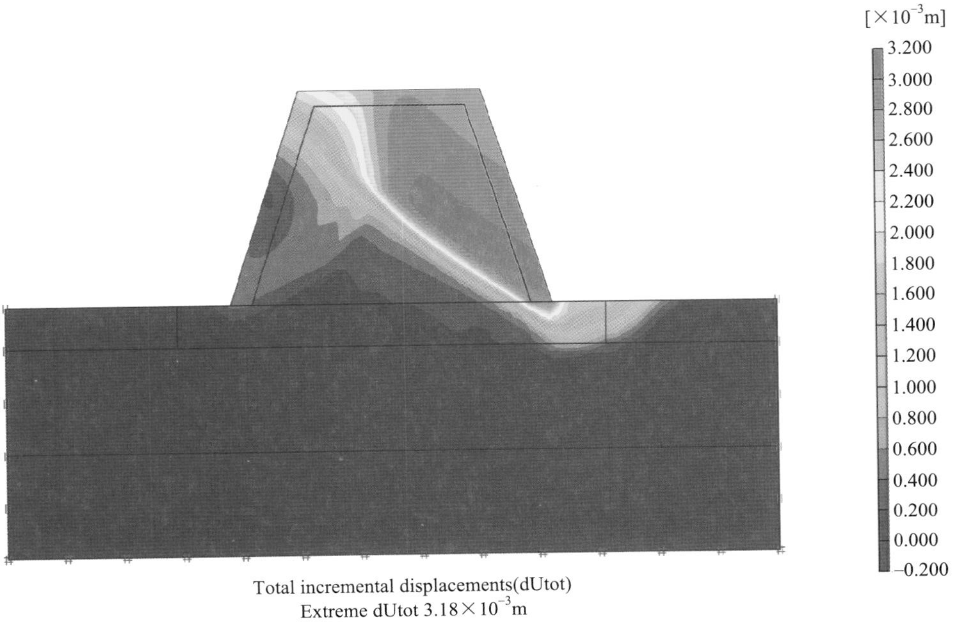

图Ⅰ-4 6度烈度下变形增量图

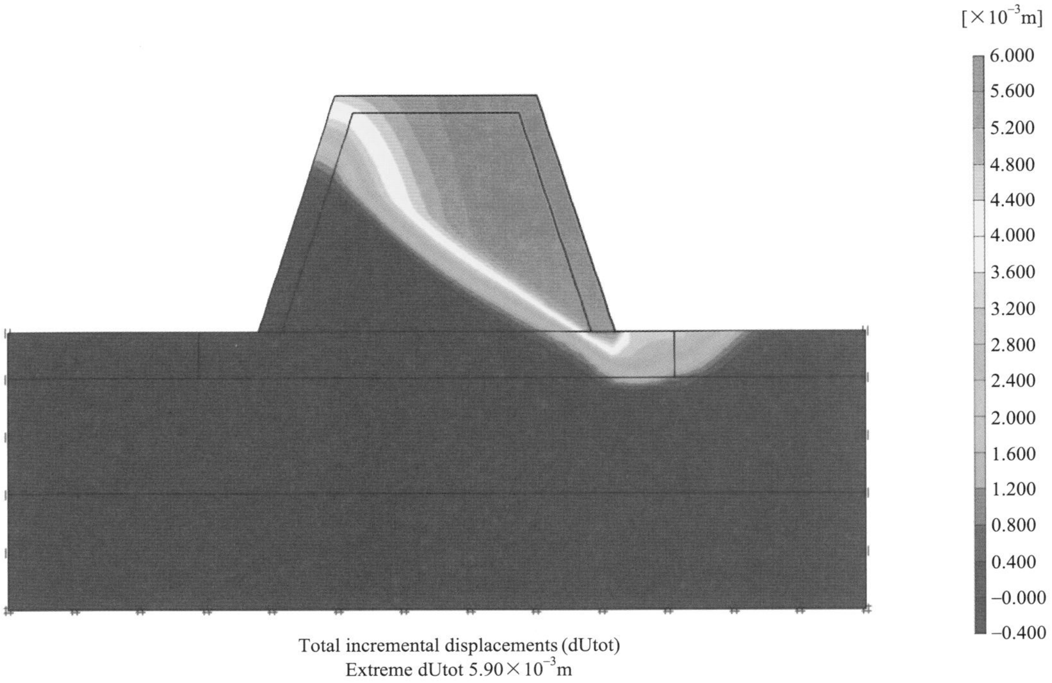

图 I-5　7 度烈度下变形增量图

2）水平地震力作用

若按地震烈度 6 度设防，拟静力水平加速度取为 0.05g。计算得 6 度烈度下变形增量图，此时安全系数为 1.485。

若按地震烈度 7 度设防，拟静力水平加速度取为 0.1g。计算得 7 度烈度下变形增量图，安全系数为 1.369。

从计算结果中可以看出，在水平地震作用下，观星台可能沿图示滑裂面发生破坏，但是由于观星台体收分体型对抗震有利，墙砖和夯土体强度尚可，无论在 6 度或是 7 度设防条件下，安全系数均大于 1.2。

4. 结论和说明

按本计算分析的模型和参数选取，观星台结构和地基在重力和地震作用下的稳定性是有保证的。

观星台顶突出的小室未建立在分析模型中，但它可能因为地震鞭梢效应受到破坏，应采取相应加强措施。

由于实测数据的限制，本计算分析在模型简化和参数选取方面做了较多的假设和类比，结果仅供初步判断，更详细的结构安全评估需更详细的地勘资料和材料力学试验。

附录J 河南省北部古建筑调查记・告成周公祠（1937年）[1]

塔圖版貳拾玖丙，比較與明代遺物接近。

墓塔兩側，浮雕窗形的，雖始於北宋，但此寺遺物則以金代爲最早。窗欞式樣，大體可分爲直欞窗與幾何形華文二種圖版貳拾陸戊，貳拾玖丁。

簷端斗栱，有二種特別證物。

（甲）唐代無名塔的第一層疊澁簷下，用土紅繪出額柱斗栱與人字形栱圖版貳拾玖戊，其中人字栱的形範，完全與會善寺淨藏禪師塔符合。不過自唐以來，歷時千有餘年，暴露風雨中的土紅刷飾，決難維持如是悠久的壽命，而五代以後，此式斗栱久已絕跡，又不似後人所能憑空揑造的。也許此塔修理時，曾依照舊時留下的痕迹，重新描繪，亦未可知。

（乙）元延祐五年公元一三一八資公塔的令栱，兩端具有斜面圖版貳拾玖己，與現存河北省南部及山東河南山西諸省的木建築手法，絲毫無異。依建築常例來說，木構物的式樣，反映到磚石二種材料時，其式樣必早已普及。故此種卷殺方法，產生在元中葉以前，是無可疑問的。

登封縣 告成鎮周公廟

告成鎮在登封縣東南三十里，古稱陽城縣，隋書天文志載周公測晷景於陽城，參考曆紀，即是此處。周公廟在鎮北二里，外爲大門三間。次戟門，庋明清碑碣多通。其北甬道西側，有雜

图 J-1 河南省北部古建筑调查记（一）

[1] 摘自刘敦桢，河南省北部古建筑调查记・告成周公祠［M］. 营造学社汇刊 6 卷 4 期，1937 年 .

屋三間。道中央有石臺一座，下廣上削，其上建立石柱，題『周公測景臺』五字圖版叁拾甲。其北大殿，面闊亦僅三間，惟進深以兩捲相連，前爲拜庭，後奉周公像，較戟門稍爲崇大。

自大殿繞至廟後，復有磚臺一座，與大殿同位於南北中綫上圖版叁拾乙。臺高三丈餘，揩砌盤環，形制奇偉，鄉人稱爲觀星臺，然實卽元史天文志所載的圭表。臺北石圭北指，其北復有盝斯殿圖版叁拾丁，式樣結構，與大殿類似。

廟中木建築大都成於近代，因陋就簡，無足紀述，惟測景觀星二臺，關係我國天文沿革，極爲重要，而尤以後者結構雄奇，爲國內磚構物中極罕貴的遺物。

測景臺　此臺結構分上下二部圖版叁拾甲。下部石座以巨石二塊攏合，底部東西廣一·九公尺，南北深一·七公尺，非正方形。臺高一·九八公尺。上緣每面收成〇·八九公尺，約爲底闊二分之一。

石臺上，立石柱，廣〇·四五公尺，深〇·二一公尺，至頂，冠以石蓋，較柱面挑出少許；四角復向上反翹，琢成歇山屋頂形狀。柱高一·九八公尺，與下部之座，同一高度。

臺的結構，如上所述，異常簡單，然究其形制，實導源於我國古代的『土圭』制度。所謂『土圭』，乃周官大司徒用以求地中與推驗四時氣節的工具。『地中』的意義，周官釋之曰『日至之景尺有五寸，謂之地中。』蓋謂夏至之日，設『土圭』，長尺有五寸，而於南端立八尺之表，其影

河南省北部古建築調查記

图 J-1　河南省北部古建筑调查记（二）

適與「土圭」相等求之國內，僅僅只有陽城一處，故定爲「地中」。 依此類推，其餘各處，亦得因日影長短，求經緯度與道里的遠近。 漢儒張衡鄭玄等都深信此說，故鄭氏注周官曰「日景於地，千里而差一寸。」 然自隋劉焯首辨其謬，至唐開元十二年，太史監南宮說自滑州白馬往南，經汴州許州至豫州上蔡武津，計其道里，測其夏至景長，證鄭氏所注，毫不足據。 故唐以後「土圭」的主要用途，僅依日景長短，推驗冬至與夏至而已。

陽城「地中」之說，自開元以後，雖已破除，然當時固猶用爲測景的地點。 現存測景臺，據新唐書地理志河南府陽城條「邑有測景臺，開元十一年詔太史監南宮說刻石表焉」，著者很疑心卽是當時所建。 今以遺物證之，吳大澂權衡度量實驗考所載的開元尺，雖非絕對可信，然以之度前述高一·九八公尺，竟與八尺之表相近。 可證唐代的「土圭」，仍用鄭玄所稱八尺的比例，而此臺自創建後，雖經後世修治，其高低尺度，還大體保存舊觀，無可疑問。

觀星臺　臺的平面配置，可別爲二部分：一卽臺之本體；一爲盤旋擁簇的踏道圖版叁拾乙。據實測結果，此臺連踏道在內，東西廣一六·八八公尺，南北深一六·七公尺，略與正方形相近插圖四十五。

臺的北面，設有踏道上口二處，東西相向，取對稱形式。 自此折而向南，經臺的東西二面，轉至南側相會插圖四十五。 在結構上，此踏道具有擁壁(Retaining wall)同樣的意義，而在外觀上，

图 J-1　河南省北部古建筑调查记（三）

尤能助長臺的美觀圖版叁拾乙丙。

此臺壁體，除去北側安設銅表的直漕以外，其餘各處，皆具有比例尺較大的「收分」。按宋代城壁的「收分」，見於李明仲營造法式中的，爲城高百分之二十五，而此臺南面之壁，高一〇·四九公尺，上部收進二·六一公尺，約爲壁高百分之二四·八八。二者相較，相差極微，足窺此臺的建造年代，離宋代不遠。又牆面所用之磚，薄而且長，亦不類明以後物。

臺上面積，東西廣八·一六公尺，南北深七·八二公尺，亦與正方形相近插圖四十五。其南面及東西二面之一部，均繞以磚欄；惟北部依臺之外緣，加建捲棚式瓦屋三間。依磚之形狀尺寸觀之，瓦屋的年代，顯然較晚。

上述瓦屋的明間，爲直漕寬度所制限，故其面闊反較左右次間稍窄插圖四十七。直漕之下，建有石圭。明王士性游梁記稱此石圭爲量天尺，并謂其上刻有周尺一百二十尺，但現存石圭長三〇·七一公尺，寬〇·五三公尺，表面敷砌石版三十五枚，并未鏤刻尺度，疑王氏所紀有誤，否則此石版必經後世掉換矣。又石圭原應保持絕對水平狀態，且與直漕中的銅表，維持直角關係，但其一部現已破裂走動，并非原狀圖版叁拾丁。

臺的用途，求諸典籍，知仍由古代「土圭」所演進，不過它的規模較巨，設備亦較爲精密而已。案「土圭」之法，表高八尺，夏至之影，僅長尺餘，欲求測度時，獲得精密結果，殆不可能，故元郭守敬

图 J-1　河南省北部古建筑调查记（四）

易爲四丈的長表。　其制見元史天文志圭表條。

圭表以石爲之長一百二十八尺廣四尺五寸，厚一尺四寸座高二尺六寸。　南北兩端爲池圓徑一尺五寸深二寸……兩旁相去一寸爲永渠深廣各一寸，與南北兩池相灌通，以取平。　表長五十尺，廣二尺四寸，厚減廣之半。　植於圭之南端圭石座中。　入地及座中一丈四尺。　上高三十六尺。　其端兩旁爲二龍半身附表上擎橫梁。　自梁心至表巔四尺。　下屬圭面共爲四十尺。

所述石圭取平的方法，曾見隋書天文志梁天監中祖暅所製的銅表，至郭氏乃更擴而大之。　今以元史與此臺相較，其石圭制度竟髣髴相類，而高平子先生算定的元尺每尺等於〇·二三九，公尺，以之除石圭之長三〇·七一公尺，得一百二十八尺四寸九分，亦能大體符合。　惟元史孤立之表此則易爲石圭，乃其相差最甚的一點。　考現存臺上瓦屋與直漕南測的矮牆，顯係後人增修，與測景毫無關係。　其自石圭表面至臺面的高度，計八·四三公尺，合元尺三十五尺二寸六分。　無論當時於石圭南端依附直漕樹立四十尺之長表，其表端景符，固可露出臺面以上，即於臺的北緣直接裝置景符，使其與圭面的高度恰成四十尺，亦可與元史所載長表收同等功效。

雖然，孤立之表，易爲直漕，其故又將安在？　據箸者的推測，元史的長表，孤立圭端，易受撼動，恐不能永久與石圭維持直角的關係，故其爲此，殆爲事實上必然的要求。　除此以外，余尤疑曾

图 J-1　河南省北部古建筑调查记（五）

受西域天文設備的暗示。同書西域儀象條載：

魯哈麻亦木思塔餘漢言冬夏至晷影堂也。爲屋五間，屋下爲坎，深二丈二尺，脊開一罅，以直通日晷。隨罅立壁，附壁懸銅尺，長一丈六尺。壁仰畫天度，半規其尺，亦可往來。規運直望漏屋晷影，以定冬夏二至。

前文所述的晷影堂懸銅尺於壁上，以測晷影，實與此臺的直漕同一功用，所異者，一掘地爲坎，一建於地上面耳。

此臺自建造以後，據石圭西側的銘刻，明嘉靖二十一年，曾予一度修理，其文如次：

大明嘉靖二十一年孟冬重修。監工義官□□醫生□□老人劉和□□。

案明史天文志載洪武十八年，設觀象臺於南京雞鳴山；正統三年，始取木樣，另於北京鑄渾天儀與簡儀。正德間，漏刻博士朱裕請於陽城考察舊立土圭，以合日晷，事未果行，至嘉靖七年，始立四丈木表於北京。然則前述修理紀錄，也許與此事不無關係？所可異者，明清諸碑俱稱此臺爲觀星臺，而景日昣潘耒諸人著作，幷謂直漕之上，原有懸壺滴漏，承以水道，視其所至，以定時分，尤屬揣度之辭，去創作原意相差不可以道里計也。

登封縣　西劉碑村碑樓寺

图 J-1　河南省北部古建筑调查记（六）

甲 登封縣告成鎮周公廟測景臺

乙 告成鎮周公廟觀星臺全景

丙 周公廟觀星臺北面外觀

丁 周公廟觀星臺石圭俯視

图 J-2 实景照片

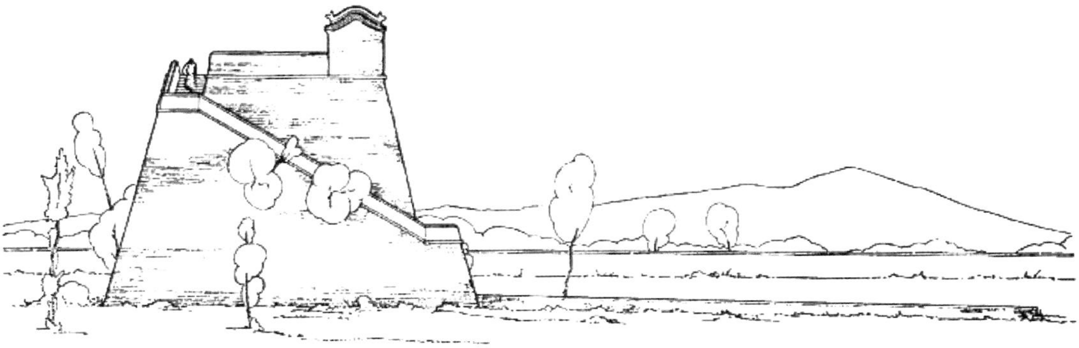

图 J-3 东立面图

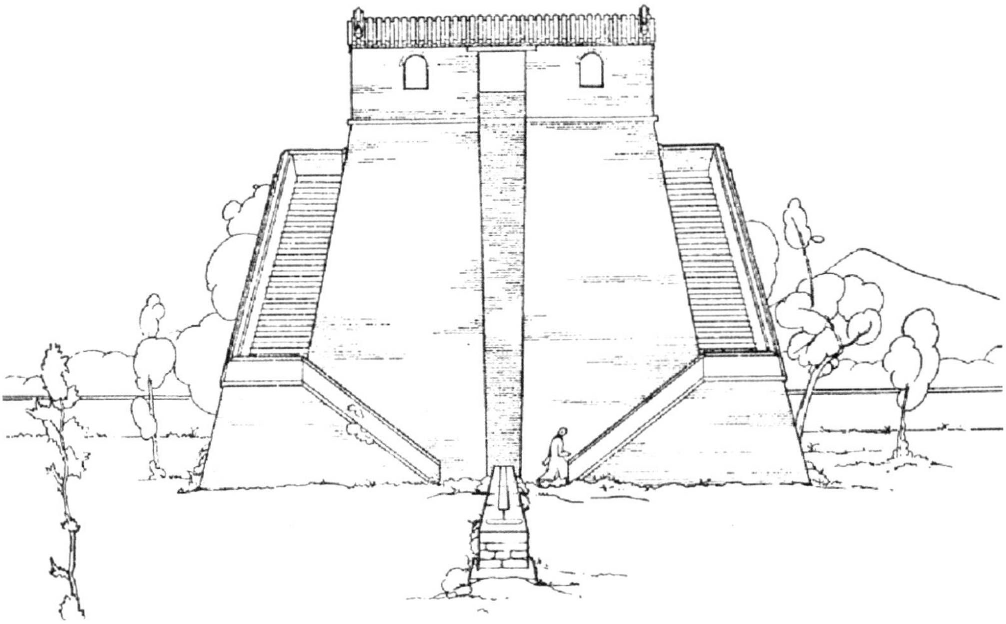

图 J-4　北立面图

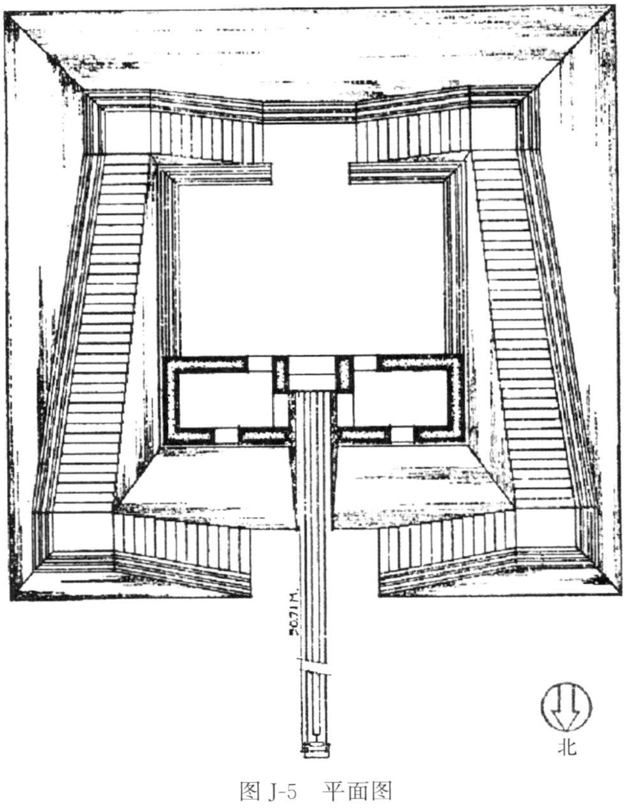

图 J-5　平面图

附录 K　1975 年观星台修缮图纸（部分）

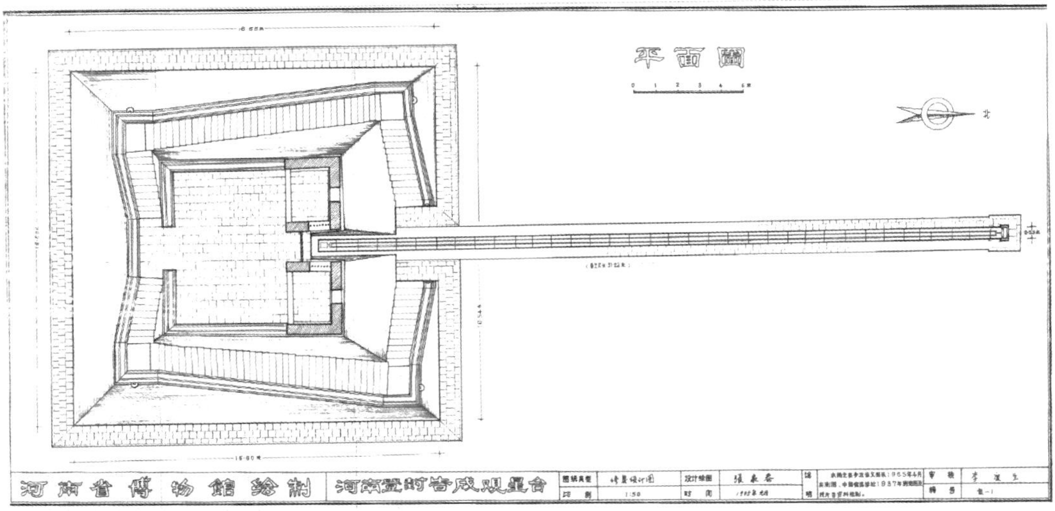

图 K-1　平面图

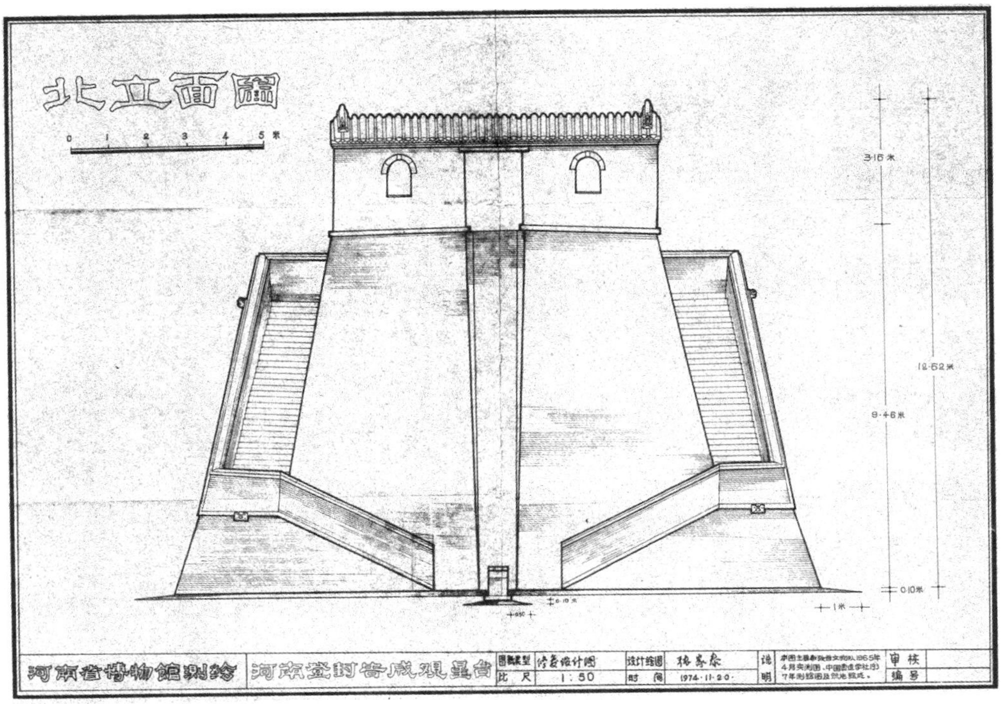

图 K-2　北立面图

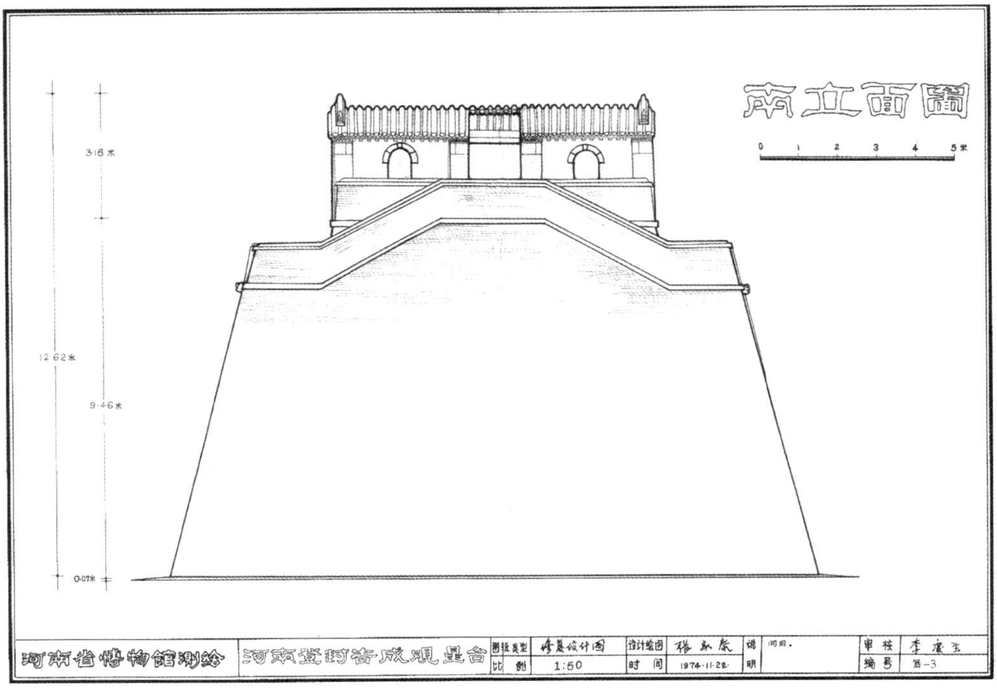

图 K-3　南立面图

附录 L　相关历史文献

1. 元史

《元史·天文志》载："表长五十尺，广二尺四寸，厚减广之半，植于圭之南端圭石座中，入地及座中一丈四尺，上高三十六尺。其端两旁为二龙，半身附表上擎横梁，自梁心至表颠四尺，下属圭面，共为四十尺。梁长六尺，径三寸……"

《元史·天文志》"四海测验"条中有"河南府阳城，北极出地三十四度太弱。"的观测记录。

2. 地方志

清康熙五十五年（1716 年）景日《说嵩》卷十二，"台后周公庙，建祀甚久。元许有壬《记》云：周公营东都，求土中，具测景台。表石高八尺，状如柱，古制尚存。台后文宪王庙，庙后原筑观星台，甚危敞，古砌坚整。台背下有量天尺。其制：划石成二溜漕，石三十六方，色深青，异常品。每阔三尺六寸。旧有挈壶走水漏刻，以符日景。《空同子》曰：郭守敬量天尺，树嵩洛间。守敬，元人。台与尺或元迹欤，而碑无可考。更北有中禁城故址。……中禁城其说他书俱无可考，独见于许有壬《游记》，是必唐测景时亦有是名。志之以备载籍之缺也。"

3. 金石碑刻

明嘉靖七年（1528年），陈宣撰，《周公祠堂记》碑载："观星台，甚高且宽，旧有挈壶漏刻以符日景，而求中之法尽矣。"

明嘉靖七年，侯泰，《刻石记》说：祠"后有砖甃观星台……窃砖而缺，半废其旧规，……今渐废，……泰遂想索故制，……陶砖甃缺，建室于其上。"

石圭南起第十四石西侧刻："大明嘉靖二十一年（1542）孟冬重修。"

明万历十年（1582年），孙承基撰，《重修元圣周公祠记》碑载："砖崇台以观星，台上故有滴漏壶，滴下注水，流以尺天，……台上有亭，卑萎不制。"

参考文献

[1] [明] 宋濂等. 元史：第4册 [M]. 上海：中华书局，2016.

[2] [明] 陆柬. 嵩山志 [M]. 郑州：中州古籍出版社，2003.

[3] [明] 傅梅. 嵩书 [M]. 郑州：中州古籍出版社，2003.

[4] [清] 叶封. 嵩山志 [M]. 郑州：中州古籍出版社，2003.

[5] [清] 景日昣. 说嵩 [M]//郑州市图书馆文献编辑委员会. 嵩岳文献丛刊：第3册. 郑州：中州古籍出版社，2003.

[6] [清] 陆继萼. 登封县志 [M]. 洪亮吉，纂. 刻本，1787（乾隆五十二年）.

[7] [民国] 席书锦. 嵩岳游记 [M]. 郑州：中州古籍出版，2003.

[8] 郑州市文物志编纂委员会. 登封县观星台 [R]. 郑州：郑州市文物志，1961.

[9] 郑州市嵩山古建筑群申报世界文化遗产委员会办公室. 嵩山历史建筑群 [M]. 北京：科学出版社，2008.

[10] 任伟. 嵩山古建筑群 [M]. 郑州：河南人民出版社，2008.

[11] 张爱图. 天地之中历史建筑群 [M]. 郑州：河南文艺出版社，2011.

[12] 任伟，贺艳. 天地之中：嵩山历史建筑群 [M]. 上海：上海远东出版社，2019.

[13] 潘鼐，向英. 郭守敬 [M]. 上海：上海人民出版社，1980.

[14] 张家泰. 郭守敬 [M]. 成都：四川少年儿童出版社，1996.

[15] 河南登封县地方志编纂委员会. 登封名胜文物志 [R]. 郑州，1985.

[16] 登封县地方志编纂委员会. 登封县志 [M]. 郑州：河南人民出版社，1990.

[17] 靳银东，宫嵩涛. 登封历史文化名城基础资料 [R]. 郑州：登封市人民政府，1996.

[18] 张家泰. 登封观星台和元初天文观测成就 [M] //河南省古代建筑保护研究所. 古建筑石刻文集. 北京：中国大百科全书出版社，1999.

[19] 陈美东. 郭守敬评传 [M]. 南京：南京大学出版社，2003.

[20] 宫嵩涛. 观星台 [R]. 北京：中华人民共和国国家文物局，2004.

[21] 郭豫才. 论古代测景与地中 [J]. 河南博物馆馆刊，1936（2）.

[22] 刘敦桢. 河南省北部古建筑调查记 [J]. 中国营造学社汇刊，1937，6（4）.

[23] 张家泰. 登封观星台和元初天文观测成就 [J]. 考古，1976（2）：95-102+142.

[24] 登封县文管所，河南省博物馆. 登封观星台 [J]. 文物，1976（9）：92-95.

[25] 张家泰. 观星台 [J]. 河南文博通讯，1979（3）：56-57+61.

[26] 高明义. 登封元代观星台 [J]. 自然杂志，1979（12）：43-45.

[27] 陈美东. 郭守敬等人晷影测量结果分析 [J]. 天文学报，1982（3）：299-305.

[28] 薄树人. 试探有关郭守敬仪器的几个悬案 [J]. 自然科学史研究，1982（4）：320-326.

[29] 郭盛炽，全和钧，张家泰，等. 古观星台测景结果精度初析 [J]. 自然科学史研究，1983（2）：139-144.

[30] 李鉴澄. 考察古阳城测景台和观星台的回忆 [J]. 中国科技史料，1984（1）：65-66.

[31] 张建中. 登封观星台 [N]. 文物报，1986-5-16（1）.

[32] 王占功. 观星台的修复与保存 [J]. 天文爱好者，1990（9）.

[33] 郭盛炽. 元代高表测景数据之精度 [J]. 自然科学史研究，1992 (2)：151-157.

[34] 宫嵩涛. 登封发现一批观星台天文新资料 [N]. 中国文物报，1994-12-4 (1).

[35] 宫嵩涛. 会善寺与僧一行 [N]. 中国旅游报，1995-2-7 (3).

[36] 宫嵩涛. 观星台 [J]. 中州今古，1997 (5)：56.

[37] 关增建. 登封观星台与郭守敬对传统立竿测影的改进 [J]. 郑州大学学报（哲学社会科学版），1998 (2)：63-67.

[38] 关增建. 中国天文史上的地中概念 [J]. 自然科学史研究，2000 (3)：251-263.

[39] 黄桂平. 数字近景工业摄影测量关键技术研究与应用 [D]. 天津：天津大学，2005.

[40] 臧春雨. 三维激光扫描技术在圆明园石桥修复中的应用 [J].《圆明园》学刊第八期——纪念圆明园建园 300 周年特刊，2008 (8)：32-36.

[41] 清华大学规划院，登封市文物局，郑州市文物局. 登封嵩山古建筑群保护总体规划 [Z]. 2007.

[42] 北京地大捷飞物探与工程检测研究院. 河南省登封市告成观星台地球物理勘探报告 [R]. 2008.

[43] 中国地质大学（北京）. 河南省登封市告成观星台地球物理勘探报告 [R]. 2015.

后　记

“登封‘天地之中’历史建筑群现状调查系列丛书”作为对世界文化遗产登封“天地之中”历史建筑群为期五年的文物本体现状勘察病害调查工作的总结，今天能够顺利出版，是与各方面的支持和全院同志共同努力分不开的。

登封“天地之中”历史建筑群于2010年8月1日被列入《世界遗产名录》，成为我国第39处世界遗产，这意味着登封“天地之中”历史建筑群的保护和管理工作步入了新的阶段。遗产监测是世界遗产保护管理机制的核心内容之一，是世界文化遗产保护的有效手段。自2011年起，国家文物局即部署开展中国世界文化遗产监测预警系统建设和试点工作，登封“天地之中”历史建筑群被纳入首批试点单位。为更好地推进登封“天地之中”历史建筑群世界文化遗产监测预警体系建设，在郑州市文物局的大力支持和登封市文物局的全力配合下，原郑州市文化遗产研究院于2014年集中力量先后对登封“天地之中”历史建筑群（8处11项）文物本体进行了为期五年的现状勘察、病害调查工作，2019年底完成了相应的数据库系统建设，成功将所有数据进行了分类入库及有效管理。

勘察工作先后进行了五次，第一次自2014年10月开始，至2015年2月结束，主要对会善寺大殿做了精细测绘和病害调查；第二次从2015年6月开始，至2016年8月结束，主要对观星台本体进行了勘察；第三次从2016年8月开始，至2017年9月结束，主要对汉三阙及嵩岳寺塔本体进行了勘察；第四次从2017年9月开始，至2018年10月结束，主要对嵩阳书院及中岳庙本体进行了勘察；第五次从2018年5月开始，至2019年6月结束，主要对少林寺常住院、塔林、初祖庵及相关附属文物进行了勘察。勘察工作由原郑州市文化遗产研究院院长王文华主持，登封市文物局、登封市世界文化遗产监测站、清华大学、北京大学、中国地质大学（北京）、北京地大捷飞物探与工程检测研究院、郑州大学、河南省古代建筑保护研究院、北京建工建筑设计研究院、南京林业大学先后为病害勘察与现状调查工作提供了技术支持。

《观星台》一书的资料整理和出版编辑工作于2020年8月开始。编写小组由李瑞、肖金亮、白明辉、王茜、张颖、宋文佳、林玉军、许丽、张晓燕等同志组成，负责资料整理及书稿撰写工作。成稿后，杜启明、赵刚、余晓川、胡继忠、贺提胜等专家对本书提出诸多宝贵意见和建议，李瑞、肖金亮审核了全稿并进行了统一改定。

登封“天地之中”历史建筑群病害勘察工作从一开始就得到了原郑州市文物局任伟局长（现任河南省文物局局长）的大力支持。从2014年开始，在任伟局长的关心下，郑州市文物局连续五年对项目开展给予了资金支持。在项目结束后，又及时安排资金，促成调查成果的整理和出版工作。2020年，郑州市机构改革，郑州市文化遗产研究院整体并入郑州嵩山文明研究院，张建华书记及张雪珍副院长对项目高度重视，保障了项目工作的连续性。

尤其感谢清华大学建筑学院的郭黛姮先生。郭先生与登封“天地之中”历史建筑群有不解之缘，亲自主持《登封古建筑群总体保护规划》编制工作和多项国保单位的保护工作，深度参与登封“天地之中”历史建筑群的申遗工作，一直指导我们的保护管理工作。郭先生本计划为本套丛书作序，奈何书稿初成之时她已重病缠身，便嘱托弟子肖金亮代笔。然而，令人扼腕叹息的是，2022年10月郭先生于重病之中过目后，2022年12月2日与世长辞。经郭先生家属同意，序言仍以郭先生名义发表，以为慰藉。郭先生对祖国历史建筑保护事业的热情永远是鼓舞我们前进的动力。

登封市文物局、登封市世界文化遗产监测站、河南省嵩山风景名胜区管理委员会、中国嵩山少林寺、登封市公安局为此次工作的顺利开展提供了现场协助和保障。中国建筑工业出版社的领导和编辑为本书的出版也做出了大量有益的工作。在此一并致以最诚挚的谢意。

由于一些材料的缺失及研究者水平有限，书中难免会有一些缺憾、不妥甚至错误之处，希望同仁批评指正。

郑州嵩山文明研究院

2023年4月6日